200の道路構造物の実例に学ぶ

設計不具合の防ぎ方 [増補改訂版]

阪神高速道路株式会社・設計不具合改善検討会 編

日経BP社

まえがき

　2005年4月、「公共工事の品質確保の促進に関する法律」が定められた。本法律では、「公共工事の品質確保の促進を図り、もって国民の福祉の向上及び国民経済の健全な発展に寄与すること」を目的としている。基本理念においては、「公共工事の品質は、公共工事が現在及び将来における国民生活及び経済活動の基盤となる社会資本を整備するものとして社会経済上重要な意義を有することにかんがみ、国及び地方公共団体並びに公共工事の発注者及び受注者がそれぞれの役割を果たすことにより、現在及び将来の国民のために確保されなければならない」と記され、発注者および受注者の責務にも触れられている。

　しかしながら、皮肉にも、近年、設計・施工に関する品質低下が顕在化している。このため、その背景を考え、対応策や改善策を広く議論していこうという動きが各方面で活発化してきた。土木学会の04年度会長特別委員会では、マニュアル化や行き過ぎたアウトソーシングの他、道路公団民営化や大学の独立法人化、さらには組織における技術者の年齢構成などにも踏み込んだ議論がなされている。国土交通省においても懇談会を設けるなど設計品質の向上に向けての精力的な取り組みが行われている。このように、設計の不具合を回避すること、あるいはより早い段階で不具合を発見し是正することが望まれていることは異論のないところであろう。

　では実務者レベルでは何をすべきか。本書では、まず構造設計の現状と課題を認識することで単純化した設計品質向上の方向性をたてた。それは、①不具合事例の調査分析、②照査と審査の体制と方法の再検討、③技術力の強化（人材育成）である。契約や制度論に関する改善については他に譲り、特に本書では実務者のために最も有効な不具合の事例調査に力を入れた。事例調査は過去の失敗に学ぶものであり、インハウスエンジニアの経験と情報により暗黙知の形式知化を図ったのである。また、図解によりできるだけ直感的に理解できるようにしたつもりである。加えて、構造物の長寿命化にも資する事例を加え、管理部門にも有用な内容を盛り込んだ。

　当初、本取り組みは発注者のインハウスエンジニアとして設計品質を向上させる目的として始められたが、議論を重ねるうちに、設計品質の向上のためには、受注者への不具合事例や審査事例等に関する情報提供が不可欠であることを改めて強く認識しはじめた。よって、内容を広く公開し、その骨子を理解していただくことにより、組織を超えた技術者の総合力により設計品質の向上を図りたいと考えた次第である。本書により、構造物の設計品質の向上が図られ、不具合がひとつでも少なくなることを切望するとともに、今後、PDCAの実施によって更新を繰り返し、より良いものにしていく所存である。

2012年11月

設計不具合改善検討会　委員長　金治英貞

改訂にあたって

　本書を発行して約4年が過ぎた。この間、2014年、道路法施行規則の一部改正により全国の橋梁の近接目視による点検が義務化され、また高速道路においては既存トンネルにおける重大事故を契機とした予防保全的な観点も含めた大規模な修繕、改築が事業化された。これまで以上に既存インフラの補修や改築が加速されつつある。

　このような環境のもと、点検結果による損傷が明るみになり今後補修設計が急増するものと考えられ、また大規模修繕、改築においては既存構造物の当時の設計内容を踏まえた複雑かつきめ細やかな設計が必要となる。いくつかの改築工事が実施されているが、既存構造物の実態や取り合いを踏まえずに設計が完了し、その後、不具合が発覚し修補が発生する事例もある。

　一方、種々の施策にも拘わらず新設構造においても設計不具合は継続して発生しており、それらの不具合が早期に発見されず構造物が完成してから発覚したり、あるいは施工が相当に進んでから露呈する場合があり、その対策や手直しが大規模になる事例も見受けられる。そしてその責任所在に関しても社会的に議論されるケースも見られる。

　上記を踏まえ改訂にあたっては初版以降に発生した事例、特に既存構造物の損傷に基づく不具合事例、そして拡幅など改築工事にみる不具合事例を充実させた。また付属物についてもその充実を図った。加えて設計責任に関しての最近の事例を追加した。初版の「まえがき」に記載したようにPDCAを実施し、新たな環境に対応できるよう改訂を行ったつもりである。本書が初版のように少しでも皆様に役立つことを期待したい。

2017年2月

設計不具合の防ぎ方 目次

第1編　構造設計の現状と課題

1. 設計不具合の背景と要因 ……………………………………………………… 10
2. 設計業務と照査・審査の現状 ………………………………………………… 12
3. 設計品質向上の方向性 ………………………………………………………… 20

第2編　設計不具合の事例・分析

1. 概要 ……………………………………………………………………………… 24
2. 橋梁設計の不具合 ……………………………………………………………… 26
   - 2.1 不具合事例 ……………………………………………………………… 26
   - 2.2 不具合事例分析 ………………………………………………………… 94
3. 地下構造物設計の不具合 ……………………………………………………… 102
   - 3.1 不具合事例 ……………………………………………………………… 102
   - 3.2 不具合事例分析 ………………………………………………………… 156
4. 付属構造物設計の不具合 ……………………………………………………… 160
   - 4.1 不具合事例 ……………………………………………………………… 160
   - 4.2 不具合事例分析 ………………………………………………………… 191
5. 供用段階の不具合 ……………………………………………………………… 192
   - 5.1 不具合事例 ……………………………………………………………… 192
   - 5.2 不具合事例分析 ………………………………………………………… 247
6. まとめ …………………………………………………………………………… 247

第3編　審査・照査制度と設計責任

1 道路施設の審査・照査制度 ... 252
　1.1 国土交通省 ... 252
　1.2 自治体の事例 ... 254
2 道路施設以外の審査・照査制度 ... 255
　2.1 港湾施設 ... 255
　2.2 建築物 ... 256
3 海外の審査・照査制度 ... 256
　3.1 米国の事例 ... 256
　3.2 英国の事例 ... 258
　3.3 ドイツの事例 ... 263
　3.4 韓国の事例 ... 263
4 設計に係る法的責任 ... 264
　4.1 概要 ... 264
　4.2 瑕疵担保責任 ... 265
　4.3 発注者による賠償請求の動向 ... 266
　4.4 米国における設計責任 ... 267
　4.5 英国における設計責任 ... 269
　4.6 ドイツにおける設計責任 ... 270
5 発注者、受注者、照査者の責任事例 ... 271
　5.1 朱鷺メッセ連絡デッキの事例 ... 271
　5.2 竹崎橋の事例 ... 273
　5.3 大阪府道高速大和川線の事例 ... 275
　5.4 英国における事例 ... 278
　5.5 米国における事例 ... 278

| 6 | まとめ | 279 |

第4編 設計品質向上の実践例

1	対策の概要	284
1.1	対策の方向性	284
1.2	不具合事例の把握とチェックリストの活用	285
1.3	工事情報共有システムの導入による情報共有	287
1.4	設計の工程管理	288
1.5	審査体制の確立	289
2	審査および設計品質向上の取り組み事例	290
2.1	第三者機関による設計審査体制	290
2.2	動的解析の審査	291
2.3	橋梁設計値のマクロデータ分析	302
2.4	開削トンネル設計値のマクロデータ分析	312
2.5	長寿命化に向けた設計改善	321

第1編
構造設計の現状と課題

1 設計不具合の背景と要因

近年、土木構造物における技術、基準の高度化、細分化、さらには技術者側の経験不足、技術継承の機会減少などによって、設計に関する不具合が散見されるようになり一部社会的な課題となっている。この背景を少し具体的に見ると、技術的な面として、設計自由度の増大、構造の複雑化、設計の高度化、構造設計用の汎用プログラムの普及に伴う構造計算のブラックボックス化、制度的な面として、人員や工期の制約による照査・審査機能の低下、設計作業の分業化などが挙げられる。さらに設計対象として既設構造物の補修、改築が増加傾向であり、新設構造物以上の制約条件の多さも加わる。

これらを受けて、構造物設計では不具合が発生するリスクが従来よりも高まっていると言える。幸い、発生した設計不具合を見ると、構造物の完成までに発見されることがほとんどであることから構造物の安全性そのものは確保されている。しかしながら、このような不具合は、設計の手戻りによる工事発注の遅延、コストの増大や、発注後の詳細設計の変更に伴う材料の再発注、製作部材の再製作、あるいは現場における一部補修、補強、取り替えなどの大規模な変更をもたらすことになる。また、瑕疵の視点では、建設コンサルタント会社の設計ミスに対して、発注者側が成果品の是正のみならず瑕疵に起因する工事の費用を求める損害賠償が発生することもある[1]。

(1) 設計不具合の定義

日本では、「設計エラー」、「設計ミス」という用語がともによく使用されている。米国では、「エラー」という用語が一般的に使用されている。ここでは、技術的な判断を伴わない入力ミスや図面の書き間違えなどの単純ミスを「設計ミス」と定義し、これに技術的に不適切な判断を行ったものを加えて「設計エラー」と称する。さらに、設計時の基準や慣行を満足した設計で供用後に問題が発生したものおよび設計エラーを総称して「設計不具合」と定義する（**図1-1**）。つまり、「設計不具合」は、単純なミス、不適切な技術的判断、さらには、供用後に是正が望ましいと判断される設計すべてを包含するものとして定義している。

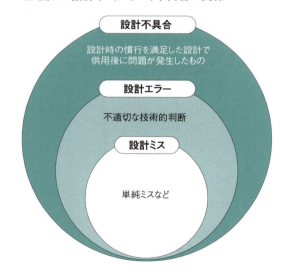

■ 図1-1 設計ミス、エラー、不具合の関係

(2) 設計不具合の背景

設計不具合の現状として具体的事例は第2編に譲ることとし、ここでは、その背景を述べることにする。国土交通省では、第三者による成果品の点検の試行により設計不具合が多発していることを鑑み、

適切な成果品の品質確保体制の整備が急務となっているとして、「設計コンサルタント業務等成果の向上に関する懇談会」(座長：小澤一雅 東京大学教授、以下「懇談会」という)を、2006年10月に設置している。07年3月に中間とりまとめ[2] (以下、「懇談会中間とりまとめ」)が作成され、現状認識と課題、改善の基本的な方向性、改善方策に対する今後の取り組みなどが記載されている。09年からは、「調査・設計等分野における品質確保に関する懇談会」(座長:小澤一雅 東京大学教授)が始まり、入札契約制度に関する課題、低入札対策、新たな積算手法などが議論されている。

ここでは、競争入札において低入札が多発しており、落札率が低いほど業務成績が低い傾向や設計ミスの増加が確認されており、低入札に起因する成果品の品質低下が懸念されるとしている。また、建設コンサルタント会社の経常利益の低下により、建設コンサルタント業界全体の疲弊、技術の伝承への不安等の懸念があると述べられている。

一方、成果品の品質は、業務履行中の各段階で受注者により行われる照査及び発注者による業務完了時の検査によって確認することで担保されているが、それが有効ではない事例も多く、適切な成果品の品質確保体制の整備が急務としている。業務発注に関しては、十分な履行期間を確保できないこと等による設計内容の検討不足や照査の不足から設計ミスが増加することが懸念されているとしている。

さらに発注者側の体制としては、近年の職員の減少、PI・アセスメント・技術審査などの業務の多様化に伴って、受注者からの質問に対して的確な回答や指示などが困難な状況になっていることが問題とされている。情報に関しても、発注者・設計者・施工者による共有が十分ではなく、設計者が施工者に対して設計思想を伝達できる仕組みが必要であると述べている。

以上、国土交通省における実態調査により明らかにされた背景であるが、他の発注機関にも適合する内容であると考えられる。

(3) 設計不具合の要因

国土交通省では詳細な要因分析を実施してきており、設計不具合の直接的な要因と考えられる受発注者における問題を**表1-1**のように分析している[3]。ここでは、社会的背景、発注者側の問題、および受注者側の問題と分類し、各々詳細な内容が記されている。

社会的な背景については前述したとおりであり、発注者側の問題についても一部内容の重複するところがあるが、重要な指摘として、発注者側の技術者、つまりインハウスエンジニアの技術力低下に伴い適切な指示、技術的判断、あるいは審査ができていないことが挙げられていることである。インハウスエンジニアは、管理者の視点からも最終成果である構造物の要求性能を提示することが求められ、設計条件から現場条件、さらには管理までの幅広い情報を有し、受注者側に適切な指示を与える技術力が求められているが、これが不十分であることが示唆されているのである。

一方、受注者側においても、設計全体を見通す能力や設計ソフトウェアを十分に使いこなせる能力、解析結果を俯瞰的に判断できる技術力の低下が問題視されている。

また、前述の「調査・設計等分野における品質確保に関する懇談会」では、発注者、設計者、施工者

の三者が設計思想の伝達および情報共有を図る、いわゆる三者会議において発覚した不具合の調査結果が示されている[4]。具体的な要因として、図面の修正（全体一般図、構造図、配筋図）が圧倒的に多いこと、次いで、現場条件に関する修正（施工に係る事項）、数量の修正などが明らかになっている。

■ 表1-1 設計不具合の発生要因の分析

区分	内容
社会的背景	①近年、建設コンサルタント業務の技術者単価が減少（特に主任技術者は7年で28％低下）し、有能な技術者が業界に集まりにくく、また有能な技術者が流出したため設計エラーが発生している。
	②少子高齢化で熟年技術者が現場を離れる一方、若手に技術の継承ができていないため設計エラーが発生している。
	③事業量の減少で競争が激化し、低価格受注が増加している。その結果、海外も含めて低価格で下請け会社に発注せざるを得ず、結果的に品質の低下・設計エラーの発生につながっている。
	④専門技術（施工計画立案等）を持った協力会社が不足し、結果的に質の悪い協力会社に委託せざるを得ない状況が発生している。
発注者側の問題	⑤発注者の技術力低下や技術系職員の不足により、建設コンサルタント会社に対して適切な指示や技術的な判断ができず、納入成果品の審査も十分に行われない。
	⑥業務に関する当初の条件明示が不十分で、成果品の内容が不適切となってしまう。
	⑦業務に関する当初の条件明示が不十分で、追加の条件も多く、業務の手戻り等が原因となり、設計エラーの発生を招いている。
	⑧早期発注が行われないため、その結果、十分な業務期間を確保できず審査が適切に行われない。
建設コンサルタント会社側の問題	⑨設計計算、図面作成、数量集計表作成などの作業が細分化し、さらに一部業務を協力会社などに委託するなど分業化が進むことで、作業効率は向上したが、結果として作業全体を見られる技術者が少なくなって設計エラーにつながっている。
	⑩設計ソフト使用が主流のため、設計手法の適用条件や成果品（設計図面）作成時の留意事項等を十分に理解していない技術者が増えており、設計エラーにつながる。
	⑪土木技術者以外の技術者が設計ツール（ソフト等）を使用して業務処理を行っているため、構造的判断ができなくなっている。
	⑫業務実績にカウントされない業務（例えばTECRISに登録されない業務等）があるため、設計者のモチベーションが低下し、照査が十分に行われない。
	⑬基準類が頻繁に変更され、また内容が高度化・複雑化しているため、技術者が十分に対応できず、設計エラーにつながる。
	⑭電算の利用によって、他成果の一部使い回し（例えばCADによる図面コピー）が可能となったため、"修正忘れ"が生じ、それを照査しきれていない（照査体制に問題がある）。

国土交通省調べ[3]を一部加筆修正

2　設計業務と照査・審査の現状

　設計不具合を議論する際には、その原因が設計業務の区分と流れに起因することもあり、またその発生段階を明らかにする点において、これらを正確に把握することが重要である。また、設計品質を確保するうえで重要となる受注者の行う照査行為、あるいは発注者の行う審査行為についてもその定義を明確にすることが望まれる。

　一般に工事を発注する際には、建設コンサルタント会社による詳細設計を行った後に工事発注する場

合と建設コンサルタント会社による予備設計または概略設計を行った後に工事発注し、施工者である受注者が詳細設計を実施する場合がある。これらの方法は各発注機関によって異なっており、各々一長一短である。また、橋梁の場合、専門性の相違により上部構造工事と下部構造工事に分けて発注されることが多く、これらの発注時期によっても設計の流れが異なってくる。さらには、トンネルなどの地下構造物は橋梁と異なり、工事は一企業体で受注することが一般的である。

以下、詳細設計を伴う工事を受注した建設会社または橋梁会社を「受注者」、設計業務（詳細設計を含む）を受注した建設コンサルタント会社を「設計コンサルタント」、さらに設計審査補助業務を受注した建設コンサルタント会社を「審査コンサルタント」と区別して呼ぶ。

（1）設計区分

設計区分、つまり設計で求めるレベルは発注機関、あるいは構造物種別や難易度によって異なるが、例えば、阪神高速道路株式会社（以下、阪神高速）における橋梁設計は、**表1-2**に示すような、計画設計、予備設計、概略設計、および詳細設計の4つの区分に分類されている。各々の内容は表に示すとおりである。

■ 表1-2 橋梁における設計の区分

設計の区分	内容	上部構造	下部構造
計画設計	最も適切な径間割り、構造形式等の選定を行うために必要な資料を作成する設計。	実績資料をもとに、構造形式、桁高、桁配置、断面形状、橋面積、1m^{2}あたりの鋼重等を決定。慣用法より支点反力を計算する。	橋脚は主要断面の応力計算を行い外形寸法を決定。基礎は安定計算及び主要断面の応力計算を行い、外形寸法を求める。ケーソンの壁厚は実績資料によって定める。
予備設計	構造物の外形寸法、骨組み形状並びに主要断面を決定し、構造一般図を作成する。	下部構造詳細設計のための反力計算を行うとともに、主要断面の断面計算を行い断面寸法を決定。	橋脚は主要断面の断面計算を行い必要な外形寸法を決定。基礎は安定計算、断面計算を行い必要な外形寸法を決定。
概略設計	計算によって構造物の外形寸法、骨組み形状、及び主要断面を決定し、使用材料が材種、材質別に算出できる程度の図面を作成する。		
詳細設計	構造物を正確かつ能率良く施工するために必要な全ての設計をいう。本体構造物施工に当たり、特に仮設構造物等の仮設備図が必要な場合にはその図面も作成する。		

■ 表1-3 トンネルにおける設計の区分

設計の区分	内容
計画設計	トンネル工事に必要な資料を収集、整理し、換気方式、施工法の選定および用地幅を設定し、トンネルの位置、形式、断面等基本的な設計を行う。
予備設計	構造物の外形寸法、骨組形状ならびに主要断面を決定し、構造一般図を作成する。
概略設計	現地を踏査し、地形、地質、地物、環境条件等から換気方式等の検討を行う。この際、トンネルの位置、形式、トンネル断面、仮設構造物等の選定を行い、計算によって主要断面を決定する。 これらより、使用材料が材種、材質別に算出できる程度の図面を作成する。
詳細設計	構造物を正確かつ能率良く施工するために必要な全ての設計をいう。本体構造物施工に当たり、特に仮設構造物等の仮設設備図が必要な場合にはその図面も作成する。

一方、阪神高速の地下構造物の建設では、これまでの実績は山岳トンネル（NATM工法）や開削トンネルが多いが近年シールドトンネルが増えている。トンネルの設計区分は**表1-3**に示すとおり4つの区分に分類されているが、トンネル種別や事業の規模によって具体的な内容は多少異なる。実際には工事発注前に行う概略設計と工事発注後に行う詳細設計に大きく二分されている。

　このように橋梁、地下構造物とも、設計の区分が示されているが、実際には明確に分けられないことが少なからずある。例えば、工事金額を精度良く把握したい場合には、概略設計において主構造については詳細設計に近いレベルまで設計を行うなど、現状は臨機応変に行われている。また、詳細設計と言えども、工事発注前に行う場合には、現地条件の影響が大きい部材を概略設計レベルで仕上げる場合もある。ここでの課題は、発注者と設計コンサルタントにおいて求める成果品の精度に乖離が生じる場合があることである。

(2) 工事発注形態と設計の関係および設計内容

　阪神高速の橋梁建設では、上部構造に鋼構造を用いることが多く、この場合、詳細設計は施工者である受注者（橋梁会社）が実施することが通例であることから、詳細設計を実施する者が上部構造と下部構造とで異なり、設計の実施時期も異なることが多い。下部構造が上部構造の特性を踏まえて設計されることを考えれば、**図1-2**に示すように上部構造の工事発注が先行しその中で詳細設計を完了させた後に、下部構造の詳細設計を実施する「上部工事先行発注」が理想的であるが、道路建設の工程上は下部工事が先行する必要があるため、現実的にはこのような設計工程を実現することは難しい。

　実際には、**図1-3**に示す上下部構造工事の「同時発注」ケース、もしくは、**図1-4**に示すように下部構造の詳細設計が先行して実施される「下部工事先行発注」ケースがほとんどであり、最終的な上部構造反力が確定しない段階で下部構造の詳細設計の開始を余儀なくされる状況にある。このような場合には、詳細設計以前の熟度に応じた余裕を考慮した上部構造反力や剛性を用いて、下部構造の詳細設計を実施する。しかし、制約が多く、かつ、複雑な構造となる場合も多い都市高速道路においては、詳細設計で予備設計または概略設計の構造から大きく変更されることも少なからずあり、想定した反力、剛性に乖離が生じる場合もある。

　このように、工事発注形態によっては、設計不具合の発生に影響を及ぼす危険性があり、懇談会で示されているような施工者である受注者が専門性を生かして詳細設計を行うことは短所も有しているのである。つまり、設計コンサルタントにおいて、上部・下部構造を一体として詳細設計まで行い、設計思想の一貫性や精度を確保し、また、上部構造物と下部構造物の設計成果の不連続性を無くすことも重要なことである。

　これに対して、開削トンネルの設計は、主として設計コンサルタントによる概略設計を行った後に開削トンネル工事受注者が本体構造物および仮設構造物の詳細設計を行うことから、橋梁のような複雑な工事発注形態による弊害は少ないものと考えられる。また責任の所在が明確である。**図1-5**に開削トンネルにおける詳細設計の流れを示す。

■ 図1-2 上部工事先行発注ケース（上部構造が鋼桁の場合）

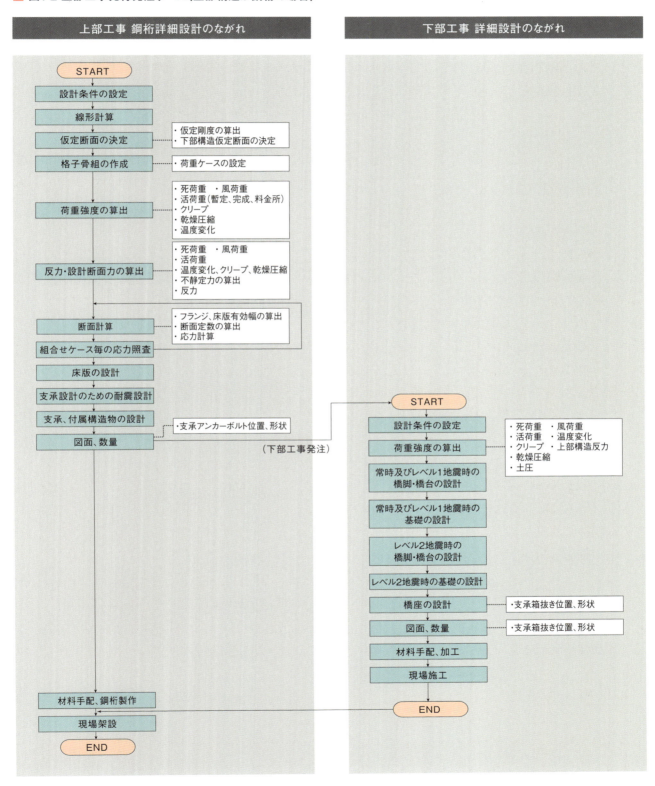

■ **図1-3 同時発注ケース（上部構造が鋼桁の場合）**

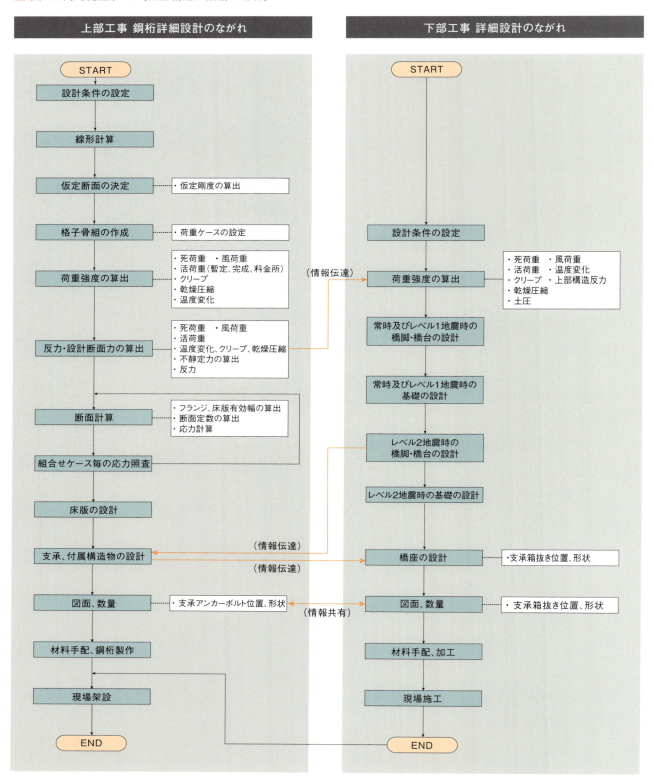

■ 図1-4 下部工事先行発注ケース（上部構造が鋼桁の場合）

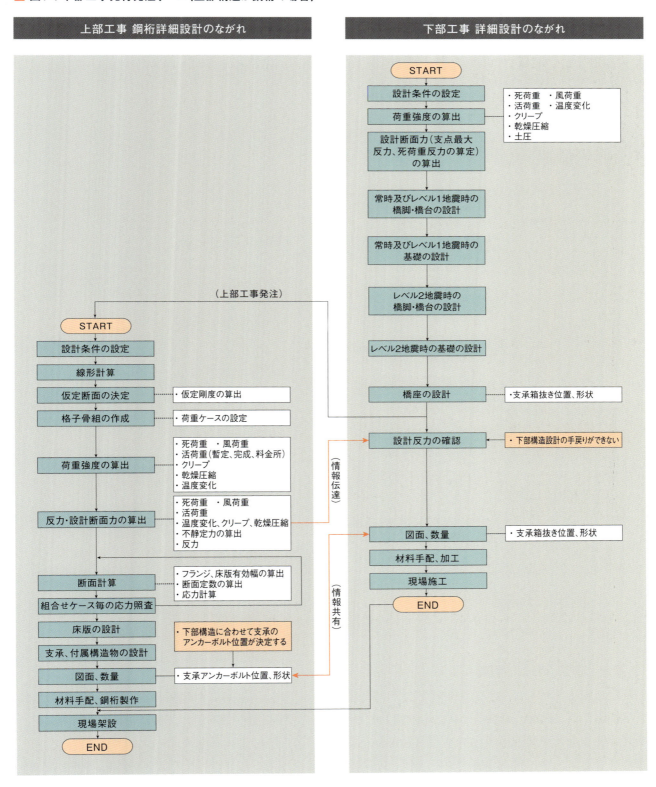

設計不具合の防ぎ方

■ **図1-5 開削トンネルの詳細設計の流れ**

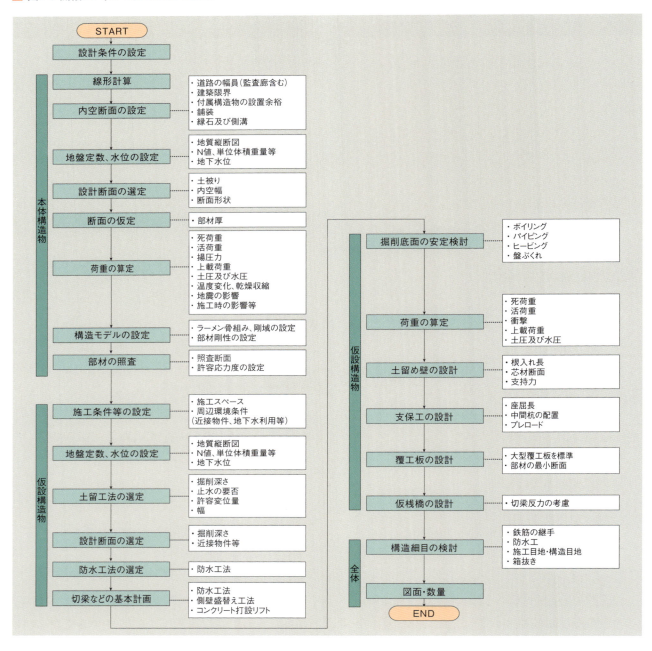

(3)照査と審査、および監理

　限られたリソースで設計不具合を生じさせずに設計を完了するには、これに関わる設計者の技術力はもちろんのこと、設計不具合のリスクを前提とした効率的な照査・審査システムが求められる。また、設計条件の統一など、共通事項に対する配慮から、設計担当者、特にインハウスエンジニアは自らの担当工事だけでなく、常に他工事も含めた全体への配慮が求められる。これらのことは、特段新しい知見でな

く過去から重要視されていたものであるが、現状を見ると有効に機能していないことが見受けられる。

照査と審査という言葉があるが、本書では、設計不具合を発見し是正する行為を二つに分ける。つまり、受注者自身が、設計している構造物が要求性能を満足していることを確認する行為を「照査」と称する。一方、受注者が照査を十分な精度で実施しているかを発注者が確認する行為や、発注者としてのノウハウにより設計品質を確認する行為を「審査」と称する。この審査のレベルは構造物の種類、複雑性、発注機関の技術レベルに依存しているのが実情である。

そして、成果品の品質のみならず、工程・コストを含め設計業務の適正な履行を確保するために、発注者として必要な処置をとることを「監理（マネジメント）」と定義する（**図1-6**）。

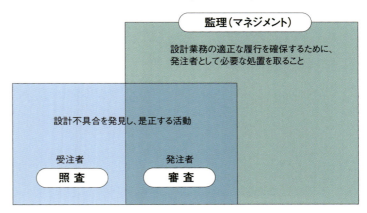

■ **図1-6　設計の審査、照査、監理（マネジメント）**

このような定義のもと、受注者の行う具体的な照査には、設計条件の整合、設計図書と設計打ち合わせ事項との整合、設計図書と設計計算書・数量計算書との整合等がある。また、照査技術者は、照査に関する事項を定めた照査計画を作成し、これを業務計画書に記載しなければならない。さらに、照査技術者は、設計図書に定める又は監督員の指示する業務の項目ごとに、その成果の確認を行うとともに、照査技術者自身による照査を行わなければならない。最近では、受注者自ら照査技術者に加えて社内の特別なチームによって照査を行う試みも見られる。

一方、発注者が行う設計審査は、受注者側の照査体制及び照査技術者による照査計画の確認、設計条件の確認（解析プログラムへの設計上の入力確認を含む）、標準設計図等を参考にした構造詳細設計図の確認、および同種内容工事の設計結果に対する他工区成果品等との比較などである。監理においては、十分な照査や審査がなされるように工程管理を行うとともに、要求性能を確保し適正なコストで構造物が建設されるように、各々のバランスを注意深く考えながら業務を進めることが求められる。

以上のような行為は、もちろん現状でも実施されているが、設計不具合が多発している現状を直視すると、効果的に実施されているとは言い難いと考えられる。このような背景により国土交通省では、設計成果を再度チェックする「クロスチェック（設計点検業務）」を実施する取り組みも行われている。これらは審査補助に位置付けられる。

3　設計品質向上の方向性

　設計不具合が生じた場合には、前述のとおり、設計の手戻りや製作のやり直し、最悪の場合は撤去し、再構築が必要になるなど、そのリスクは大きい。また、品質のみならず工期や工費に悪影響を与えることにもなるため、これに携わる技術者の技術力向上や、効果的な照査や審査などの対応が、これまで以上に求められている。以上を踏まえ、設計品質向上のための方向性を以下に挙げる。なお、入札制度や業務成績評定などの改善については、前述の「懇談会中間とりまとめ」に詳しく記載されていることからそちらを参考にされたい。

(1)不具合事例の調査分析
　設計不具合によって生じた事例を収集し、なぜそれが発生したか、どうすれば防止できたか、事例を分析し、把握し、理解することによって、再発を防止する。また、技術者同士で情報を共有することによって、同じ不具合を繰り返さない仕組みづくりを行う。具体策としては、組織内、さらには同種の構造物を建設、管理する組織での不具合事例に関する情報や一般公表資料を分析することによって、不具合の発生内容、発生原因、発生段階、およびその防止策を検討する。さらに、予防保全、つまりライフサイクルコストを通したコスト縮減の観点から、基準等は満足するものの供用後に課題が生じた事例についても、フィードバック可能な内容については、設計あるいは基準に反映し、品質向上を図る。

(2)照査と審査の体制と手法の再検討
　設計不具合に関しては、設計者個人の問題だけでなく、受注者の照査のあり方、発注者側の審査のあり方、さらには、分業化の進行等の業界全体の構造的な問題も踏まえて対処する必要がある。その際、設計と照査、審査に関する受発注者間の役割を明確にすることも重要であり、実態を踏まえて、また国内外の照査、審査制度を参考にその体制を今一度効果的なものとする必要がある。コストなどの制約はあるが、審査補助として、第三者を活用することも有効な手法であると考えられる。
　設計においては膨大な設計計算書や図面が作成されることから、その中身の照査や審査はかなり細部に入り込んだ行為となる。特に複雑かつ大規模な構造物の場合には、全体的な視点により設計成果の妥当性を評価することが難しい。そこで、確認が必要な設計諸条件を抽出するとともに、効率的なチェックツールの構築や、過去の設計値の統計分析によって、マクロチェック用の指標を作成することも有効な方法と思われる。例えば、橋梁の支間長と構造形式に応じた単位指標あたりの鋼重の関係や、開削トンネルの掘削深と壁厚、鉄筋量の関係などである。

(3)技術力の強化(人材育成)
　設計基準やマニュアルはこれまで多くの貴重な知見を集約したものであり、設計において非常に重要

なものである。しかしながら、その思想などを考慮せずに各現場の条件に応じた設計が行われていない事例も少なくない。つまり、設計者として、基準やマニュアルを参考にしつつも原理原則を十分に考え、常に技術力を高めながら、各現場の条件や要求される性能を熟慮しながら設計を進めることが求められている。

　設計業務は細分化される傾向にあり、限られた技術者で実施されることが多く、技術者間のコミュニケーションが不足しがちである。加えて、設計技術者は製作や施工に従事する技術者との交流も少ない。そこで、技術者同士のコミュニケーションによってノウハウを伝承し、かつ個人の技術力と組織力を強化する。さらに、個人の経験に基づく暗黙知を事例集約などにより形式知化し、ノウハウを伝承していくことも有用である。

　以上、設計品質の方向性をもとに、図1-7に示すように、第2編において設計不具合の事例・分析、第3編において、審査・照査制度と設計責任、第4編において、設計品質向上の実践例を具体的に述べる。

■ 図1-7　設計品質向上の方向性と本書の構成

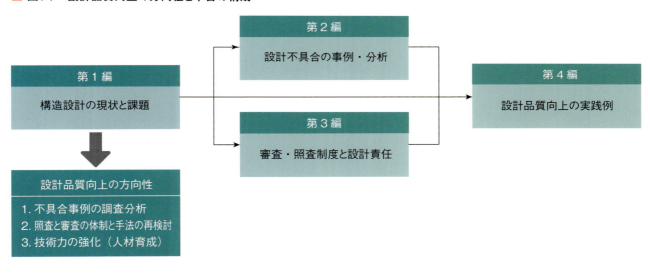

■ 参考文献

1) 日経BP社：見過ごされた欠陥の代償、NIKKEI CONSTRUCTION、2008.9.26
2) 国土交通省　設計コンサルタント業務等成果の向上に関する懇談会：中間とりまとめ、2007.3
3) 市村靖光、左近裕之：設計エラーの発生要因に関する実態調査、土木学会第63回年次学術講演会概要集、2008.9
4) 国土交通省　調査・設計等分野における品質確保に関する懇談会：平成28年度第1回資料「設計成果の品質確保について」、2016.10

第2編
設計不具合の事例・分析

1 概要

　阪神高速および他機関で発生した設計の不具合事例として橋梁66件、地下構造物52件、付属構造物29件、また、供用段階の不具合事例として53件の合計200件を精選しとりまとめた。設計の不具合事例は、施設や具体的部位・箇所など、発生段階、不具合の原因分類、対策規模、発見者、発見時点、発見理由、リスクマトリックスを示し、続いて不具合の概要、解説図とその対策、さらには担当者による生の声を示した。供用段階の不具合事例では、施設や具体的部位・箇所など、不具合の原因分類、発見者、発見時点、リスクマトリックスを示し、続いて不具合の概要、解説図とその対策、さらには建設へフィードバックすべき事項を示した。

(1) 施設

　橋梁、地下構造物、付属構造物のそれぞれについて、**表2-1**のとおり分類した。ここで、橋梁の上部、下部はそれぞれ上部構造、下部構造を示し、さらに(鋼)は鋼構造、(Co)はコンクリート構造、(複)は鋼とコンクリートの複合構造を示す。なお、供用段階の不具合事例も同様の分類である。

表2-1 施設の分類

分類名	構造物	項目
施設	橋梁	橋梁_上部(鋼)
		橋梁_上部(Co)
		橋梁_下部(鋼)
		橋梁_下部(Co)
		橋梁_下部(複)
		橋梁_基礎
	地下構造物	開削トンネル
		シールドトンネル
		擁壁
		仮設構造物
	付属構造物	橋梁付属物
		道路付属物

(2) 発生段階

　不具合の発生ポイントを把握するため、**表2-2**に示す計画段階、設計条件、設計計算、図面作成、数量算出、および製作段階/施工段階の6段階に分類する。

(3) 不具合の原因分類

　設計段階における不具合原因の種類は、**表2-2**に示すとおり、その内容によって、11区分に分類する。また、供用段階における不具合原因の種類は、**表2-3**に示すとおり、15区分に分類する。

(4) 対策規模

　不具合によって発生した対策が建設事業に与えた影響の大きさを示すため、追加工事や修正設計などの程度に応じて、被害の重みを大、小の2段階で分類する。

■ 表2-2 発生段階、不具合の原因分類および対策規模

分類名	項目		備考
発生段階	計画段階		
	設計条件		
	設計計算		
	図面作成		
	数量算出		
	製作段階／施工段階		
不具合の原因分類	基準適用における誤り		
	情報伝達不足（組織間）		
	部材の干渉などに対する配慮不足		
	製作・施工に対する配慮不足		
	変更発生時の処理に関する配慮不足		
	記載漏れ		
	協議不足		
	現地調査不足		
	技術的判断における誤り		
	図面記載ミス		
	計算入力ミス		
対策規模	(大)(小)	追加工事	追加工事を実施することとなった
	(大)(小)	追加用地買収	追加で用地買収を行うこととなった
	(大)(小)	修正設計	修正設計をすることとなった
	(大)(小)	追加検討	追加で検討を行うこととなった
	(大)(小)	調整手戻り	調整手戻りが生じた
	(小)	その他	―

(大、小)：被害の重みを2段階に分類

■ 表2-3 供用段階での不具合の原因分類

分類名	項目
不具合の原因分類	防食劣化、腐食に起因する損傷
	疲労に起因する損傷
	材料特性に起因する損傷
	設計に起因する損傷
	施工に起因する損傷
	クリープに起因する損傷
	ASRに起因する損傷
	塩害、中性化に起因する損傷
	摩耗に起因する損傷
	漏水に起因する損傷
	水に起因する損傷
	支承機能喪失に起因する損傷
	側方流動に起因する損傷
	地盤変形に起因する損傷
	維持管理性の欠如

(5) リスクマトリックスの設定

不具合による影響度と、その発生頻度を4つのマトリックスで整理する。
①重要リスク：発生頻度が高く、影響度が大きいもの
②日常的リスク：発生頻度が高く、影響度が小さいもの
③偶発的リスク：発生頻度が低く、影響度が大きいもの
④低リスク：発生頻度が低く、影響度が小さいもの

■ 図2-1 リスクマトリックス

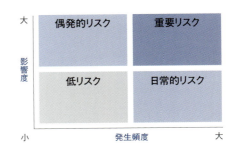

2 橋梁設計の不具合

2.1 不具合事例

橋梁に関する不具合事例は、**表2-4**に示すように基礎構造7件、下部構造（コンクリート構造）21件、下部構造（鋼構造）10件、下部構造（複合構造）3件、上部構造（鋼構造）21件、上部構造（コンクリート構造）4件の合計66件である。また、発生段階、対策規模、不具合の原因分類ごとにそれぞれの件数を**表2-5**、**表2-6**、**表2-7**に示す。

■ 表2-4 橋梁に関する不具合事例一覧

事例No.	施設	発生段階	対策規模	具体的部位・箇所など	不具合の内容
1	橋梁_基礎	計画段階	(小)調整手戻り	フーチング、杭	フーチングが他者の構築物に干渉した
2	橋梁_基礎	計画段階	(大)修正設計	橋脚基礎	関係者協議で下部構造を変更した
3	橋梁_基礎	計画段階	(小)修正設計	遮断防護工	遮断防護工と土留め壁を兼用した
4	橋梁_基礎	設計条件	(大)修正設計	杭基礎	杭の周面摩擦力に関する独自基準を適用しなかった
5	橋梁_基礎	設計計算	(大)修正設計	橋台の杭基礎	土質定数の低減係数を間違えて設計した
6	橋梁_基礎	図面作成	(大)修正設計	杭基礎	杭基礎が地下埋設物に干渉した
7	橋梁_基礎	数量算出	(小)その他	鋼管ソイルセメント杭	鋼管ソイルセメント杭の鉄筋溶接数量を計上漏しした
8	橋梁_下部(Co)	計画段階	(大)追加工事	支承台座	支承台座寸法が不足した
9	橋梁_下部(Co)	計画段階	(大)追加検討	橋脚	改築工事においてASR橋脚の劣化を考慮しなかった
10	橋梁_下部(Co)	設計条件	(大)追加検討	橋脚	上下部構造の調整不足で橋脚位置を誤った
11	橋梁_下部(Co)	設計条件	(大)追加工事	橋脚補強鋼板	補強鋼板の溶接縮みにより梁コンクリートが損傷した
12	橋梁_下部(Co)	設計条件	(大)修正設計	支承	支承条件を誤って入力した
13	橋梁_下部(Co)	設計計算	(大)追加工事	荷重条件	設計荷重を誤って入力した
14	橋梁_下部(Co)	設計計算	(大)修正設計	橋脚及びケーソン	橋脚に作用する断面力の方向を間違って渡した
15	橋梁_下部(Co)	設計計算	(小)修正設計	橋脚梁部	RC橋脚梁部のせん断耐力が不足した
16	橋梁_下部(Co)	設計計算	(大)修正設計	ラーメン橋脚の梁部	ラーメン橋脚の動的解析で剛性設定を間違えた
17	橋梁_下部(Co)	設計計算	(大)修正設計	支承	常時のゴム支承の回転機能が確保できず支承条件を変更した
18	橋梁_下部(Co)	設計計算	(小)追加検討	支承	基準の相違により支承のアンカーボルト埋め込み長が不足した
19	橋梁_下部(Co)	図面作成	(大)修正設計	フーチング、杭、橋脚	フーチングと杭の座標計算を間違えた
20	橋梁_下部(Co)	図面作成	(小)修正設計	フーチング、橋脚	橋脚の主鉄筋同士が干渉した
21	橋梁_下部(Co)	図面作成	(小)修正設計	橋脚PC梁部	PC定着部と梁端部の折り曲げ鉄筋とが干渉した
22	橋梁_下部(Co)	図面作成	(小)修正設計	橋脚梁部(コーベル)	コーベルとなる橋脚梁部の配筋を誤った
23	橋梁_下部(Co)	図面作成	(大)追加工事	橋脚天端	支承縁端距離が不足した
24	橋梁_下部(Co)	図面作成	(小)修正設計	橋脚天端	支承縁端距離が確保できなかった
25	橋梁_下部(Co)	図面作成	(大)追加工事	支承	支承の台座高さ、アンカーホール深さを誤って施工した
26	橋梁_下部(Co)	図面作成	(大)追加工事	支承	アンカーホール位置の伝達ミスをした
27	橋梁_下部(Co)	図面作成	(小)修正設計	支承	支承アンカーボルトと橋脚主鉄筋が干渉した
28	橋梁_下部(Co)	図面作成	(小)修正設計	支承	アンカーホール型枠と橋脚主鉄筋が干渉した
29	橋梁_下部(鋼)	計画段階	(大)調整手戻り	鋼製橋脚	鋼製橋脚ブロック輸送制限幅を超過した
30	橋梁_下部(鋼)	設計条件	(大)追加工事	鋼製橋脚	料金所の荷重を誤って入力した
31	橋梁_下部(鋼)	設計条件	(大)追加工事	鋼製橋脚隅角部	鋼製橋脚隅角部の必要板厚が不足した
32	橋梁_下部(鋼)	設計計算	(大)修正設計	鋼製橋脚	鋼製橋脚設計データを入力ミスした
33	橋梁_下部(鋼)	設計計算	(小)追加検討	鋼製橋脚	高力ボルト設計に関する独自基準を適用しなかった

34	橋梁_下部(鋼)	設計計算	(大)修正設計	補剛材	鋼製橋脚の既設補強部材が基準を満足していなかった
35	橋梁_下部(鋼)	設計計算	(大)追加工事	アンカーフレーム	アンカーフレームの設計で材質を間違えた
36	橋梁_下部(鋼)	図面作成	(大)追加工事	鋼製橋脚	現場溶接部の収縮により部材が変形した
37	橋梁_下部(鋼)	図面作成	(大)修正設計	鋼製橋脚基部	アンカーフレームが基礎の主鉄筋と干渉した
38	橋梁_下部(鋼)	図面作成	(大)追加工事	支承	支承取り付け位置を誤って施工した
39	橋梁_下部(複)	設計計算	(大)追加検討	複合橋脚接合部	橋脚柱の構造寸法入力ミスに気付かず構造物が完成した
40	橋梁_下部(複)	図面作成	(大)追加工事	複合橋脚柱部	橋脚柱が10cmずれて完成した
41	橋梁_下部(複)	製作・施工段階	(小)調整手戻り	橋脚梁部接合部	鋼製梁を固定するネジとアンカーボルトが接続できなかった
42	橋梁_上部(鋼)	計画段階	(大)追加工事	鋼桁	桁かかり長が不足した
43	橋梁_上部(鋼)	計画段階	(大)追加用地買収	橋梁幅	用地境界線を侵した
44	橋梁_上部(鋼)	計画段階	(大)追加工事	鋼桁	支間長が不足した
45	橋梁_上部(鋼)	計画段階	(小)修正設計	鋼桁	横断勾配を誤って上下部構造を設計した
46	橋梁_上部(鋼)	計画段階	(小)修正設計	鋼桁対傾構	既設橋梁の落橋防止装置と拡幅部対傾構が干渉した
47	橋梁_上部(鋼)	計画段階	(大)追加工事	鋼製橋脚剛結仕口	剛結構造の仕口形状を誤った
48	橋梁_上部(鋼)	計画段階	(小)調整手戻り	合成床版	合成床版添接継手部での鉄筋かぶり厚が不足した
49	橋梁_上部(鋼)	計画段階	(小)追加工事	鋼床版高欄	施工時の鋼床版の伸びを考慮しなかった
50	橋梁_上部(鋼)	計画段階	(小)修正設計	排水桝	横断・縦断勾配の変曲点の排水桝の設置位置を間違えた
51	橋梁_上部(鋼)	設計条件	(大)追加工事	既設鋼桁と拡幅部との接続部材	既設鋼桁拡幅部の接続部材が取り合わなかった
52	橋梁_上部(鋼)	設計条件	(小)修正設計	高欄	壁高欄の設計において風荷重の設定を間違えた
53	橋梁_上部(鋼)	設計計算	(大)追加工事	鋼桁仕口	鋼桁のキャンバー設定を誤った
54	橋梁_上部(鋼)	設計計算	(大)追加工事	鋼桁継手部	剛結構造の鋼桁仕口でボルト本数が不足した
55	橋梁_上部(鋼)	設計計算	(大)修正設計	鋼桁	完成系活荷重を一部考慮しなかった
56	橋梁_上部(鋼)	設計計算	(大)修正設計	鋼床版箱桁	キャンバーの設定ミスがあった
57	橋梁_上部(鋼)	設計計算	(大)追加工事	床版張り出し部	床版張り出し部のブラケットの連結構造を誤った
58	橋梁_上部(鋼)	図面作成	(大)修正設計	鋼桁高力ボルト接合部	主桁連結板と横構ガセットプレートが干渉した
59	橋梁_上部(鋼)	図面作成	(大)追加工事	横構高力ボルト接合部	横構の高力ボルトの締め付け作業が不可能となった
60	橋梁_上部(鋼)	図面作成	(小)追加工事	鋼桁端部	鋼桁端部切り欠きマンホールで必要スペースが不足した
61	橋梁_上部(鋼)	図面作成	(大)追加工事	RC床版	RC床版の鉄筋径・本数が設計計算書と図面で異なっていた
62	橋梁_上部(鋼)	製作・施工段階	(大)追加工事	鋼桁金属溶射部	素地調整不足により金属溶射皮膜が剥離した
63	橋梁_上部(Co)	設計条件	(大)修正設計	PC桁	設計条件の入力データを間違えた
64	橋梁_上部(Co)	設計計算	(小)追加検討	PC桁端部	伸縮装置切り欠き部で引張応力発生に対する補強が必要だった
65	橋梁_上部(Co)	図面作成	(小)修正設計	PC桁下床版	PC桁下床版の軸方向鉄筋が過大であった
66	橋梁_上部(Co)	図面作成	(小)修正設計	PC桁端部定着部	PC鋼材と落橋防止装置アンカーボルトが干渉した

■ 表2-5 発生段階ごとの件数

発生段階	集計
計画段階	15
設計条件	9
設計計算	18
図面作成	21
数量算出	1
製作・施工段階	2
総計	66

■ 表2-6 対策規模ごとの件数

対策規模	集計
(大)追加工事	21
(大)追加用地買収	1
(大)修正設計	16
(大)追加検討	3
(大)調整手戻り	1
(小)追加工事	3
(小)追加用地買収	0
(小)修正設計	14
(小)追加検討	3
(小)調整手戻り	3
(小)その他	1
総計	66

■ 表2-7 不具合の原因分類ごとの件数

不具合の原因	集計
基準適用における誤り	11
情報伝達不足(組織間)	15
部材の干渉などに対する配慮不足	7
製作・施工に対する配慮不足	6
変更発生時の処理に関する配慮不足	1
記載漏れ	1
協議不足	1
現地調査不足	4
技術的判断における誤り	5
図面記載ミス	3
計算入力ミス	12
総計	66

01 橋梁編

フーチングが他者の構築物に干渉した

施設	橋梁_基礎
具体的部位・箇所など	フーチング、杭
発生段階	計画段階
不具合の原因分類	情報伝達不足(組織間)
対策規模	(小)調整手戻り
発見者	発注者
発見時点	工事発注前(概略設計完了後)
発見理由	対外協議の結果

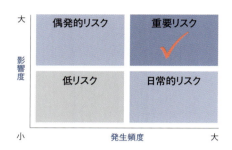

概要

概略設計が終わり、工事発注前の段階で、フーチングが他者の計画するシールド送水管(φ2000)に干渉する事が判明した。原因は、都市計画前の協議で提示されていたシールド送水管の線形が、その後変更され、その情報を受けていなかったからである。概略設計時に考慮したシールド送水管の線形は変更前の情報を条件としていた。

解説図

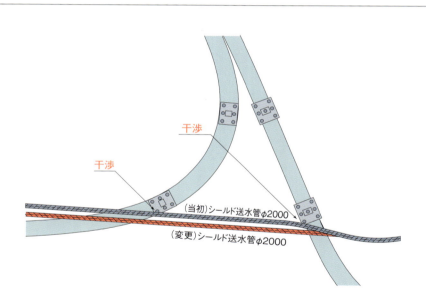

対策

概略設計では、シールド送水管のルート変更前の情報を元に設計していたため、他者と協議し、シールド送水管の線形を変更してもらうことになった。

担当者の声

本件は、幸い工事発注前に判明し、また、他者の線形変更によって事なきを得たが、もし発注後で、他者の変更も対応できない場合は、影響度が大きい。また、地下埋設物に関連する協議の不足による不具合の発生頻度は多い。影響のありそうな近接する物件は、適宜、管理者協議をこなし、最新情報を共有することが望ましい。

関係者協議で下部構造を変更した

施設	橋梁_基礎
具体的部位・箇所など	橋脚基礎
発生段階	計画段階
不具合の原因分類	協議不足
対策規模	（大）修正設計
発見者	発注者
発見時点	工事発注前（概略設計完了後）
発見理由	対外協議の結果

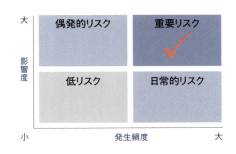

概要

工事発注前に橋梁下部構造（基礎形式、フーチング）に変更が生じた。原因は、地下埋設物（下水管φ1100）の移設を前提に橋脚位置を決定したが、協議の結果、移設不可となったためである。

解説図

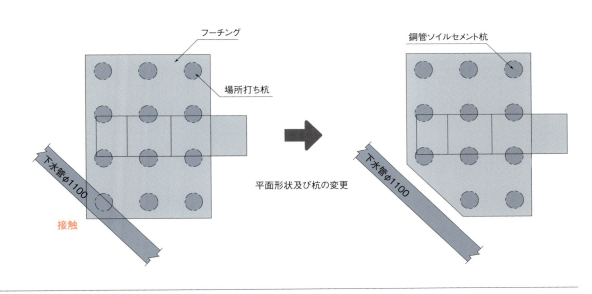

平面形状及び杭の変更

対策

フーチングの設置予定位置に近接している当該下水道以外の埋設物の影響でフーチング位置の変更ができず、基礎形式及びフーチングの平面形状を変更した。基礎形式は、杭本数が低減したため場所打ち杭から鋼管ソイルセメント杭に変更した。

担当者の声

既に概略設計は終了していたが、工事発注前だったのでこのような変更で済んだ。橋脚の配置は橋梁の支間割に関係するため、変更すると設計手戻りなど影響が大きい。また、他者が管理する地下埋設物に関連する協議不足による不具合の発生頻度が多い。影響のありそうな近接する物件は、あらかじめ、管理者協議をこなしておくことが望ましい。

橋梁編

遮断防護工と土留め壁を兼用した

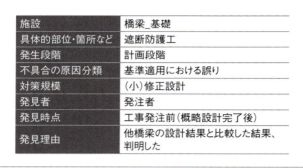
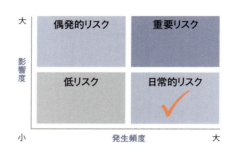

施設	橋梁_基礎
具体的部位・箇所など	遮断防護工
発生段階	計画段階
不具合の原因分類	基準適用における誤り
対策規模	(小)修正設計
発見者	発注者
発見時点	工事発注前(概略設計完了後)
発見理由	他橋梁の設計結果と比較した結果、判明した

概要

近接構造物管理者の近接施工指導要領書には、「遮断防護工と土留工を兼用してはならない」と規定されている。しかし、近接構造物に対する対策工である遮断防護工(鋼矢板)を、盤下げおよび圧入完了後の土留め鋼矢板として兼用して計画してしまった。原因は、関係基準の確認を行っていなかったからである。

解説図

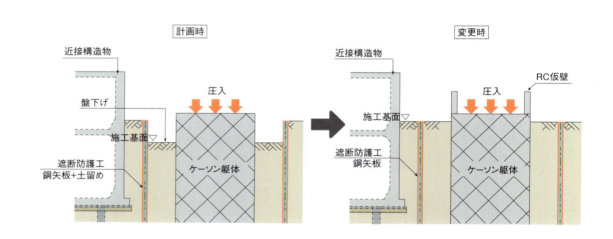

対策

施工基面については、盤下げせず現地盤とする様に変更した。圧入完了後は、別途土留工の機能を有するRC仮壁を設ける様に変更した。図面、圧入計算を修正して工事発注した。

担当者の声

近接施工指導要領書の内容をしっかりチェックしていれば防止できたと思われる。基準適用の誤りの発生頻度は高い。基準を満足しているかどうか、発注者、受注者でチェックする必要がある。

04 橋梁編

杭の周面摩擦力に関する独自基準を適用しなかった

施設	橋梁_基礎
具体的部位・箇所など	杭基礎
発生段階	設計条件
不具合の原因分類	基準適用における誤り
対策の規模	（大）修正設計
発見者	概略設計受注者
発見時点	概略設計中盤（ほぼ設計が固まった時点）
発見理由	隣接工区の設計条件を横並びで確認したため

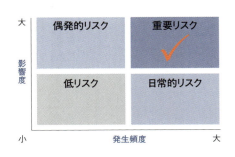

概要

管理者の適用基準では、「支持力を支持力公式によって求める場合、周面摩擦力を考慮してよい地層は原則として洪積層の範囲とする」と規定されている。しかし、概略設計では、杭の支持力に沖積層の周面摩擦力を考慮している事が判明した。原因は、基準内容の確認漏れであった。

解説図

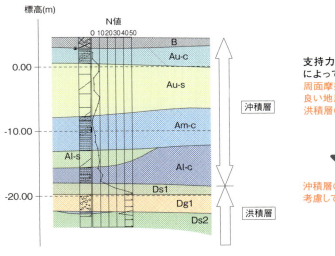

対策

深い位置に洪積層はあったが、杭を打設するのは上部の沖積層であった。再度、基礎構造を決定するため杭の種類、杭径比較、支持層の比較をやり直した結果、杭種、杭径は変更せず杭長を変更して対処することにした。

担当者の声

建設コンサルタント会社は、国や自治体が採用する道路橋示方書に基づいて設計する場合や、高速道路会社独自の設計基準を用いて設計することもある。これらの基準の取り違えによるミスは多い。設計開始時に、あらかじめ設計条件を整理し、隣接工区や基準との適合性を確認する必要がある。

05 橋梁編

土質定数の低減係数を間違えて設計した

施設	橋梁_基礎
具体的部位・箇所など	橋台の杭基礎
発生段階	設計計算
不具合の原因分類	計算入力ミス
対策規模	(大)修正設計
発見者	受注者(下部工)
発見時点	詳細設計開始時
発見理由	詳細設計を行い気付いた

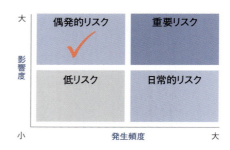

概要

詳細設計において、L1地震時杭頭変位が許容値を満足せず構造が成立しなかった。原因は工事発注前の橋台設計において、液状化すると判定された土層の耐震設計に用いる土質定数の低減係数を、設計条件でL1地震時1/6としていたが、実際設計に用いた値は、L1地震時2/3としてしまったためである。

解説図

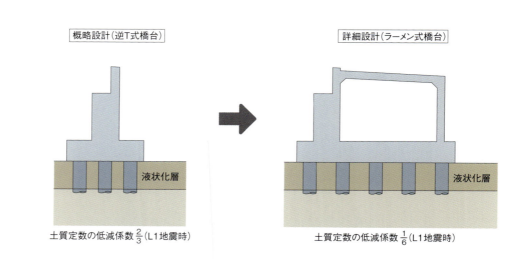

概略設計(逆T式橋台) → 詳細設計(ラーメン式橋台)

土質定数の低減係数 $\frac{2}{3}$ (L1地震時) / 土質定数の低減係数 $\frac{1}{6}$ (L1地震時)

対策

詳細設計において、正しい低減係数(L1地震時1/6)に修正し構造検討を行った。その結果、逆T式橋台からラーメン式橋台に構造形式を変更することとなった。

担当者の声

工事発注前の概略設計において、設計条件は正しく設定されていたが、構造計算する際に計算入力ミスしたものであり、設計照査または審査時点でミスを発見できる体制が必要である。

06 橋梁編

杭基礎が地下埋設物に干渉した

施設	橋梁_基礎
具体的部位・箇所など	杭基礎
発生段階	図面作成
不具合の原因分類	図面記載ミス
対策規模	（大）修正設計
発見者	道路管理者
発見時点	道路管理者との施工協議
発見理由	道路管理者との施工協議の際に指摘されたため

概要

拡幅工事における新設橋脚の詳細設計が終わり、道路管理者との施工協議の段階で、埋設物が橋脚基礎と干渉していることが判明した。原因は、地形図、地下埋設物情報を収集しCADデータ化をしていたが、最終段階の図面には埋設物情報が入ったレイヤーを非表示にしたため、埋設物の存在に気付かずに橋脚位置を決定したためである。

解説図

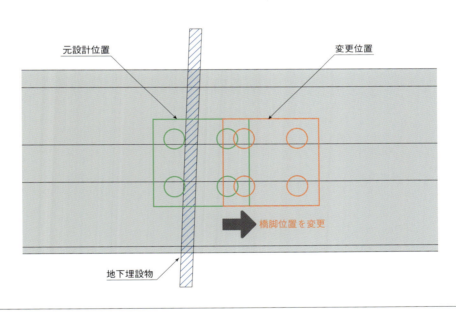

対策

地下埋設管を避けた位置に橋脚を移動し、再設計を行った。その結果、橋脚高さの変更が生じた。

担当者の声

本件は、幸い橋脚の位置を変更することができ、そのシフト量も大きくなかったことから構造全体への影響は小さかった。設計業務において、CADは必要不可欠の存在となっているが、設計最終時には、図面を打ち出して、チェックリストを作成し、複数の技術者の照査が必要である。

07 橋梁編

鋼管ソイルセメント杭の鉄筋溶接数量を計上漏れした

施設	橋梁_基礎
具体的部位・箇所など	鋼管ソイルセメント杭
発生段階	数量算出
不具合の原因分類	基準適用における誤り
対策規模	(小)その他
発見者	受注者(下部工)
発見時点	数量確認時
発見理由	数量確認をしたため

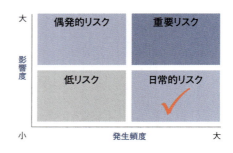

概要

工事発注前の概略設計時において、鋼管ソイルセメント杭のフーチング接合方法は、鋼管の外側に杭頭鉄筋を溶接にて定着する設計となっていたが、現場溶接数量の計上漏れがあった。原因は、設計担当者の積算方法に関する認識不足で、積算基準では計上する必要がある現場溶接数量を計上していなかったためである。

解説図

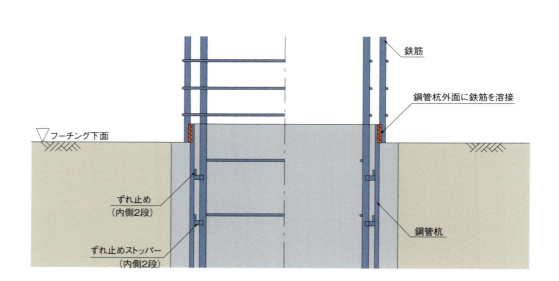

対策

詳細設計時に、計上漏れとなっていた鋼管ソイルセメント杭のフーチング接合部の現場溶接数量を算出し契約変更時に計上した。

担当者の声

発注者側の積算担当者と設計担当者間で、数量算出要領により積算に必要な数量について、必要な項目を確認したうえで、数量算出を行うべきである。通常の構造では起こりえない問題でも、特殊な構造では積算上注意する必要がある。

08 橋梁編

支承台座寸法が不足した

施設	橋梁_下部(Co)
具体的部位・箇所など	支承台座
発生段階	計画段階
不具合の原因分類	情報伝達不足（組織間）
対策規模	（大）追加工事
発見者	受注者（上部工）
発見時点	施工着手前
発見理由	着工前測量を実施した結果判明

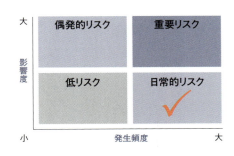

概要
寸法が不足した支承台座を施工した。原因は、橋脚掛け違い部において、発注者Bの設計が先行して実施されており、発注者Aの詳細設計が完了した段階で、支承条件に関する情報伝達・共有が必要であったが、担当者で情報が止まっており、相手側の施工者に情報が渡っていなかった（施工者間でも情報伝達をしていたが、この際にも的確な情報伝達がなされていなかった）ためである。

解説図

（発注者A：上部構造詳細設計 → 上部構造設計完了 → 上部構造施工開始）
（発注者B：掛け違い橋脚についても詳細設計を実施、上下部構造詳細設計 → 上下部構造詳細設計完了 → 下部構造施工 → 上部構造施工）
段階的に情報のやりとり
最終情報の伝達ミス
→ 支承台座が最新形状でないことが発覚

設計範囲：発注者Aの設計／発注者Bの設計

対策
既に橋脚ができ上がっており修正設計が間に合わず、既設台座を拡幅施工した。補修方法の順番は以下の通り。①周囲をチッピング、②ケミカルアンカー設置、③増幅部配筋、④無収縮モルタル打設。

担当者の声
本掛け違い部は、複数の発注者、並びに施工者・設計者がおり、多数の関係者との情報共有が必要であったが、情報提供および伝達確認が不十分であったため、本問題が生じた。本件のような、多数の関係者が絡む箇所については、重要な情報共有ポイントを整理し、伝達状況の実施状況や確認状況などをチェックリストにしておけば問題は生じなかった。

橋梁編

改築工事においてASR橋脚の劣化を考慮しなかった

施設	橋梁_下部(Co)
具体的部位・箇所など	橋脚
発生段階	計画段階
不具合の原因分類	現地調査不足
対策規模	(大)追加検討
発見者	発注者
発見時点	施工段階
発見理由	施工前の現場調査でひび割れを発見したため

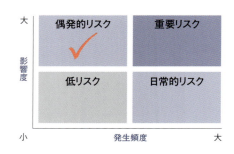

概要

橋脚の拡幅工事において、施工前に現場を確認したところ、アルカリシリカ反応(ASR)の進行が確認された。設計段階ではASR補修済み橋脚として台帳に登録されておらず、また表面塗装されていたことから、健全な橋脚として設計を行った。原因は現地調査不足である。

解説図

対策

詳細調査を実施し、ひび割れ幅とその長さによる劣化度判定を行い、劣化度に応じた補修設計を行った。

担当者の声

橋脚梁部は塗装されており、内部のひび割れを十分に確認できなかったことが原因の一つである。今後は表面保護がされている橋脚においても、内部で損傷が進行している可能性があるので、塗装を除去して詳細設計を実施する必要がある。

10
橋梁編

上下部構造の調整不足で橋脚位置を誤った

施設	橋梁_下部(Co)
具体的部位・箇所など	橋脚
発生段階	設計条件
不具合の原因分類	情報伝達不足（組織間）
対策規模	（大）追加検討
発見者	受注者（下部工）
発見時点	詳細設計完了後
発見理由	上部構造の最終設計図面作成時に、橋脚支承位置とのチェックを実施したため

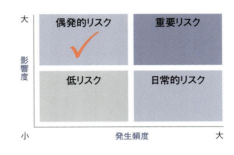

概要

協議用に作成した拡幅上部構造の概略設計の図面をもとに増設橋脚の設計を行ったが、間詰部も考慮した最終上部構造を反映した図面を作成したところ支承が配置できなかった。原因は、組織間の情報伝達不足により、最終上部構造を反映した図面をもとに、下部構造の設計が行なわれなかったためである。

解説図

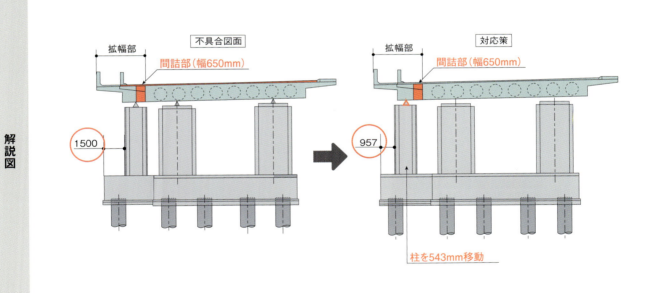

対策

最終上部構造に適する支承位置となるように増設橋脚柱の位置を変更した。

担当者の声

下部構造図の作成段階で、発注者、上部構造設計者との3者間で、施工過程も含めた決定根拠が合っているかを確認すべきであった。上下部構造境界部の不具合は多いため、発注者が各設計者との間での情報共有に特に気をつけなければならない。

11 橋梁編

補強鋼板の溶接縮みにより梁コンクリートが損傷した

施設	橋梁_下部(Co)
具体的部位・箇所など	橋脚補強鋼板
発生段階	設計条件
不具合の原因分類	製作・施工に対する配慮不足
対策規模	(大)追加工事
発見者	発注者(下部工)
発見時点	施工時
発見理由	鋼板溶接後、鋼板の異常変形を発見した

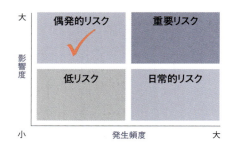

概要

拡幅に伴うコンクリート梁の鋼板補強において、溶接時の縮みにより鋼板と梁コンクリート部が角当りし、梁コンクリートが損傷した。原因は溶接による鋼板の縮み量を考慮せず、鋼板割付図を作成したためである。

解説図

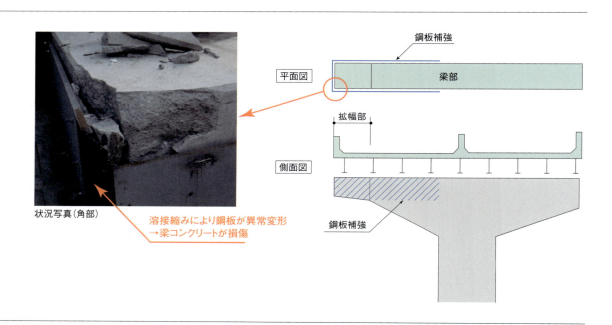

状況写真(角部)

溶接縮みにより鋼板が異常変形
→梁コンクリートが損傷

対策

補強鋼板を一旦撤去し、コンクリート損傷部をはつり出して断面補修材にて補修した。溶接による縮み量を見込んだ寸法で鋼板割付けを行うとともに、現場溶接箇所を減らす等の工夫をした。

担当者の声

既設のコンクリート構造物を鋼板補強する際には、溶接縮み量を考慮した図面を作成することはもちろんのこと、梁先端部など溶接量が多い箇所は、特に留意する必要がある。

12 橋梁編

支承条件を誤って入力した

施設	橋梁_下部（Co）
具体的部位・箇所など	支承
発生段階	設計条件
不具合の原因分類	情報伝達不足（組織間）
対策規模	（大）修正設計
発見者	発注者
発見時点	上部構造施工者間の照査時
発見理由	上部構造施工者で照査したため

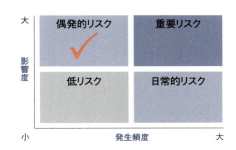

概要

工事発注後の詳細設計において、掛け違いとなる橋脚を境に、A社、B社で各々が設計を担当していた。しかし、B社は弾性支承であるべき所を可動支承と支承条件を誤入力してしまい、動的解析を実施していた。原因は、設計条件の確認や情報伝達が十分ではなかったためである。

解説図

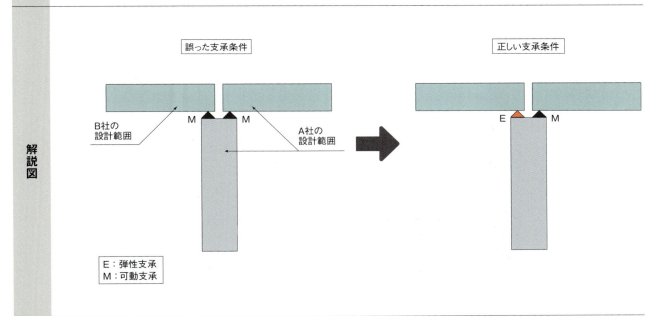

対策

支承条件を正しいものに変更し、下部構造の動的解析を再実施し、設計をやり直した。

担当者の声

対象箇所は工事発注後の詳細設計において2社の境界にあたり、設計条件の情報伝達が十分ではなかった。設計条件に関して各社が共通認識できる仕組みを作っておけば、防止できると思われる。

13 橋梁編

設計荷重を誤って入力した

施設	橋梁_下部（Co）
具体的部位・箇所など	荷重条件
発生段階	設計計算
不具合の原因分類	計算入力ミス
対策規模	（大）追加工事
発見者	受注者（下部工）
発見時点	下部構造施工者から上部構造施工者への設計内容引き渡しの時
発見理由	再度荷重条件を確認したため

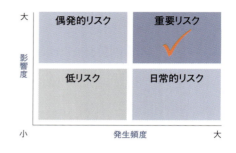

概要

橋脚設計時において荷重組み合わせを誤り、一部死荷重を考慮しないまま設計・製作が進められ、橋脚の梁部材の設計上必要な性能が不足した。原因は、設計計算の際に、掛け違い橋梁側の死荷重を考慮していない荷重番号を入力したためである。

解説図

No.	記号	荷重の種類	
100	D1	架設時 死荷重【架設ステップ-1】	= 1 + 2
101	D2	架設時 死荷重【架設ステップ-2】	= 3
102	D3	架設時 死荷重【架設ステップ-3】	= 4
103	D4	完成時 死荷重	= 5 + 6 + 7 + 8 + 9 + 10 + 11
104	D5	完成時 死荷重合計	= 103 + 15 + 16 + 17 + 18
105	DU	上部構造死荷重	= 100 + 101 + 102 + 103→104 （間違っている）
106	DL	下部構造死荷重	= 12 + 13 + 14
107	D	死荷重合計	= 105 + 106
108	SD	支点沈下（最大抽出）	= Pack3（ 19 ～ 22 ）
109	L	活荷重合計	= 23 + 24 + 25
110	T	温度荷重	= Pack1（ 26, -26 ）
111	W1	風荷重（左→右）	= Pack3（ 27 , 29 ～ 31 ）
112	W2	風荷重（左←右）	= Pack3（ 28 , 32 ～ 34 ）
113	W3	風荷重（橋軸方向）	= Pack1（ 35 ～ 37, -36 ～ -37 ）
114	E1	地震荷重（X軸方向）	= Pack1（ 38, -38 ）
115	E2	地震荷重（Y軸方向）	= Pack1（ 39, -39 ）
116	C	衝突荷重	= Pack1（ 40 ～ 51 ）
117	Dcam	死荷重（製作キャンバー用）	保留

ピックアップ法　Pack1：指定したケースから、最大値、最小値をピックアップする。
　　　　　　　　Pack2：指定したケースと無載荷状態（0,0）から、最大値、最小値をピックアップする。
　　　　　　　　Pack3：指定したケースの任意の組合せから、最大値、最小値をピックアップする。

103（誤）→ 104（正）　掛け違い橋梁側の死荷重を考慮していない荷重番号を入力した

対策

再度、設計計算を行い、一部架設が完了していた梁部材を撤去し、新たに梁部材の設計・製作・架設をし直した。

担当者の声

荷重の種類は表一覧では分かりづらく、No.と記号の組み合わせで構成されており、ミスを頻発しやすい状況であった。また、構造計算における不具合では設計荷重の入力、設計荷重の組み合わせ、解析ステップの作成など、人為的作業での不具合が多いため、チェックリストを作成し、設計打ち合せ時における確認を精力的に実施することが必要である。

14 橋梁編

橋脚に作用する断面力の方向を間違って渡した

施設	橋梁_下部（Co）
具体的部位・箇所など	橋脚及びケーソン
発生段階	設計計算
不具合の原因分類	計算入力ミス
対策規模	（大）修正設計
発見者	審査コンサルタント
発見時点	設計審査
発見理由	設計審査したため

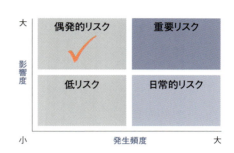

概要

上部構造施工者が下部構造施工者へ渡した橋脚基部に作用する断面力の方向に誤りがあり、正しい荷重方向で再照査した結果、橋脚主鉄筋が不足しており基礎も含めて再設計が必要となった。対象橋梁は剛結橋脚を有するラーメン構造であったため、剛結橋脚基部に作用する断面力は上部構造施工者にて立体解析を実施し、下部構造施工者に設計情報を連絡する流れをとっていた。上部構造施工者から渡した座標設定の中で、面内曲げ方向の記号を誤って正負逆転させて下部構造施工者へ渡していたのが原因であった。

解説図

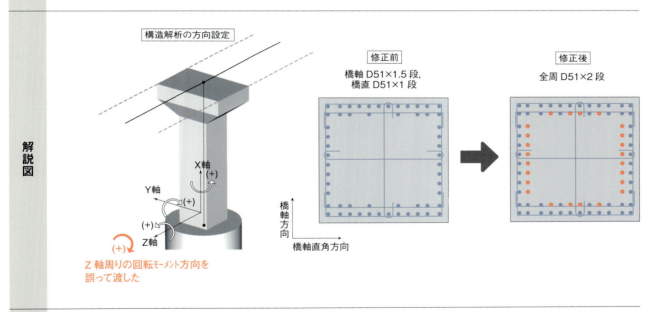

対策

対象径間の全橋脚について再計算を実施した。掛け違い部の橋脚のみ耐力が不足していたため、主鉄筋を増やすことで対応した。これに伴いケーソン基礎の配筋の見直しも必要となった。

担当者の声

単純ミスだが、結果には大きな影響を与えるものである。計算結果を互いにやり取りする場合には、渡す側も受け取る側も十分にチェックを行う必要がある。

15 橋梁編

RC橋脚梁部のせん断耐力が不足した

施設	橋梁_下部(Co)
具体的部位・箇所など	橋脚梁部
発生段階	設計計算
不具合の原因分類	変更発生時の処理に関する配慮不足
対策規模	(小)修正設計
発見者	審査コンサルタント
発見時点	設計審査時
発見理由	設計審査したため

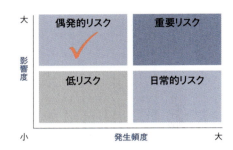

概要

拡幅工事の当初設計においてアルカリシリカ反応(ASR)を考慮し炭素繊維巻き立て補強が計画されていたが、詳細調査の結果、ASRではないと判定され補強が必要なくなった。しかし拡幅による重量増により、梁付根でのせん断耐力が不足した。原因は、条件変更に対する修正設計において照査断面漏れがあったためである。

解説図

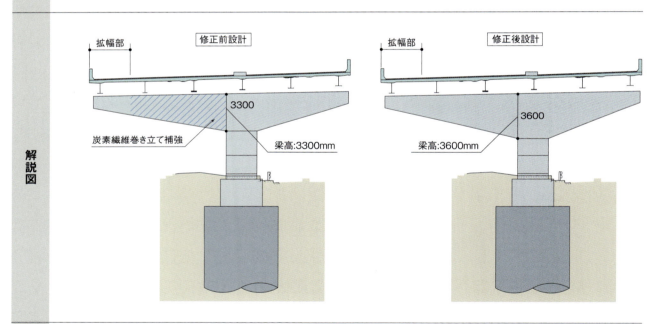

対策

拡幅するRC梁部の梁高を上げることでせん断耐力を向上させた。なお、せん断耐力を向上させる方法として炭素繊維巻き立て工法も考えられたが、コンクリート表面部の点検を行えるように、この工法の採用は見送った。

担当者の声

設計進行時に条件変更がある場合、設計照査や設計審査を行うことはもちろんだが、照査断面に漏れがないか、特に重点的に確認する必要がある。

16 橋梁編

ラーメン橋脚の動的解析で剛性設定を間違えた

施設	橋梁_下部(Co)
具体的部位・箇所など	ラーメン橋脚の梁部
発生段階	設計計算
不具合の原因分類	計算入力ミス
対策規模	(大)修正設計
発見者	設計コンサルタント
発見時点	設計完了後の再照査時
発見理由	入力データ根拠を確認し判明

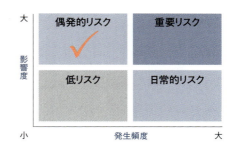

概要

ラーメン橋脚の動的解析における上部構造横桁の剛性と橋脚梁の材料モデルの設定を間違え、橋脚鉄筋量が不足した。原因は、概略計算を行うため横桁の剛性は概略値として既設桁の中間横桁剛性を入力し、新設の梁の材料モデルは線形モデルとして計算したが、詳細構造確定後においても、入力値、材料モデルを変更しないで設計を完了したためである。

解説図

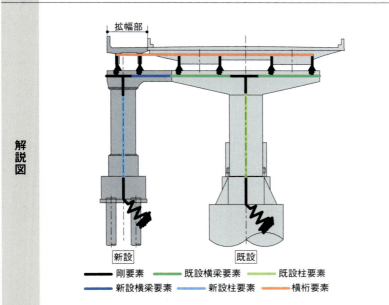

対策

動的解析の入力条件を修正し再設計を行った。その結果、鉄筋数量が変更となったので図面・数量を修正した。

担当者の声

動的解析の概略計算で用いた入力値をそのまま用いた単純ミスであり、設計担当者と解析担当者との情報共有不足であった。また、照査段階で確認すれば防げたミスであった。既設構造の改築という特異な構造解析を行う場合、特に新旧の最終構造を反映した入力値の確認が必要である。

17 橋梁編

常時のゴム支承の回転機能が確保できず支承条件を変更した

施設	橋梁_下部(Co)
具体的部位・箇所など	支承
発生段階	設計計算
不具合の原因分類	技術的判断における誤り
対策規模	(大)修正設計
発見者	受注者(下部工)
発見時点	詳細設計開始時
発見理由	詳細設計を行い気付いた

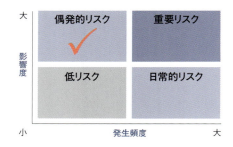

概要

工事発注前の予備設計において、支承条件を地震時水平力分散構造の弾性固定方式としていたが、工事発注後の詳細設計で同方式で構造が成立しなかった。原因は、工事発注前の予備設計の際に、常時のゴム支承の回転機能が満足せずに、詳細設計への申し送り事項としていたことによる。

解説図

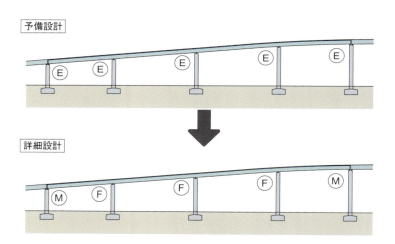

対策

詳細設計の際に、ゴム支承が成立するよう条件を見直したが、構造が成立しなかったため、支承条件を弾性固定方式から多点固定方式に変更した。

担当者の声

予備設計で、常時のゴム支承の回転機能が満足していなかったということが、詳細設計で構造を成立させるために数回のトライアル計算を実施し、最終的には支承条件を変更することになり設計工程に影響を与える結果となった。今後は詳細設計への申し送り事項について、そのリスクを判断する必要がある。

18 橋梁編

基準の相違により支承のアンカーボルト埋め込み長が不足した

施設	橋梁_下部(Co)
具体的部位・箇所など	支承
発生段階	設計計算
不具合の原因分類	基準適用における誤り
対策規模	(小)追加検討
発見者	受注者(上部工)
発見時点	設計再照査時、RC橋脚施工済み
発見理由	他箇所でのミスを受け、承認済み全図面を再照査したため

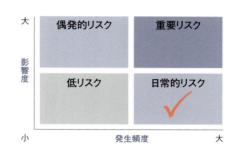

概要

管理者の独自基準において支承アンカーボルトのRC橋脚への埋め込み長は、①橋脚天端から8D以上確保、②沓座モルタルを除く台座コンクリート天端から10D以上確保となっているが、②の規定が確保されていない支承があった。原因は適用基準の確認漏れであった。

解説図

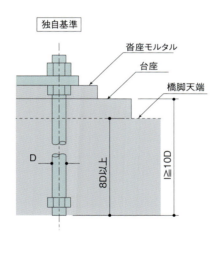
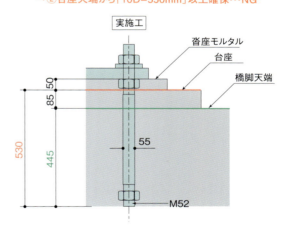

→①橋脚天端から「8D=440mm」以上確保…OK
→②台座天端から「10D=550mm」以上確保…NG

対策

既に施工済みの台座コンクリートを20mm嵩上げすることも考えられたが、新旧コンクリートの付着が懸念されること、照査を行った結果、許容値内に収まることが計算で確認できたことなどから、現設計図どおりの台座高とした。

担当者の声

道路橋示方書以外に管理者独自の基準がある内容については、設計開始時にあらかじめ設計条件を整理し基準との適合性を確認する必要がある。

19 橋梁編

フーチングと杭の座標計算を間違えた

施設	橋梁_下部(Co)
具体的部位・箇所など	フーチング、杭、橋脚
発生段階	図面作成
不具合の原因分類	計算入力ミス
対策規模	(大)修正設計
発見者	発注者
発見時点	杭施工後の測量時
発見理由	杭施工後に既設構造物との位置関係を測量し図面と照合した結果発見した

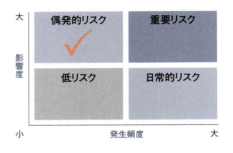

概要

フーチング、杭の座標を正規の位置より250mmずれた位置に算出した。原因は、設計の過程で柱幅を変更して柱中心位置を変更したが、座標計算時に柱中心位置を変更していなかったためである。

解説図

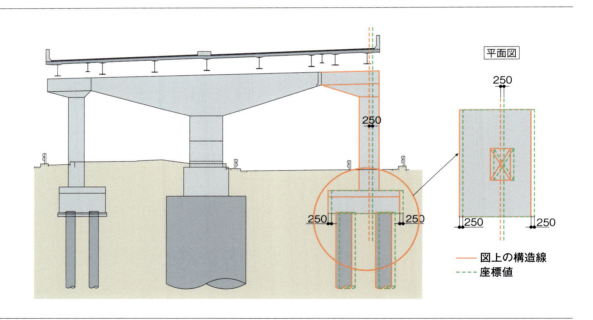

対策

杭施工後に不具合を発見したため、橋脚は正規の位置で、杭およびフーチングについては、250mmずれた位置で再度設計計算した結果、構造に問題ない事を確認し、施工した。

担当者の声

座標チェックについては、算出結果の座標間距離(フーチング四隅、杭間距離)の検算だけでなく、基準となっている柱中心座標についても、既設柱との距離などを検算する必要がある。

20 橋梁編

橋脚の主鉄筋同士が干渉した

施設	橋梁_下部（Co）
具体的部位・箇所など	フーチング、橋脚
発生段階	図面作成
不具合の原因分類	部材の干渉などに対する配慮不足
対策規模	（小）修正設計
発見者	受注者（下部工）
発見時点	図面照査時
発見理由	配筋図を実径で描いたため

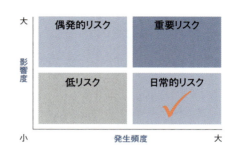

概要

設計計算において橋脚主鉄筋（D51）が2段配筋になり、フーチング内の定着部で互いに干渉し鉄筋組み立てが困難となる事が判明した。原因は、鉄筋径を考慮せずに配筋図を作成したためである。

解説図

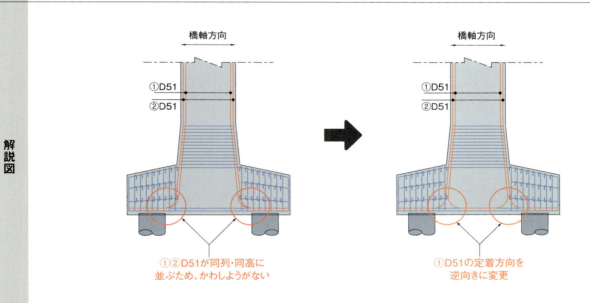

①②D51が同列・同高に並ぶため、かわしようがない → ①D51の定着方向を逆向きに変更

対策

2つの主鉄筋の定着方向を逆向きに変更することにより対応した。

担当者の声

太径鉄筋が輻輳する場所では実際の鉄筋径を考慮し製作図面を作成のうえ照査すると、干渉状況が分かりやすい。

21 橋梁編

PC定着部と梁端部の折り曲げ鉄筋とが干渉した

施設	橋梁_下部（Co）
具体的部位・箇所など	橋脚PC梁部
発生段階	図面作成
不具合の原因分類	情報伝達不足（組織間）
対策規模	（小）修正設計
発見者	受注者（下部工）
発見時点	後打ちコンクリート打設前
発見理由	PC定着具と梁端部鉄筋が干渉していたため

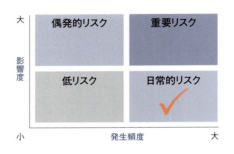

概要

PC緊張後の後打ちコンクリート打設前に、PC定着具と梁端部の折り曲げ鉄筋が干渉していることが判明した。原因は、PC鋼材配置図と鉄筋配筋図が別の施工者により作成されていたからである。

解説図

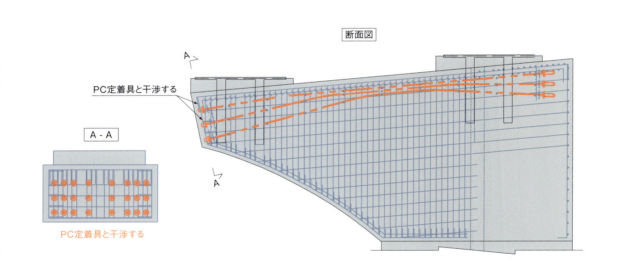

対策

PC定着部をかわして折り曲げ鉄筋を配置することにより対処した。

担当者の声

ＰＣ鋼材配置図と鉄筋配筋図が別になっているため、干渉に気が付かなかった。同じ図面上で表現することで不具合を防げたと思われる。

22 橋梁編

コーベルとなる橋脚梁部の配筋を誤った

施設	橋梁_下部（Co）
具体的部位・箇所など	橋脚梁部（コーベル）
発生段階	図面作成
不具合の原因分類	基準適用における誤り
対策規模	（小）修正設計
発見者	設計コンサルタント
発見時点	設計完了後の再照査時
発見理由	設計図面の再照査をしたため

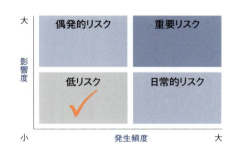

概要

設計対象の梁は、短スパン片持ち梁（コーベル）に該当していたが、独自基準に示された構造細目を適用していなかった。原因は、図面作成者が新・旧梁を接続したラーメン構造に意識を取られ、外側の張り出し部がコーベルに該当していることを見落としたためである。

解説図

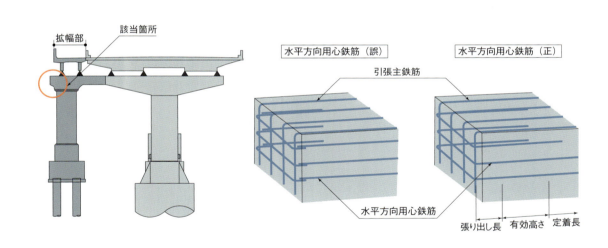

対策

独自基準に準拠するように図面と数量を修正した。

担当者の声

コーベルに関する独自基準の鉄筋の継手に関する細目について、図面作成者の意識が低く適用を見落としたもので、独自基準の留意点に関する情報共有と第3者による照査とチェックリスト項目の充実が必要である。

23 橋梁編

支承縁端距離が不足した

施設	橋梁_下部（Co）
具体的部位・箇所など	橋脚天端
発生段階	図面作成
不具合の原因分類	情報伝達不足（組織間）
対策規模	（大）追加工事
発見者	受注者（上部工）
発見時点	橋脚施工後
発見理由	下部工完成後に測量したため

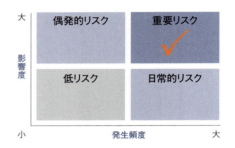

概要

下部構造が支承箱抜きを含めて完成したあと、現地で桁掛け違い部の支承縁端距離の不足が判明した。原因は、下部構造施工者と上部構造施工者の支承位置に関する情報伝達不足による。

解説図

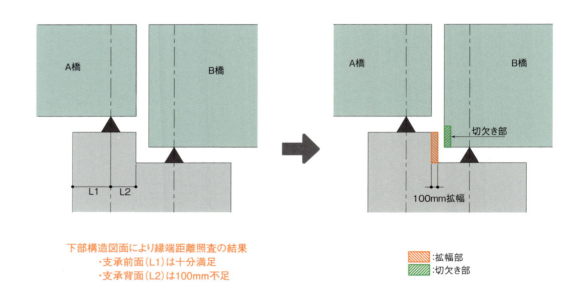

下部構造図面により縁端距離照査の結果
・支承前面（L1）は十分満足
・支承背面（L2）は100mm不足

対策

下部構造図面により支承縁端距離を照査した結果、支承前面は満足したが支承背面は100mm不足した。そのため、B橋の桁端部を切り欠くとともにA橋の橋脚梁天端幅を拡幅した。

担当者の声

上下部構造取り合い部については、下部構造も含めて十分なチェックを実施しておくべきだった。上下部構造取り合い部の不具合の発生頻度は高く、関係者による情報共有が必要である。

24 橋梁編

支承縁端距離が確保できなかった

施設	橋梁_下部（Co）
具体的部位・箇所など	橋脚天端
発生段階	図面作成
不具合の原因分類	情報伝達不足（組織間）
対策規模	（小）修正設計
発見者	発注者
発見時点	工事発注前（概略設計完了後）
発見理由	図面チェック（支承の図面と橋脚構造一般図を見比べた）結果判明した

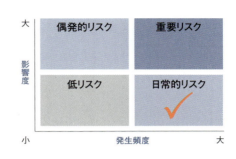

概要

工事発注前の図面チェック時において、計画している橋脚形状では支承縁端距離が確保できないことが判明した。原因は、下部構造と支承を別々に設計していたため、設計に時間差が生じたことと、情報共有不足、成果品に対する照査も不足していたことである。

解説図

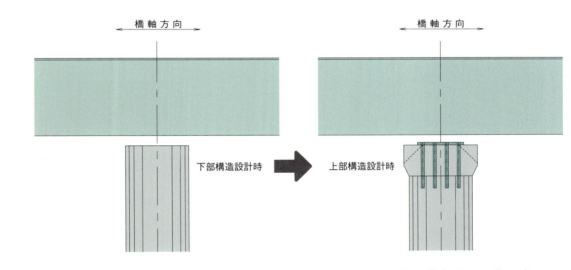

支承の設計は上部構造の設計で行われており、上部構造の設計・下部構造の設計での整合がとれていなかった

対策

支承縁端距離を確保できる様に橋脚形状を変更した。

担当者の声

下部構造と上部構造など、同一箇所で図面が別々になっている部分はそれぞれの整合を確認することが必要である。

25 橋梁編

支承の台座高さ、アンカーホール深さを誤って施工した

施設	橋梁_下部（Co）
具体的部位・箇所など	支承
発生段階	図面作成
不具合の原因分類	情報伝達不足（組織間）
対策規模	（大）追加工事
発見者	受注者（下部工）
発見時点	梁コンクリートの打設時
発見理由	施工中に構造物図面を確認したため

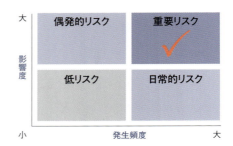

概要

橋脚施工時において支承の台座高さ、アンカーホール深さを誤って施工していた。原因は、上部構造の詳細設計により、当初設計が変更になったにも関わらず、下部構造施工者に情報が伝わっていなかったからである。

解説図

台座鉄筋・型枠を撤去

対策

詳細設計により不要となった台座については、コンクリート打設直前に気が付いたため、台座用鉄筋および型枠を急遽、撤去することにより所定の高さを確保できた。一方、アンカーホールは、型枠が既に固定されていたことから、深さは変更することができず、不足する長さ分を、上部工事において再削孔をした。

担当者の声

発注者、上部構造施工者ともに下部構造施工者に変更情報が伝わっているものと思い込んでいた。施工中の構造物の図面が変更になるときの情報伝達のルール化（誰がどのような方法で伝達するか）が必要である。

26 橋梁編

アンカーホール位置の伝達ミスをした

施設	橋梁_下部（Co）
具体的部位・箇所など	支承
発生段階	図面作成
不具合の原因分類	情報伝達不足（組織間）
対策規模	（大）追加工事
発見者	受注者（上部工）
発見時点	支承部アンカーホール設置後
発見理由	アンカー孔位置が合わなかったため

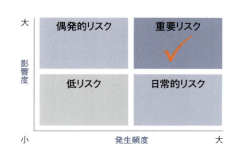

概要

詳細設計により、アンカーホールの位置が変更されたにもかかわらず、当初設計の位置で施工されていた。原因は、上部構造の詳細設計に伴い、隣接桁との遊間に変更が生じ、アンカーボルトの位置が変更になったにも関わらず、その情報が下部構造施工者に伝わっていなかったからである。

解説図

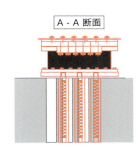
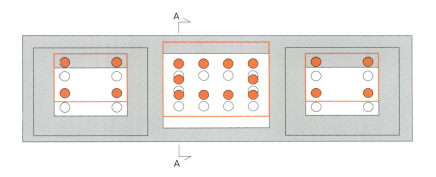

オレンジ：上部構造詳細設計

○：橋脚に施工済みのアンカーホール位置
●：上部構造詳細設計時のアンカーホール位置

上部構造の詳細設計時に支承アンカーボルト位置が変更
下部構造施工者に伝わっておらずアンカーホールの位置が合わなくなった

対策

設置されたアンカーホールに合わせて支承の再設計を行ったところ、アンカーボルトを1列追加する必要が生じたため、梁上面をはつって鉄筋位置を確認し、アンカーホールの再削孔を行った。不要となった穴は、無収縮モルタルにて補修した。

担当者の声

上部構造施工者が、発注者や下部構造施工者に支承アンカーボルトの位置の変更を伝えていなかった。条件が変更する際には各者が共通認識できる仕組みを作っておけば、防止できると思われる。

27 橋梁編

支承アンカーボルトと橋脚主鉄筋が干渉した

施設	橋梁_下部(Co)
具体的部位・箇所など	支承
発生段階	図面作成
不具合の原因分類	情報伝達不足(組織間)
対策規模	(小)修正設計
発見者	受注者(下部工)
発見時点	支承アンカーボルトの設置位置連絡時
発見理由	配筋図等の重ね合わせ等照査したため

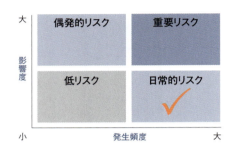

概要

上部構造施工者による支承の詳細設計完了に伴い、アンカーボルトの位置が変更になったため、橋脚柱の主鉄筋と干渉した。原因は、支承の詳細設計の結果、アンカーボルト位置が変更されたにもかかわらず、その情報が下部構造の設計者に伝達されていなかったためである。

解説図

修正前 → 修正後（干渉）

対策

橋脚柱の主鉄筋と干渉しないように、アンカーボルト位置を修正した。

担当者の声

上部構造の詳細設計により、支承台座や支承アンカーボルトの配置等が下部構造の詳細設計図面から変更になることがあるので、受注者(下部構造)による照査は、上部構造の設計完了時まで保留する措置を講じるべきであった。

28 橋梁編

アンカーホール型枠と橋脚主鉄筋が干渉した

施設	橋梁_下部（Co）
具体的部位・箇所など	支承
発生段階	図面作成
不具合の原因分類	情報伝達不足（組織間）
対策規模	（小）修正設計
発見者	受注者（下部工）
発見時点	図面確認した時
発見理由	施工前に設計図面を確認したため

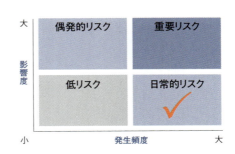

概要

支承のアンカーホール型枠と橋脚柱の主鉄筋が干渉していた。原因は、上部構造の詳細設計により、アンカーホールの深さが変更になり、図面上で、寸法表記のみ変更して図面を変更していなかったため、鉄筋の干渉に気付かなかったからである。

解説図

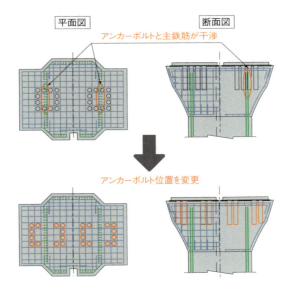

対策

支承位置を固定とし、アンカーボルトの位置のみを主鉄筋との干渉が避けられる位置に配置し直した。

担当者の声

変更の際に寸法標記のみを変更して記載していたため、鉄筋との干渉に気がつかなかった。橋脚のすべての配筋図にアンカーホール型枠を示すようにすれば、ミスを防ぐことが可能であった。

29 橋梁編

鋼製橋脚ブロック輸送制限幅を超過した

施設	橋梁_下部（鋼）
具体的部位・箇所など	鋼製橋脚
発生段階	計画段階
不具合の原因分類	部材の干渉などに対する配慮不足
対策規模	（大）調整手戻り
発見者	受注者（上部工）
発見時点	ブロック輸送前確認時
発見理由	輸送前確認をおこなっている際に判明

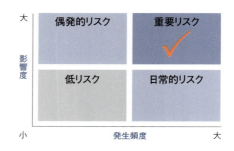

概要

鋼製橋脚の梁部及び柱部において、付属物取り付け前は所定のトレーラーの許容輸送幅を満足していたにもかかわらず、足場用吊り金具および排水管取り付け金具を橋脚外側に取り付けたことによって、輸送幅を超過することとなった。原因は、付属物の設計計画時のミスと照査漏れである。

解説図

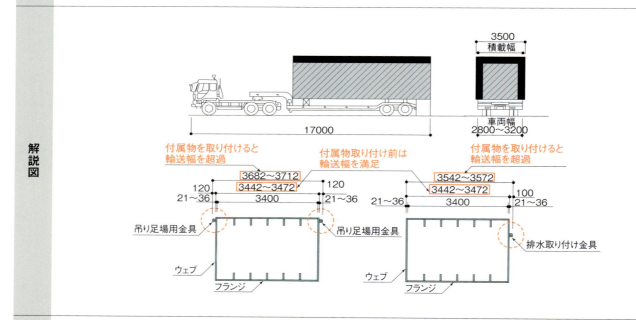

対策

干渉する箇所の付属物を切断除去し、現場取り付けに変更した。今後の再発防止として、照査項目を「輸送計画に問題はないか？」から「輸送計画（付属物を含む）は問題ないか？」に変更した。

担当者の声

輸送幅の照査は段階的に実施していたものの、初回に付属物の計画が未実施の段階で照査を行い、問題ないとの認識を持ったまま、段階的に実施される照査についても思い込みで問題ないとしてしまっていた。また、付属物に関連する不具合の発生頻度は多い。

30 橋梁編

料金所の荷重を誤って入力した

施設	橋梁_下部（鋼）
具体的部位・箇所など	鋼製橋脚
発生段階	設計条件
不具合の原因分類	基準適用における誤り
対策規模	（大）追加工事
発見者	受注者（上部工）
発見時点	詳細設計時
発見理由	概略設計反力値との差異を発見したため

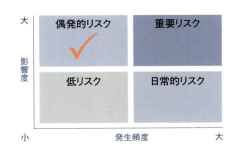

概要

橋脚設計時の荷重組み合わせにおいて、料金所荷重の場合、料金所荷重(1)(2)のうち、大きな断面力が発生するものを設計荷重とするが、料金所荷重(1)において、等分布荷重7kN/m²を載荷すべきところ、B活荷重を載荷したため、橋脚梁の断面が不足した。原因は、荷重条件の確認不足であった。

解説図

料金所荷重(1)
- ▧ 13kN/m²（料金所）
- ▨ B活荷重NG→7kN/m²（活荷重相当分）OK

料金所荷重(2)
- ▨ B活荷重（衝撃含む）

料金所荷重(1)(2)の内、大きな断面力を与えるものを設計荷重とする

対策

上部構造の詳細設計まで完了していたため、詳細設計の断面と荷重を用い、再度、立体解析により反力算定を行ったうえで、断面不足となった橋脚梁の再製作を行った。

担当者の声

構造計算における不具合では荷重入力、荷重組み合わせ、解析ステップの作成など、人為的作業が必要なところでの不具合が多いため、設計打ち合せ時における確認を精力的に実施することが必要である。

31 橋梁編

鋼製橋脚隅角部の必要板厚が不足した

施設	橋梁_下部（鋼）
具体的部位・箇所など	鋼製橋脚隅角部
発生段階	設計条件
不具合の原因分類	基準適用における誤り
対策規模	（大）追加工事
発見者	受注者（上部工）
発見時点	橋脚施工後
発見理由	隅角部設計を確認したため

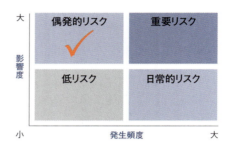

概要

剛結橋梁の鋼桁と鋼製橋脚柱との隅角部において、鋼桁ウェブの板厚が不足した。原因は、橋脚の隅角部としての必要断面と上部構造としての必要断面を比較して大きい方を採用すべきところ、上部構造の設計による過小断面を採用してしまったからである。

解説図

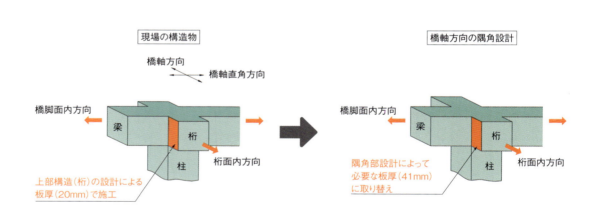

対策

修正後の品質に考慮して、溶接の品質確認試験と高力ボルト摩擦係数確認試験を行ったうえで、断面が不足したウェブを切断撤去し、正規の断面に取り替えた。

担当者の声

計算結果と図面の整合が取れているかの確認が必要であった。剛結構造の桁と橋脚柱との隅角部では、隅角部設計として必要な断面と、上部構造として必要な断面の大きい方を採用すべきであり、注意が足りなかった。

32 橋梁編

鋼製橋脚設計データを入力ミスした

施設	橋梁_下部（鋼）
具体的部位・箇所など	鋼製橋脚
発生段階	設計計算
不具合の原因分類	計算入力ミス
対策規模	（大）修正設計
発見者	受注者（上部工）
発見時点	設計照査した時
発見理由	設計照査をしたため

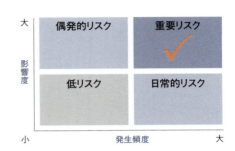

概要

上部構造の詳細設計において、概略設計時の計算を照査したところ、鋼製橋脚隅角部の設計計算で、入力すべき断面力が考慮されていないことが判明した。原因は入力ミスによるものである。

解説図

Case No.2118

部材名	My	Fz	Fx	Mz	Fy	Mx
左梁	-7049.34	-1956.82	157.95	279.32	-290.75	291.00
下柱	-10036.98	118.79	5857.67	591.15	-290.76	-785.19

２方向からしか断面力が入力されていなかった
Case No.2115 同様に右梁と上柱の断面力を考慮する必要があった

Case No.2115

部材名	My	Fz	Fx	Mz	Fy	Mx
左梁	-108045.85	-9817.50	-1319.64	1905.88	-187.98	239.05
右梁	-24806.42	2916.26	-4887.09	5390.40	-3373.44	16279.56
下柱	-122397.92	2931.86	22310.49	-8705.66	2420.72	-4492.83
上柱	-31113.15	-879.58	9289.84	10669.70	-764.64	-2064.93

対策

詳細設計時の設計計算において、正しい断面力を入力して計算した。

担当者の声

隅角部設計は設計断面力をピックアップし個別に設計する箇所であるため、断面力の入力、値の抽出が適切か確認する必要がある。

橋梁編

高力ボルト設計に関する独自基準を適用しなかった

施設	橋梁_下部（鋼）
具体的部位・箇所など	鋼製橋脚
発生段階	設計計算
不具合の原因分類	基準適用における誤り
対策規模	（小）追加検討
発見者	発注者
発見時点	設計照査した時
発見理由	図面をチェックして気付いた

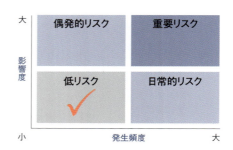

概要

鋼製橋脚梁断面の高力ボルト摩擦接合部で、ウェブの板厚がフランジに比べて薄いのに、ウェブのボルト列数がフランジよりも多くなっていた（フランジの板厚19mm、ボルト2列、ウェブの板厚15mm、ボルト3列）。原因は、適用基準の確認が漏れたためである。

解説図

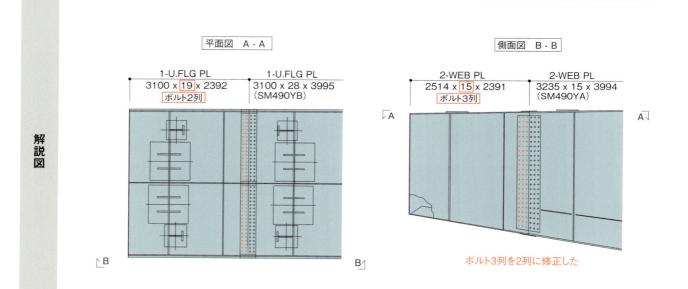

対策

発注者独自の設計基準（箱断面の高力ボルト摩擦接合部の設計）では、ウェブのボルト列数がフランジのボルト列数より多くなる場合に限り、フランジ近傍のウェブに作用する力の一部をフランジのボルトに受け持たせてよいことになっている。そこで、ウェブのボルト列数を3列から2列に修正した。

担当者の声

設計基準の「・・・受け持たせてよいこととなっている」の表現があいまいな解釈を招いたと考えられる。しかし、鋼製橋脚の隅角部付近のウェブでは、本ケースのように、最外縁ボルトの受け持つ力が大きくなり、ウェブのボルト列数が多くなるケースがみられることに留意する必要がある。

34 橋梁編

鋼製橋脚の既設補強部材が基準を満足していなかった

施設	橋梁_下部（鋼）
具体的部位・箇所など	補剛材
発生段階	設計計算
不具合の原因分類	技術的判断における誤り
対策規模	（大）修正設計
発見者	発注者
発見時点	詳細設計業務完了後
発見理由	通信塔付属設備の設置検討に伴い、鋼製橋脚の設計計算書を確認したため

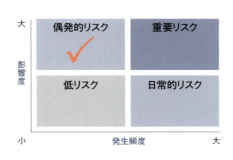

概要

鋼製橋脚に通信塔付属設備の設置を検討するために設計計算書を確認したところ、柱中層部において幅厚比パラメーターの制限値を満足していないことが判明した。原因は、既設桁拡幅部始点の橋脚であり、上部構造重量の増加の影響がないと考え、構造照査を怠ったためである。

解説図

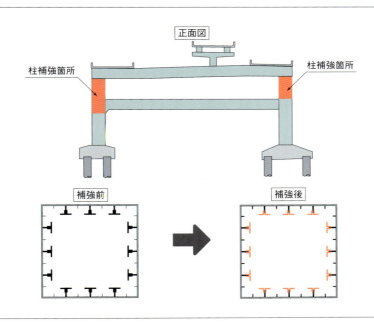

対策

過年度の工事で先端補剛材による補強が行われていた橋脚であったので、これらの補強部材の性能を満たす新たな部材と取り替えることで幅厚比パラメーターの改善を行った。

担当者の声

既設構造物を改築する場合は、既に補強済みであっても再チェックを必ず行ない、新たな設計条件でも満足するのか照査しその後の対応を考えるべきである。

35 橋梁編

アンカーフレームの設計で材質を間違えた

施設	橋梁_下部（鋼）
具体的部位・箇所など	アンカーフレーム
発生段階	設計計算
不具合の原因分類	計算入力ミス
対策規模	（大）追加工事
発見者	受注者（下部工）
発見時点	受注者の設計成果品の照査時（鋼製橋脚施工完了後）
発見理由	照査時に使用材料と計算書の相違に気付いた

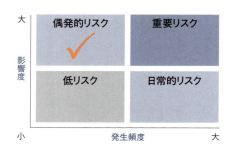

概要

鋼製橋脚基部のアンカーフレームの設計において、実際のベースプレート使用鋼材の許容値を用いていなかった。原因は、隣接橋脚の計算書（表計算ソフトにより作成）を流用した際に、材質名のみ変更して許容値を変更していなかったためである。

解説図

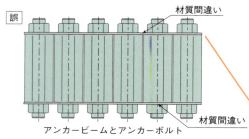

アンカービームとアンカーボルト

ベースプレート板厚（材質：SM490Y）
$\sigma c = 10.9$ N/mm², $b/a = 450/210 = 2.143$
∴ $\beta = 0.0823$, $\alpha = 0.5270$
$m = \beta \times \sigma c \times a^2 = 0.0823 \times 10.9 \times 210^2 = 39561$
$tbl.req = \sqrt{6 \times m / \sigma sa} = 23\text{mm} < tbl = 25\text{mm}$
$\sigma = 6 \times m / tbl^2 = 379.8\text{N/mm}^2 < \sigma sa = 450.0\text{N/mm}^2$ ← 正しい値は355N/mm²
$q = a \times \sigma c \times \alpha = 0.527 \times 10.9 \times 210 = 1206\text{N/mm}$
$\tau = q / tbl = 48.2\text{N/mm}^2 < \tau a = 259.8\text{N/mm}^2$ ← 正しい値は205N/mm²

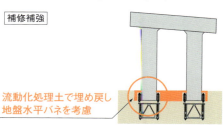

橋脚基部の埋土固化（流動化処理土）

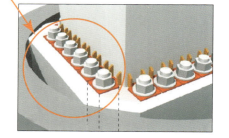

対策

柱基部を再掘削、根巻きコンクリートを撤去したうえで、補強支圧板および補強リブを設置した。さらに埋め戻しに際して、一定の水平抵抗が見込まれる流動化処理土を用い橋脚基部の応答を低減させた。

担当者の声

表計算ソフトにより計算書を作成するときは、データを流用することは多々みられる。本件のようなミスを防止するには、データ入力において材質名と許容値をリンクさせる配慮や許容値の入力情報の近くに材質と許容値の一覧表を添付するなどの配慮が必要である。

36 橋梁編

現場溶接部の収縮により部材が変形した

施設	橋梁_下部（鋼）
具体的部位・箇所など	鋼製橋脚
発生段階	図面作成
不具合の原因分類	記載漏れ
対策規模	（大）追加工事
発見者	受注者（上部工）
発見時点	現場溶接時
発見理由	現場溶接時に面外変形が発生

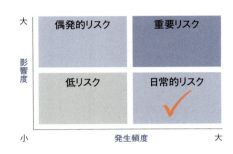

概要

鋼製橋脚隅角部が輸送上の制約で分割構造となっており、分割ブロックのウェブは現場溶接、柱部のダイヤフラムはボルト接合となっていた。現場搬入後に、地組ヤードで現場溶接を実施したところ、溶接の収縮によりダイヤフラムの添接面が干渉し、面外に変形してしまった。原因は、溶接による収縮を考慮していなかったためである。

解説図

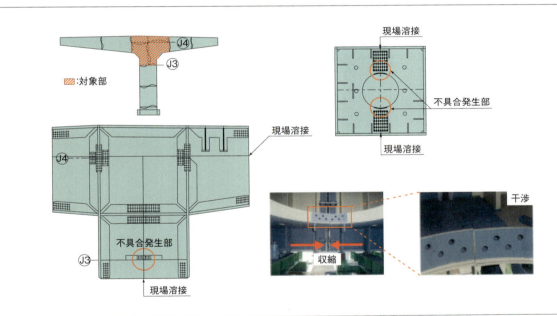

対策

干渉している部分を加工し、面外変形を修正して対処した。

担当者の声

現場溶接では熱収縮を考慮して、図面上隙間などを明記することで不具合を回避することが可能となる。

37 橋梁編

アンカーフレームが基礎の主鉄筋と干渉した

施設	橋梁_下部（鋼）
具体的部位・箇所など	鋼製橋脚基部
発生段階	図面作成
不具合の原因分類	部材の干渉などに対する配慮不足
対策規模	（大）修正設計
発見者	受注者（下部工）
発見時点	詳細設計前
発見理由	概略設計成果をレビューして気付いた

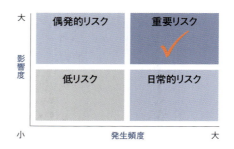

概要

鋼製橋脚のアンカーフレームと深礎杭基礎の主鉄筋が干渉することが判明した。原因は、工事発注前の概略設計時に鋼製橋脚と基礎のそれぞれの担当者が図面を作成し、両者の重ね合わせを行っていなかったためである。

解説図

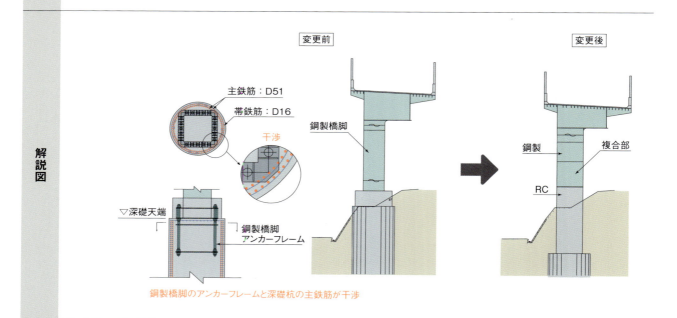

鋼製橋脚のアンカーフレームと深礎杭の主鉄筋が干渉

対策

対策には、ケーソン径を大きくしてアンカーフレームと主鉄筋の接触を避ける方法も考えられたが、当該地では近接構造物の影響でアンカーフレームを構築するための基礎のサイズアップができなかった。そのため、アンカーフレームを設けない構造への変更を余儀なくされ、鋼製橋脚から複合橋脚へ変更した。

担当者の声

部材同士の干渉に対する配慮が不足していた。構造物の取り合い部は、図面の重ね合わせなど、別途チェックが必要である。

38 橋梁編

支承取り付け位置を誤って施工した

施設	橋梁_下部(鋼)
具体的部位・箇所など	支承
発生段階	図面作成
不具合の原因分類	情報伝達不足(組織間)
対策規模	(大)追加工事
発見者	受注者(下部工)
発見時点	橋脚施工後
発見理由	支承台座基準線と支承中心線を確認したため

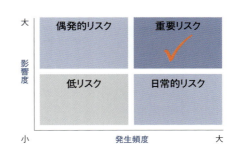

概要

鋼製橋脚の支承台座が橋軸方向に15〜50mmずれて設置されていた。原因は、支承台座の基準線が支承の中心線と異なっているにも関わらず、支承中心線を支承台座基準線として取り付けを行ったからである。

解説図

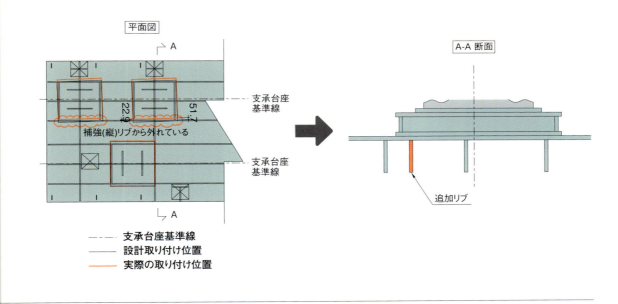

対策

地震時の補強として考えている橋脚梁内部の縦リブ上から支承台座が外れてしまったので、橋脚梁上フランジに局所的な応力集中・変形が起こることが懸念された。そのため応力集中、変形についてFEM解析にて確認した結果、橋脚梁内部への補強リブを追加することとした。

担当者の声

上部構造の施工時に下部構造が完成している場合は、下部構造の出来形を調査した結果を確認したうえで、設計に取りかかる必要がある。

39 橋梁編

橋脚柱の構造寸法入力ミスに気付かず構造物が完成した

施設	橋梁_下部（複）
具体的な部位・箇所など	複合橋脚接合部
発生段階	設計計算
不具合の原因分類	計算入力ミス
対策規模	（大）追加検討
発見者	受注者（下部工）
発見時点	設計照査した時
発見理由	FEM解析結果と設計計算結果が大きく違っていたため

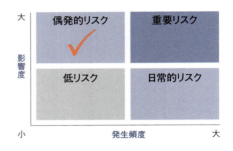

概要

設計計算を誤ったまま複合橋脚の接合部の設計を行ってしまい、そのまま構造物が完成した。FEM解析結果と設計計算の結果が大きく違っていたので誤りが判明した。原因は、鋼・コンクリート複合橋脚の接合部の設計時に橋軸方向と橋軸直角方向の構造寸法を逆に入力したことによる。

解説図

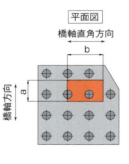

橋軸方向 a と橋軸直角方向 b の橋脚寸法を逆に入力し設計計算を行い構造物が完成した

対策

完成した寸法にて照査を行った結果、安全性は確保されていたため、特に新たな対策を行わずに済んだ。

担当者の声

設計者、照査技術者のヒューマンエラーによるものである。また、データ入力時のミスの頻度は多く、チェック体制の強化が必要である。部材の設計はエクセル等による個別計算となるため、計算条件・計算結果・図面それぞれの整合が取れているか確認することが必要である。

40 橋梁編

橋脚柱が10cmずれて完成した

施設	橋梁_下部（複）
具体的部位・箇所など	複合橋脚柱部
発生段階	図面作成
不具合の原因分類	図面記載ミス
対策規模	（大）追加工事
発見者	受注者（下部工）
発見時点	設計照査した時
発見理由	橋脚位置を確認したため

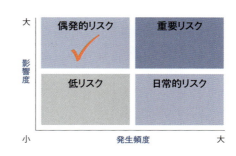

概要

出来形計測時において、橋脚柱が橋軸直角方向に10cmずれて施工されていることが判明した。再照査した結果、橋脚・基礎の設計作用力（断面力）が変更（1割程度増）となり、一部鋼製橋脚に補強が発生した。原因は、工事発注前の予備設計時における表記ミスである。

解説図

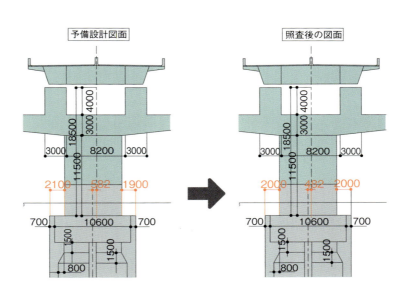

対策

RC柱部設計断面力、発生応力度及びケーソン天端中心の作用力、発生応力度の再検討を行いその結果をもって鋼製橋脚の補強を行った。

担当者の声

予備設計完了時点での設計図面の照査で見逃してしまった。設計照査または審査時点でミスを発見できる体制が必要である。

41 橋梁編

鋼製梁を固定するネジとアンカーボルトが接続できなかった

施設	橋梁_下部（複）
具体的部位・箇所など	橋脚梁部接合部
発生段階	製作・施工段階
不具合の原因分類	製作・施工に対する配慮不足
対策規模	（小）調整手戻り
発見者	受注者（下部工）
発見時点	現場施工時
発見理由	施工の際に、アンカーボルトが接続できなかったため

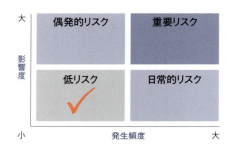

概要

対象の橋脚は、新設の鋼製橋脚を既設RC橋脚に接続して門型橋脚となる構造であるが、その新設の鋼製梁と既設RC梁を接続するアンカーボルトが接続できなかった。原因は、アンカーボルト先端に機械継手を設け、鋼製梁架設後に全長ネジおよびナットを取り付ける特殊な構造を採用したが、その接続部となる機械継手のねじ山ピッチがJIS規格とは異なっており、JIS規格どおりで製造した全長ネジが取り付けできなかったためである。

解説図

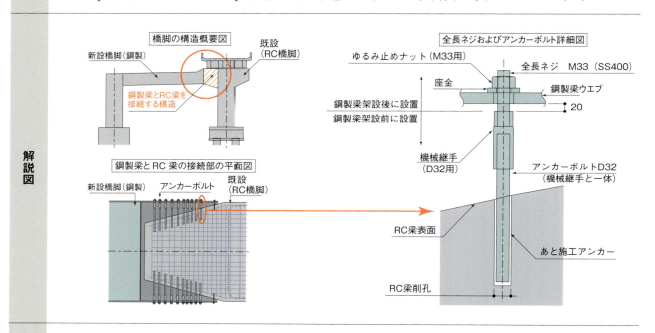

対策

機械継手のねじ山ピッチに合わせた全長ネジおよびナットを再手配した。

担当者の声

機械継手のねじ山ピッチが特殊であるという認識がなく、JIS規格の全長ネジを手配してしまった。特殊な構造を採用した場合は、細部の接続確認を部分的にも実施しておくことが必要である。

42 橋梁編

桁かかり長が不足した

施設	橋梁_上部（鋼）
具体的部位・箇所など	鋼桁
発生段階	計画段階
不具合の原因分類	現地調査不足
対策規模	（大）追加工事
発見者	受注者（上部工）
発見時点	現地測量時
発見理由	受注者（上部工）が現地測量で確認したため

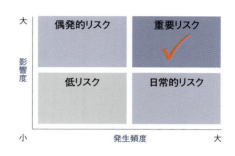

概要

上部構造の架替え工事において、竣工図により既設橋脚の位置及び形状を確認し上部構造の製作を行っていたが、既設上部構造の撤去後に詳細な現地測量を行ったところ、支間が竣工図よりも最大約90mm長いことが判明した。その結果、桁かかり長が不足してしまった。原因は、橋台の竣工図の座標位置と実際の座標位置が整合していなかったためである。

解説図

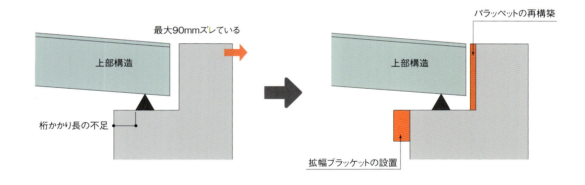

対策

橋台に拡幅ブラケットを設置することで桁かかり長を確保した。また、パラペットを再構築することで遊間を調整した。

担当者の声

供用中路線の改築工事であり、正確な測量が困難な状況ではあったが、例えば、河川内からの測量等、測量方法を工夫することで、事前にある程度の確認ができたのではないかと思われる。

43
橋梁編

用地境界線を侵した

施設	橋梁_上部（鋼）
具体的部位・箇所など	橋梁幅
発生段階	計画段階
不具合の原因分類	現地調査不足
対策規模	（大）追加用地買収
発見者	発注者
発見時点	詳細設計時
発見理由	既設橋梁の現況を測量で確認したため

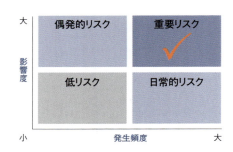

概要

既設橋梁の拡幅部の外側線が他者の敷地上空に抵触していた。既設橋梁と他者敷地との境界の測量結果を、線形計画と重ね合わせた結果、判明した。原因は、計画段階で用いた既設橋梁の座標と実際の座標が整合していなかったためである。

解説図

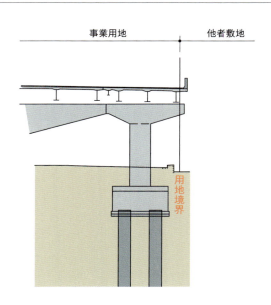

対策

他者と再協議し、上空占用または追加用地買収した。

担当者の声

本来、工事発注前に既設橋梁の測量を行い、拡幅部の用地境界を確認しておくべきだった。例え工事発注前に測量が行えなかった場合でも、工事発注後、速やかに測量を行うべきである。

44 橋梁編

支間長が不足した

施設	橋梁_上部（鋼）
具体的部位・箇所など	鋼桁
発生段階	計画段階
不具合の原因分類	情報伝達不足（組織間）
対策規模	（大）追加工事
発見者	受注者（上部工）
発見時点	下部構造完了時
発見理由	下部構造の測量結果を確認したため

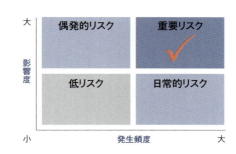

概要

桁の製作後に支間長の不足が判明し、桁端の延長改造が必要になった。原因は、上部構造施工者が下部構造施工者の測量結果を確認せず、設計を進めていたためである。

解説図

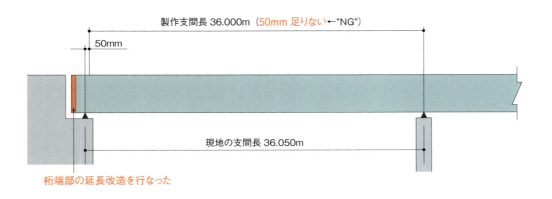

製作支間長 36.000m（50mm 足りない←"NG"）
50mm
現地の支間長 36.050m
桁端部の延長改造を行なった

対策

下部構造の測量結果に合わせて、桁端部の延長改造を行った。

担当者の声

上部構造の施工者と下部構造の施工者との調整を綿密に行えていなかった。上部構造の製作が先行する場合には、その情報を下部構造の施工者側にも伝達しておくべきだった。

45 橋梁編

横断勾配を誤って上下部構造を設計した

施設	橋梁_上部（鋼）
具体的部位・箇所など	鋼桁
発生段階	計画段階
不具合の原因分類	基準適用における誤り
対策規模	（小）修正設計
発見者	受注者（上部工）
発見時点	詳細設計時
発見理由	受注者（上部工）詳細設計時の照査

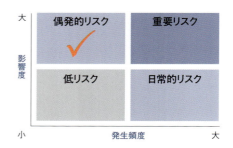

概要

工事発注前の上部構造の予備設計時に本線・ランプ合流部において、ランプ部の横断勾配（1.5%）から本線部の横断勾配（2%）に変化させる区間を設けるべきところを誤って本線勾配にしていた。原因は、上部構造の予備設計時に、横断勾配の確認をしていなかったためである。

解説図

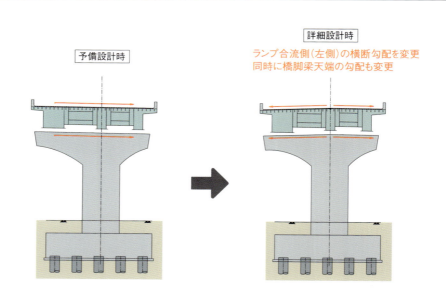

対策

上部構造の詳細設計時に適切な勾配に修正した。それに伴い、橋脚梁天端の横断勾配も修正した。

担当者の声

曲線半径の変化点や本線・ランプ合流部などの横断勾配変化点などは特に注意して照査しておく必要がある。

46 橋梁編

既設橋梁の落橋防止装置と拡幅部対傾構が干渉した

施設	橋梁_上部(鋼)
具体的部位・箇所など	鋼桁対傾構
発生段階	計画段階
不具合の原因分類	部材の干渉などに対する配慮不足
対策規模	(小)修正設計
発見者	受注者(上部工)
発見時点	現場施工時
発見理由	拡幅部対傾構の架設時に干渉したため

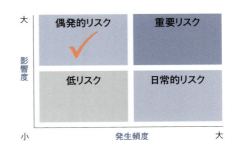

概要

既設橋梁に設置されている桁―脚連結形式の落橋防止装置と桁拡幅部対傾構とが干渉した。原因は、設計段階で対傾構は既設橋梁の格点と合わせており、既設橋梁と同様に干渉しないと思い込み落橋防止装置との干渉チェックを行っていなかったためである。

解説図

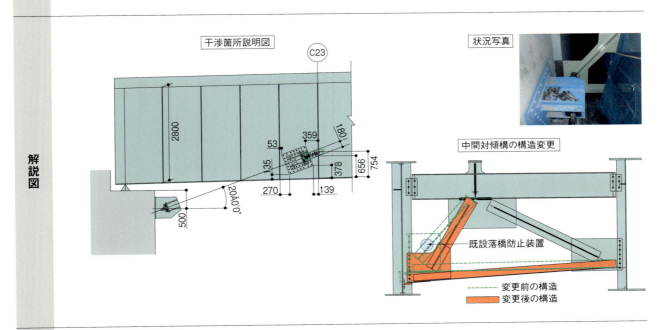

対策

再度現地計測を実施し、落橋防止装置との干渉を回避するガセットと斜材に変更した。

担当者の声

既設橋梁の拡幅を行う際は、現地計測を実施して鋼桁等の製作に反映することが重要である。実際の取り付け位置やケーブル部品は、竣工図と異なっている可能性もあるため、拡幅部材との干渉は十分な現地踏査のうえで確認する必要がある。

47 橋梁編

剛結構造の仕口形状を誤った

施設	橋梁_上部（鋼）
具体的部位・箇所など	鋼製橋脚剛結仕口
発生段階	計画段階
不具合の原因分類	情報伝達不足（組織間）
対策規模	（大）追加工事
発見者	受注者（上部工）
発見時点	鋼桁架設時
発見理由	桁架設時に隣接橋梁との離隔が規定値と合わなかったため判明

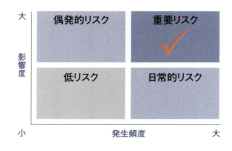

概要

道路線形が2つある既設橋脚剛結部において、桁側仕口を誤った形状で製作した。原因は、分岐部のため、本線と渡り線の2本の線形が存在し、本来は基準線として本線の線形を採用すべきところを渡り線の線形を採用したためである。

解説図

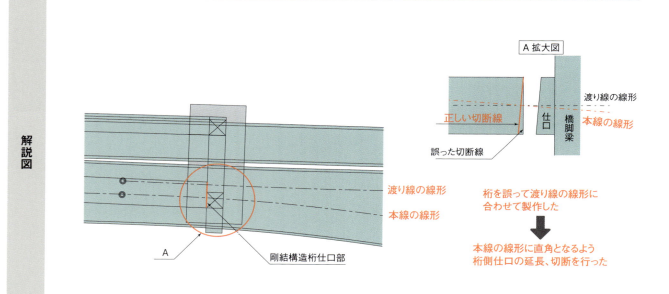

対策

本線の線形に直角になるように剛結桁仕口の延長、切断を行った。

担当者の声

一般に、剛結構造の仕口部分は仮組み立てを行うが、対象箇所は既設橋脚であったため、仮組み立てができなかった。橋脚剛結橋梁は既にできあがった橋脚間に剛結桁を落とし込むため、橋長、仕口形状、角度、リブ形状、キャンバー等の詳細な照査を行うことが重要である。

48
橋梁編

合成床版添接継手部での鉄筋かぶり厚が不足した

施設	橋梁_上部(鋼)
具体的部位・箇所など	合成床版
発生段階	計画段階
不具合の原因分類	部材の干渉などに対する配慮不足
対策規模	(小)調整手戻り
発見者	受注者(上部工)
発見時点	合成床版配筋時
発見理由	かぶり厚確認時に判明

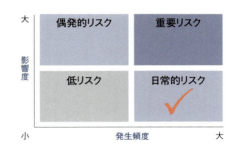

概要

鋼・コンクリート合成床版の鋼製パネルのTリブフランジ添接板上において、所定のかぶり厚を確保できない箇所があることが判明した。原因は、添接板上に配置される鉄筋を、配筋時の微調整により高力ボルト間に配置でき、かぶり厚を確保できるとの設計者の思い込みがあったことと、鉄筋の重ね継手部を考慮していなかったためである。

解説図

D25鉄筋配筋時(重ね継手部) → D16鉄筋配筋時(重ね継手部)

D25の場合、ボルト間に配筋不可能
(かぶり厚 18mm < 最低かぶり厚 30mm…NG)

D16の場合、ボルト間に配筋可能
(かぶり厚 45mm > 最低かぶり厚 30mm…OK)

対策

設計計算で確認し、配力鉄筋D25のうち、添接板上に配筋される鉄筋のみD16に変更した。

担当者の声

配筋は、現場の微調整によりなんとかできるとの思い込みにより今回の問題は発生している。配筋を行ううえで、設計上クリティカルとなる箇所については、立体的な視点をもって検証を行うことが大切である。

49 橋梁編

施工時の鋼床版の伸びを考慮しなかった

施設	橋梁_上部(鋼)
具体的部位・箇所など	鋼床版高欄
発生段階	計画段階
不具合の原因分類	製作・施工に対する配慮不足
対策規模	(小)追加工事
発見者	発注者
発見時点	舗装施工時
発見理由	事象発生後、設計報告書を確認したため

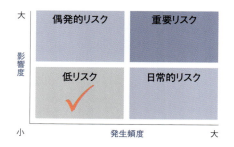

概要

上下線分離の鋼床版橋でグースアスファルトを施工した際に、熱で床版が伸びたことにより高欄コンクリートが接触し破損した。原因は、設計段階で舗装施工時の鋼床版の伸びを考慮していなかったためである。

解説図

高欄コンクリート破損状況

対策

高欄コンクリートの割れた部分を撤去し補修した。

担当者の声

完成時の変位等だけでなく、施工時の変位も考慮が必要であった。

50 橋梁編

横断・縦断勾配の変曲点の排水桝の設置位置を間違えた

施設	橋梁_上部（鋼）
具体的部位・箇所など	排水桝
発生段階	計画段階
不具合の原因分類	現地調査不足
対策規模	（小）修正設計
発見者	受注者（上部工）
発見時点	設計完了後の図面確認時
発見理由	図面確認において排水桝の必要性を指摘されたため

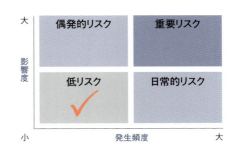

概要

当該橋脚付近に横断勾配変化点が存在することから、独自基準に準拠した排水桝配置を行う必要があったが、排水桝が不足していた。原因は、独自基準の認識不足および隣接工区との線形確認を怠ったためである。

解説図

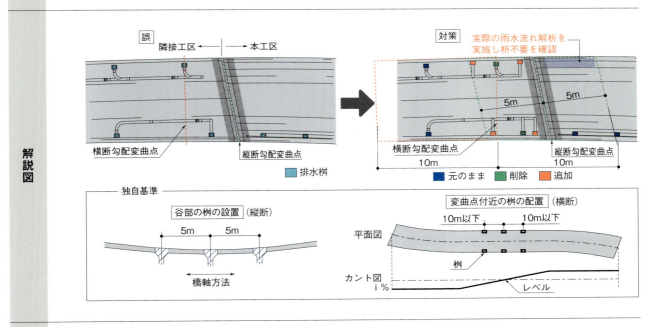

対策

実際の橋脚付近の雨水の流れを算出し、雨水滞水リスクが最も軽減される排水系統および排水桝配置とした。

担当者の声

個々の橋梁単位ではなく、路線全体の線形を踏まえた排水計画の実施が必要であり、隣接工区間の情報共有の強化が必要である。

51 橋梁編

既設鋼桁拡幅部の接続部材が取り合わなかった

施設	橋梁_上部（鋼）
具体的部位・箇所など	既設鋼桁と拡幅部との接続部材
発生段階	設計条件
不具合の原因分類	計算入力ミス
対策規模	（大）追加工事
発見者	受注者（上部工）
発見時点	接続部施工時
発見理由	施工時に接続部材が取り合わなかったため

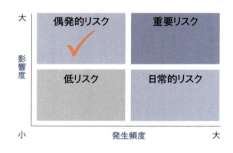

概要

既設鋼桁拡幅部の接続部材（横桁、対傾構）を施工するため現地計測を実施していたが、接続部材寸法が短く取り合わなかった。原因は、現地計測結果を製作に反映させる際に、設計値との誤差について橋軸直角方向の符号を逆にして算出してしまったためである。

解説図

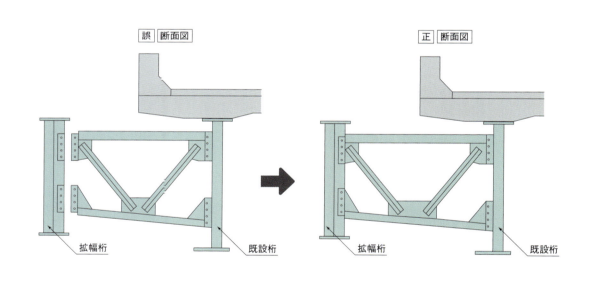

対策

現地計測のうえ接続部材を再製作し、部材を取り替えた。その結果、橋面工への引き渡し時期が当初より遅れてしまった。

担当者の声

現地計測結果と設計の差をチェックしたことは当然のことであったが、その記載において数値の符号を間違える単純ミスをした事例であり、現場においても複数者によるクロスチェックが必要である。

52 橋梁編

壁高欄の設計において風荷重の設定を間違えた

施設	橋梁_上部（鋼）
具体的部位・箇所など	高欄
発生段階	設計条件
不具合の原因分類	技術的判断における誤り
対策規模	（小）修正設計
発見者	発注者
発見時点	詳細設計完了後
発見理由	設計計算書のチェックを行っていたところ判明

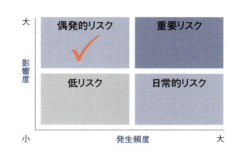

概要

壁高欄の設計において、遮音壁の先端に配置したノイズレデューサーの高さ分の風荷重を載荷していなかった。原因は、慣例的な風荷重の設定においては遮音壁高さを基準に考えることからこの資料を元に設定し、その先端のノイズレデューサーの存在を見落としたためである。

解説図

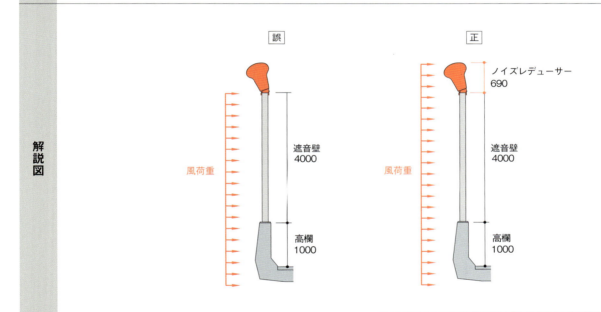

対策

風荷重の設計条件となる高さとしてノイズレデューサーを加え高欄の修正設計を行った。

担当者の声

風荷重の設定に際しては、遮音壁の高さ資料のみならず、その詳細構造に対しても図面チェックを行い、付加的な装置の存在にも注意する必要がある。

53 橋梁編

鋼桁のキャンバー設定を誤った

施設	橋梁_上部（鋼）
具体的部位・箇所など	鋼桁仕口
発生段階	設計計算
不具合の原因分類	製作・施工に対する配慮不足
対策規模	（大）追加工事
発見者	受注者（上部工）
発見時点	架設時
発見理由	桁添接部が取り合わなかったため

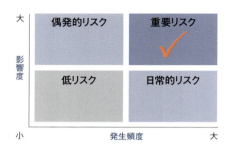

概要

鋼桁を一括架設後、さらに張り出し架設を行ったところ、隣接桁と仕口が合わなかった。原因は、キャンバーの計算を行う際に、架設ステップごとに設定する計算モデルの不具合に気付かず製作がなされていたためである。

解説図

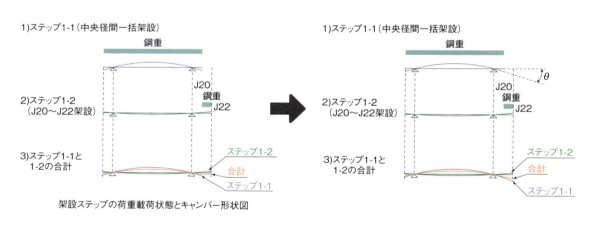

［今回誤ったキャンバー設定方法］　　　　　　　　　　［正しいキャンバー設定方法］

架設ステップの荷重載荷状態とキャンバー形状図

ステップ1-2でブロックをJ20仕口に合わせてθの角度で設置するので
無応力形状としてこの変形を考慮する必要があった

対策

キャンバーの再計算を行い、誤って製作されたブロックを再製作した。

担当者の声

同工事で施工する本線の架設系と同じであったことから、並設される入路の計算モデルのチェックを省略した。また、原寸検査時に不適合が生じていたにもかかわらず、正しいものと判断して処理し、以後の工程が進められた。通常のTCベント以外の架設工法や架設ステップが複雑となる場合は、キャンバーの設定について問題がないか入念に確認する必要がある。

54 橋梁編

剛結構造の鋼桁仕口でボルト本数が不足した

施設	橋梁_上部（鋼）
具体的部位・箇所など	鋼桁継手部
発生段階	設計計算
不具合の原因分類	技術的判断における誤り
対策規模	（大）追加工事
発見者	受注者（上部工）
発見時点	詳細設計時
発見理由	上部構造施工者の設計結果と異なったため

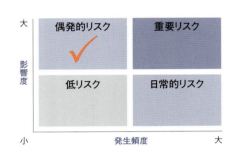

概要

剛結構造の鋼桁の工事発注前概略設計において、高力ボルト摩擦接合部の必要ボルト本数が足りなかった。原因は、時刻歴応答解析の発生断面力を考慮し忘れたためである。

解説図

M24に変更後20本増

使用ボルト変更

ボルト配列	使用ボルト	ボルト許容力	孔径 mm	ボルトピッチ mm
L.FLG 6×26=156	M22 (S10T)	96000N	26.5	66
RIB 5@5×2=50	M24 (S10T)	112000N	26.5	75

n=206本
ボルト群許容力(N)　P=20576000N
動解最大抽出時　　P1＞Pa:NG10.2%オーバー
　　　　　　　　　ボルト不足本数18.7本
動解同時性考慮　　P2＜Pa:OK

※1 下フランジのボルト群は、ボルトピッチによりM24への変更不可

使用ボルト変更＋ボルト本数変更

ボルト配列	使用ボルト	ボルト許容力	孔径 mm	ボルトピッチ mm
L.FLG 6×26=156	M22 (S10T)	96000N	26.5	66
RIB 5@5×2=50	M24 (S10T)	112000N	26.5	75
RIB 5@4×1=20	M24 (S10T)	112001N	26.5	75

n=226本
ボルト群許容力(N)　Pa=22816000N
動解最大抽出時　　P1＜Pa:OK
動解同時性考慮　　P2＜Pa:OK

※1 下フランジのボルト群は、ボルトピッチによりM24への変更不可
※2 縦リブのボルト本数変更により、縦リブ構造の変更が必要

対策として、使用ボルトの変更のみでは設計を満足しないため、ボルト本数を増やした。

対策

ボルト本数が不足した箇所の修正設計を行い、ボルト径のアップ及び縦リブ拡張により、必要ボルト本数を確保した。

担当者の声

通常の鋼桁継手部は、地震時の動的解析の結果で決まることはない。しかしながら、剛結構造の鋼桁では、地震時性能によって断面が決まることがあり、今回の場合も動的解析の発生応力が最大であるにもかかわらず、これを考慮して設計していなかった。継手部を設計する際、どの断面力（全強の75%、静的応力、動的応力）を用いるのか確認しておく必要がある。

55 橋梁編

完成系活荷重を一部考慮しなかった

施設	橋梁_上部（鋼）
具体的部位・箇所など	鋼桁
発生段階	設計計算
不具合の原因分類	計算入力ミス
対策規模	（大）修正設計
発見者	受注者（上部工）
発見時点	荷重条件を確認した時
発見理由	上部構造施工者が荷重条件を確認したため

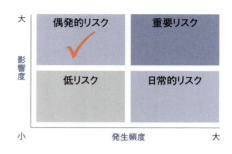

概要

暫定系から完成系へと荷重ステップが変化する中で、完成系の計算の際、北行き線の活荷重が一部反映されていなかった。原因は、設計条件の確認不足と設計計算時の入力データの入力漏れである。

解説図

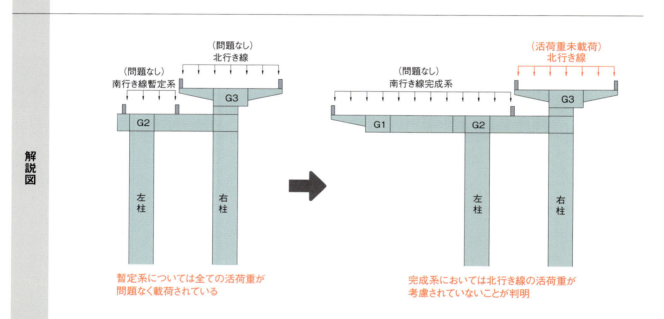

対策

適切な荷重ステップに基づき、詳細な解析モデルを用いて改めて照査を行い、許容値に収まることを確認した。

担当者の声

今回のように荷重ステップが複雑となる場合は、設計計算時にステップごとの荷重状態図を出力させ、可視化してから設計条件と照らし合わせてチェックを行うべきである。

橋梁編

キャンバーの設定ミスがあった

施設	橋梁_上部（鋼）
具体的部位・箇所など	鋼床版箱桁
発生段階	設計計算
不具合の原因分類	計算入力ミス
対策規模	（大）修正設計
発見者	発注者
発見時点	鋼桁製作時
発見理由	原寸検査書類回覧時に書類を見直したため

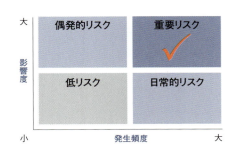

概要

キャンバー計算に表計算ソフトを用いているが、行の組み替えを行った際、合計に加えるべき値がはずれてしまい、異なった計算結果となった。原因は行を入れ替えた際、合計式を確認しなかったためである。

解説図

キャンバー計算結果をエクセルに取り込んだ後、〈キャンバー結果〉のシートからたわみを合計する際に下記の手順で合計範囲が限定され、最後に合計範囲の見直しを行なわれなかった。

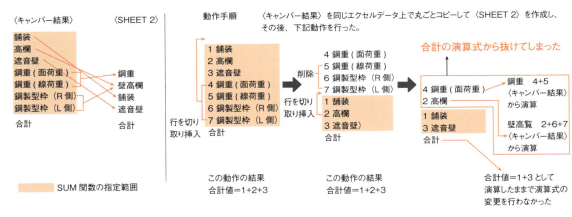

対策

キャンバー値の大きさが微少であったため、部材間の各継手で仕口の微調整を行うこととした（仮組み時に継手部の製作許容誤差内に収まっていることを確認）。

担当者の声

図面審査時から原寸検査までに1カ所でもいいから手計算で確認する必要があった。

57 橋梁編

床版張り出し部のブラケットの連結構造を誤った

施設	橋梁_上部（鋼）
具体的部位・箇所など	床版張り出し部
発生段階	設計計算
不具合の原因分類	技術的判断における誤り
対策規模	（大）追加工事
発見者	受注者（上部工）
発見時点	床版コンクリート打設前
発見理由	床版施工時に張り出し部先端で想定以上の沈下が生じたため

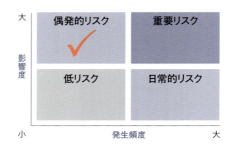

概要

ノーズ部の床版張り出し部ブラケットにおいて、上下フランジは連結せず、ウエブだけの連結としていたため、床版施工時に想定以上の沈下が発生した。原因は、通常の床版張り出し部ブラケットと異なり曲げモーメントを伝える連結設計となることに気付かなかったためである。

解説図

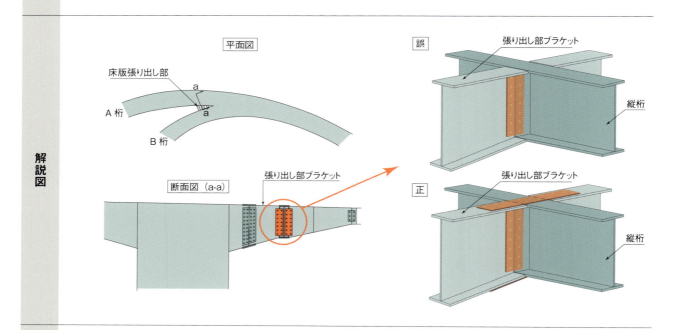

対策

施工途中の床版の鉄筋、型枠を撤去した後、上下フランジを連結するように修正設計したブラケットを設置した。

担当者の声

通常と異なる特殊な構造については、設計段階、照査段階時に設計条件と設計計算が一致していることを特に留意してチェックを行う必要がある。

主桁連結板と横構ガセットプレートが干渉した

施設	橋梁_上部（鋼）
具体的部位・箇所など	鋼桁高力ボルト接合部
発生段階	図面作成
不具合の原因分類	部材の干渉などに対する配慮不足
対策規模	（大）修正設計
発見者	受注者（上部工）
発見時点	詳細設計時
発見理由	詳細設計の照査のため

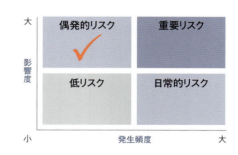

概要

横構ガセットと主桁添接板が干渉し、ガセットプレートの設置が不可能となった。原因は、横構ガセット位置を考慮せずに主桁継手位置を設定したからである。

解説図

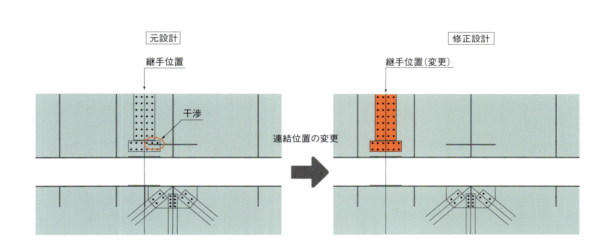

対策

横桁ガセットプレート位置と干渉しない場所まで主桁の連結位置をずらす再設計を行った。

担当者の声

高力ボルトによる部材接合では、添接板の形状、大きさを考慮して周辺取り付け部材との干渉をチェックすべきであった。

59 橋梁編

横構の高力ボルトの締め付け作業が不可能となった

施設	橋梁_上部（鋼）
具体的部位・箇所など	横構高力ボルト接合部
発生段階	図面作成
不具合の原因分類	製作・施工に対する配慮不足
対策規模	（大）追加工事
発見者	受注者（上部工）
発見時点	詳細設計時
発見理由	詳細設計の照査のため

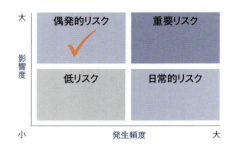

概要

主桁下フランジ側水平補剛材と横構との間隔が狭く、横構や対傾構を設置する際の高力ボルト締め付け作業が不可能であった。原因は、高力ボルトの施工スペースを考慮して狭隘部の設計を行っていなかったからである。

解説図

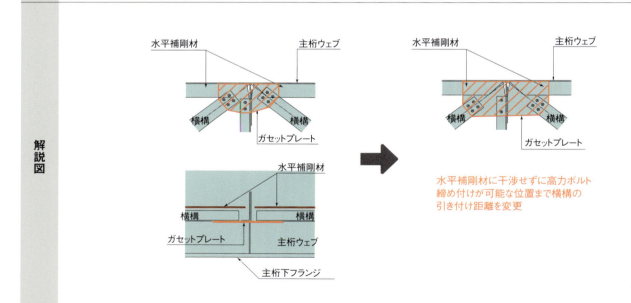

水平補剛材に干渉せずに高力ボルト締め付けが可能な位置まで横構の引き付け距離を変更

対策

水平補剛材はそのままとし、ガセットプレートを拡張し横構高力ボルトを水平補剛材と干渉しない位置に変更することにより対処した。

担当者の声

高力ボルト接合部では、締め付けスペースを考えて設計を行うべきであり、図面照査段階において特に留意してチェックを行う必要がある。

60 橋梁編

鋼桁端部切り欠きマンホールで必要スペースが不足した

施設	橋梁_上部（鋼）
具体的部位・箇所など	鋼桁端部
発生段階	図面作成
不具合の原因分類	情報伝達不足（組織間）
対策規模	（小）追加工事
発見者	受注者（上部工）
発見時点	現地架設時
発見理由	架設後、隣接桁を確認したため

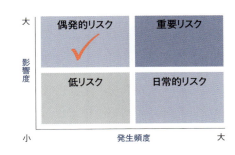

概要

桁端部の切り欠きマンホールが、先行工区の隣接桁と段違いになってしまい、点検員など作業者が通過可能なスペースを確保できなくなった。原因は、先行工区の修正情報が後行工区に伝達されなかったからである。

解説図

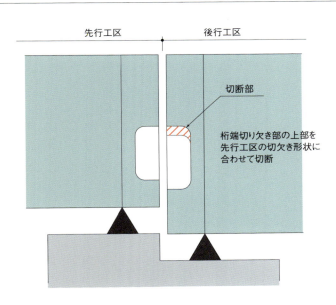

対策

後行工区の桁端切り欠き部の上部を先行工区の切り欠き形状に合わせて切断することにより、所定の大きさを確保した。

担当者の声

先行工区において、端横桁との干渉により切り欠きマンホール位置が修正されていたが、その修正図面が後行工区の施工者に適切に伝達されず不具合が生じてしまった。修正箇所や最新図面のやり取りが重要と再認識した。

61 橋梁編

RC床版の鉄筋径・本数が設計計算書と図面で異なっていた

施設	橋梁_上部（鋼）
具体的部位・箇所など	RC床版
発生段階	図面作成
不具合の原因分類	図面記載ミス
対策規模	（大）追加工事
発見者	受注者（上部工）
発見時点	施工時点の設計照査時
発見理由	隣接RC床版で計算書と図面の不具合があり、全図面を再チェックしたため

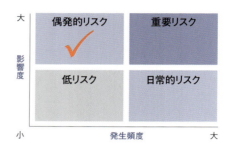

概要

RC床版の鉄筋径・本数が設計計算書と図面において異なっていた。原因は隣接する同様の床版の図面を準用する形で図面作成が行われたためである。また、受注者側に図面検討会（チェック体制）があるものの、現場工程が厳しいため適応されていなかった。

解説図

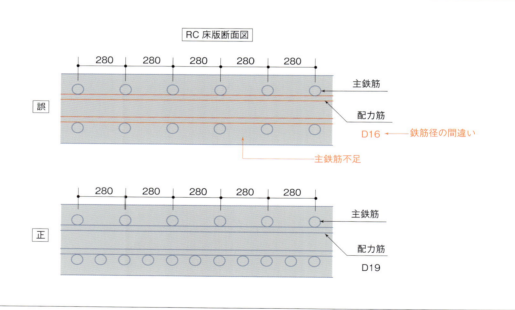

対策

設計計算書に基づき図面の修正を行い、施工済みの床版を撤去し、再構築した。

担当者の声

受注者の設計担当、作図者の確実なチェックに加え、図面検討会（チェック体制）の適用の徹底、工事工程を踏まえた品質管理の徹底が挙げられる。また隣接工区の図面流用も安易に行うべきでなく、準用する場合には、設計計算書の反映をいつも以上に丁寧に行う必要がある。

62 橋梁編

素地調整不足により金属溶射皮膜が剥離した

施設	橋梁_上部（鋼）
具体的部位・箇所など	鋼桁金属溶射部
発生段階	製作・施工段階
不具合の原因分類	製作・施工に対する配慮不足
対策規模	（小）追加工事
発見者	受注者（上部工）
発見時点	現地組み立て時
発見理由	現地組み立て時に剥離したため判明

概要

擬合金溶射において、工場溶射部と現場溶射部の境界から金属溶射皮膜の剥離が発生した。原因は、素地調整が不十分で劣化したジンクリッチプライマーが残留した状態にあり、ケレン後の鋼板表面が活膜状態でない箇所があったことと、粗面形成材の施工時に部分的にダスト状に付着した箇所があり見本帳との対比判定を見誤ったためである。

解説図

金属溶射皮膜の剥離

対策

粘着テープによる引き剥がし試験を行い、剥離箇所を特定し、対象箇所について再溶射を行った。また、今後の対策として、擬合金溶射を工場施工する場合、素地調整方法をパワーツール処理からスウィープブラスト処理へ変更することとした。

担当者の声

金属溶射の施工については、素地調整の品質管理が重要である。対象箇所を施工する際、長時間の上向き姿勢であったため、施工のグレードが低下した。今後、注意が必要である。

63 橋梁編

設計条件の入力データを間違えた

施設	橋梁_上部(Co)
具体的部位・箇所など	PC桁
発生段階	設計条件
不具合の原因分類	計算入力ミス
対策規模	(大)修正設計
発見者	受注者(上部工)
発見時点	他工区との横並び照査時
発見理由	形状および荷重条件を確認したため

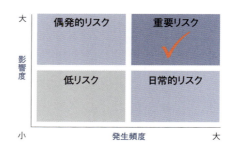

概要

発注者側の指示により再照査したところ、横桁の荷重載荷位置や骨組み計算時に非常駐車帯部に分布荷重($w=7kN/m^2$)を考慮していないといったミスが見つかった。原因は、構造解析前に設計条件の確認していなかったためである。

解説図

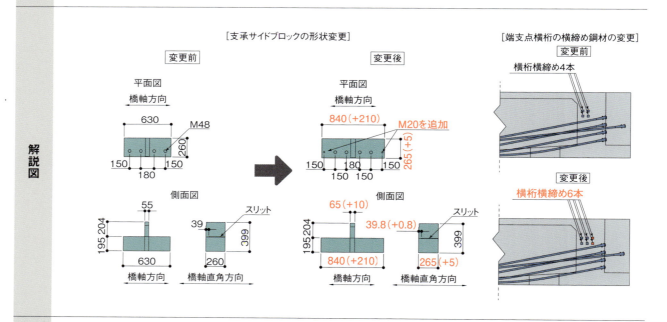

対策

荷重強度、荷重載荷位置を見直して修正設計を行った。修正設計を行った結果、支承サイドブロックの形状変更、端支点横桁の横締め鋼材の本数変更が生じた。

担当者の声

同一路線では、他工区との設計思想、設計条件などを、横並びでチェックすると、入力ミスを防ぎやすい。特に、詳細な部分は統一がとりにくくなるため、注意すること。また、これらを円滑にチェックできる仕組みづくりが必要である。

64 橋梁編

伸縮装置切り欠き部で引張応力発生に対する補強が必要だった

施設	橋梁_上部(Co)
具体的部位・箇所など	PC桁端部
発生段階	設計計算
不具合の原因分類	基準適用における誤り
対策規模	(小)追加検討
発見者	受注者(上部工)
発見時点	詳細設計照査時
発見理由	PC定着部の応力照査を行ったため

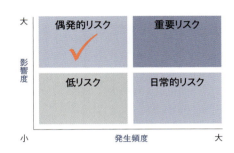

概要

PC鋼材と切り欠き部が近接する場合、引張応力への補強筋の配置が必要であったが、配置されていなかった。原因は、適用基準の確認がされていなかったためである。

解説図

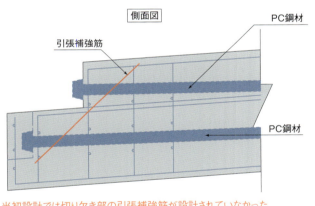 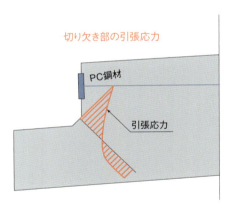

当初設計では切り欠き部の引張補強筋が設計されていなかった

対策

道路橋示方書に示される「かけ違い部にPC鋼材を配置及び定着する場合にプレストレス力により定着具付近に生じる局所応力に対して補強を行うものとする」に従い、引張補強筋を配置した。

担当者の声

特殊構造物(PC鋼材等)が矩体断面内に設置される場合、応力集中が生じる場合がある。発注者や設計者は、これらの応力に十分配慮した詳細設計を行うべきである。

65 橋梁編

PC桁下床版の軸方向鉄筋が過大であった

施設	橋梁_上部（Co）
具体的部位・箇所など	PC桁下床版
発生段階	図面作成
不具合の原因分類	基準適用における誤り
対策規模	（小）修正設計
発見者	受注者（上部工）
発見時点	他工区との横並び照査時
発見理由	配置可能鉄筋本数を確認したため

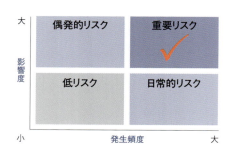

概要

PC桁の下床版の軸方向鉄筋は、コンクリート曲げ引張に対する鉄筋を下床版下縁側に配置し、下床版上縁には、構造細目として必要鉄筋（下縁鉄筋量の1/2）を配置するものとしている。しかし、上縁鉄筋を作図する際に、下縁床版と同径・同ピッチにて、作図してしまった。そのため、構造上、必要な鉄筋よりも、上縁鉄筋を過大に配置した。原因は、設計担当者が設計基準を理解していなかったからである。

解説図

誤って配置した鉄筋

上下縁同量の配筋
上縁　84本 -D19ctc125
下縁　84本 -D19ctc125

上縁は下縁の鉄筋量の1/2
上縁　50本 -D19ctc250
下縁　84本 -D19ctc125

対策

間に合うところは修正し、既に施工が完了している箇所は、元設計の配置のままとした。

担当者の声

PC構造物の管理者独自の設計基準を理解していれば、ミスは生じなかった。構造細目には留意して、設計を進めることが重要である。また、必要鉄筋量と配置可能な鉄筋量が重要であるため、計算と図面の整合を十分確認する必要がある。

66 橋梁編

PC鋼材と落橋防止装置アンカーボルトが干渉した

施設	橋梁_上部（Co）
具体的部位・箇所など	PC桁端部定着部
発生段階	図面作成
不具合の原因分類	部材の干渉などに対する配慮不足
対策規模	（小）修正設計
発見者	受注者（上部工）
発見時点	詳細設計照査時
発見理由	設計照査をしたため

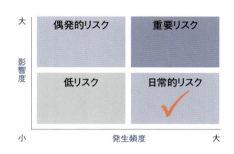

概要

PC鋼材下段のケーブル定着具及びシースが両側の落橋防止装置のアンカーボルトと干渉した。原因はPCケーブル定着位置と落橋防止アンカーボルトとの取り合いを確認していなかったためである。

解説図

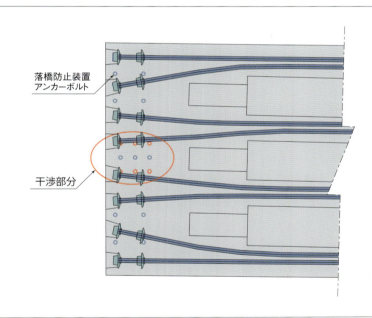

対策

落橋防止装置のアンカーボルト位置をPC鋼材端部と干渉しない配置に修正した。

担当者の声

伸縮装置・落橋防止装置等の配置は、PC鋼材と干渉しないよう、十分に考慮する必要がある。

2.2 不具合事例分析

(1) 発生段階と原因からの分析

表2-8に不具合の発生段階と原因との関係を示す。不具合の発生段階では、「図面作成」が最も多く、次に「設計計算」、「計画段階」が続く。「設計条件」はやや少なく、「数量算出」および「製作段階」は少ない。

不具合の原因は、「情報伝達不足（組織間）」が最も多く、「計算入力ミス」、「基準適用における誤り」、「部材の干渉などに対する配慮不足」、「製作・施工に対する配慮不足」が続いている。設計ミスに分類される「図面記載ミス」、「計算入力ミス」は全体の23％程度を占めている。

「計画段階」では、「情報伝達不足（組織間）」が多い。例えば、関係機関協議などにおいて、前回の協議から長期間経ているので確認すべきところをしなかったなどである。

「設計条件」では、料金所荷重の誤りや管理者独自の基準を有する場合の適用漏れなどの「基準適用における誤り」が多い。

「設計計算」では、上述と同様、管理者独自の基準を有する場合の適用漏れなどの「基準適用における誤り」や「計算入力ミス」が多い。

「図面作成」では、上部構造施工者および下部構造施工者間の情報伝達不足などの「情報伝達不足（組織間）」が多い。

(2) 発生段階と対策規模からの分析

表2-9に不具合の発生段階と対策規模との関係を示す。

対策規模の大きい割合は、「設計条件」で89％となっており、「設計計算」でも78％と大きな値となっている。これは、設計条件の誤入力や、荷重が一部考慮されていない等、ケアレスミスが原因であるが、再構築や工程遅延など後々に大きな影響を及ぼすことに起因している。そのため、第三者によるクロスチェックなど、審査方法を手厚くして不具合リスクを低減することが重要となる。

また、「計画段階」でも対策規模の大きい割合は53％と比較的高い。これは、適用すべき上位基準の見落としや情報伝達不足などに起因するミスが多いことによる。つまり、発注者の立場での審査体制の強化が重要となることを示唆している。

さらに、「図面作成」でも対策規模の大きい割合は57％と高く、これは情報伝達不足に起因する。この解決策には、関係者が一同に情報共有できる仕組みづくりが最も有効である。

■ 表2-8 発生段階と不具合原因との関係

不具合の原因＼発生段階	計画段階	設計条件	設計計算	図面作成	数量算出	製作段階	総計
基準適用における誤り	2	3	3	2	1	-	11
情報伝達不足（組織間）	4	2	-	9	-	-	15
部材の干渉などに対する配慮不足	3	-	-	4	-	-	7
製作・施工に対する配慮不足	1	1	1	1	-	2	6
変更発生時の処理に関する配慮不足	-	-	1	-	-	-	1
記載漏れ	-	-	-	1	-	-	1
協議不足	1	-	-	-	-	-	1
現地調査不足	4	-	-	-	-	-	4
技術的判断における誤り	-	1	4	-	-	-	5
図面記載ミス	-	-	-	3	-	-	3
計算入力ミス	-	2	9	1	-	-	12
総計	15	9	18	21	1	2	66

■ 表2-9 発生段階と対策規模との関係

対策規模		計画段階	設計条件	設計計算	図面作成	数量算出	製作段階	総計
（大）	追加工事	4	4	5	8	-	-	21
	追加用地買収	1	-	-	-	-	-	1
	修正設計	1	3	8	4	-	-	16
	追加検討	1	1	1	-	-	-	3
	調整手戻り	1	-	-	-	-	-	1
小計		8	8	14	12	0	0	42
（小）	追加工事	1	-	-	1	-	1	3
	追加用地買収	-	-	-	-	-	-	0
	修正設計	4	1	1	8	-	-	14
	追加検討	-	-	3	-	-	-	3
	調整手戻り	2	-	-	-	-	1	3
	その他	-	-	-	-	1	-	1
小計		7	1	4	9	1	2	24
総計		15	9	18	21	1	2	66
対策規模が大きい割合		53%	89%	78%	57%	0%	0%	64%

（3）細分化分析

鋼上部構造、PC上部構造、下部構造に分けて、不具合事象と細分化された不具合発生段階を示す。

a）鋼上部構造

図2-2に不具合事象と細分化した不具合発生段階を、**表2-10**に細分化した不具合発生段階と対策規模との関係を示す。これによると設計条件の設定や線形計算、断面計算、図面・数量の各段階で追加工事を要するような不具合が発生している。

■ 表2-10 細分化した不具合発生段階と対策規模との関係

	対策規模（大）					小計	対策規模（小）						小計	総計
	追加工事	追加用地買収	修正設計	追加検討	調整手戻り		追加工事	追加用地買収	修正設計	追加検討	調整手戻り	その他		
設計条件の設定	3	1				4	1		1				2	6
線形計算	1					1			1				1	2
仮定断面の決定						0							0	0
格子骨組の作成						0							0	0
荷重強度の算出			1			1			1				1	2
反力・設計断面力の算出						0							0	0
断面計算	3					3							0	3
組合せケース毎の応力照査						0							0	0
床版の設計						0					1		1	1
支承、付属構造物の設計						0			1				1	1
図面、数量	2		2			4	1						1	5
材料手配、鋼桁製作						0	1						1	1
現場架設						0							0	0

図2-2 不具合事象と細分化した不具合発生段階（鋼上部構造）

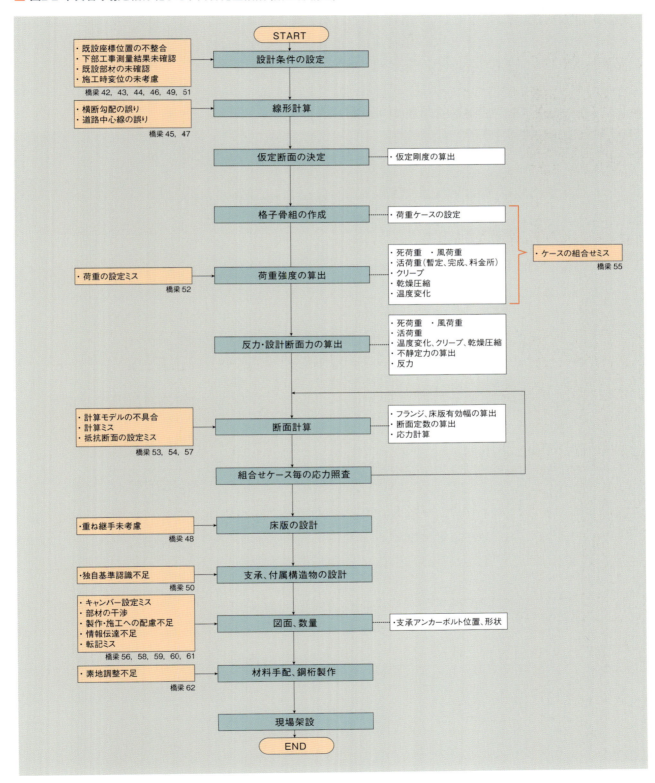

設計不具合の防ぎ方　97

b）PC上部構造

図2-3に不具合事象と細分化した不具合発生段階を、**表2-11**に細分化した不具合発生段階と対策規模との関係を示す。これによるとPC上部構造は不具合事例が少ないため、十分な分析はできないが、追加工事を要するような不具合は仮定断面の決定段階で発生している。

表2-11 細分化した不具合発生段階と対策規模との関係

	対策規模（大）					小計	対策規模（小）						小計	総計
	追加工事	追加用地買収	修正設計	追加検討	調整手戻り		追加工事	追加用地買収	修正設計	追加検討	調整手戻り	その他		
設計条件の設定						0							0	0
線形計算						0							0	0
仮定断面の決定						0							0	0
格子骨組の作成						0							0	0
荷重強度の算出						0							0	0
反力・設計断面力の算出			1			1							0	1
PC鋼材本数及び鉄筋量の仮定						0			2				2	2
プレストレスの算出						0							0	0
部材断面応力度の算出						0							0	0
設計荷重作用時の検討						0							0	0
疲労荷重作用時の検討						0							0	0
終局荷重作用時の検討						0							0	0
床版の設計						0							0	0
支承、付属物の設計						0							0	0
図面、数量						0			1				1	1
材料手配、PC桁製作						0							0	0
現場架設						0							0	0

図2-3 不具合事象と細分化した不具合発生段階（PC上部構造）

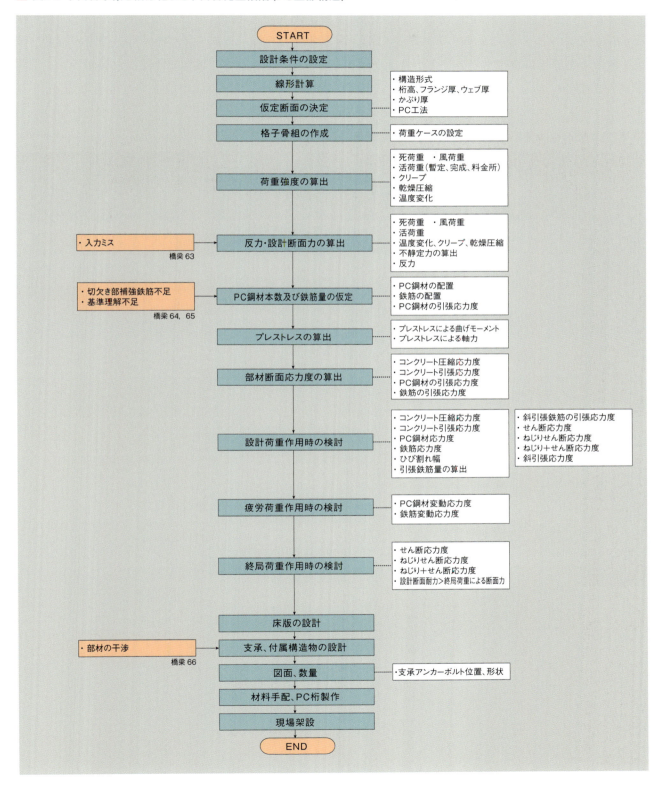

設計不具合の防ぎ方

c）下部構造

　図2-4に不具合事象と細分化した不具合発生段階を、表2-12に細分化した不具合発生段階と対策規模との関係を示す。これによると下部構造では、荷重強度の算出や橋脚・橋台の設計、橋座の設計、図面・数量で追加工事を要するような不具合が発生している。特に図面・数量での発生件数が多く、情報伝達不足などに起因している。

■ 表2-12 細分化した不具合発生段階と対策規模との関係

	対策規模（大）						対策規模（小）							総計
	追加工事	追加用地買収	修正設計	追加検討	調整手戻り	小計	追加工事	追加用地買収	修正設計	追加検討	調整手戻り	その他	小計	
設計条件の設定	1		2	2		5			2	1			3	8
荷重強度の算出	2					2							0	2
常時及びレベル1地震時の橋脚・橋台の設計	2		1	1	1	5			1	1			2	7
常時及びレベル1地震時の基礎の設計			3			3							0	3
レベル2地震時の橋脚・橋台の設計			4			4							0	4
レベル2地震時の基礎の設計						0							0	0
橋座の設計	1					1				1			1	2
図面、数量	6		2			8			6		1	1	8	16
材料手配、加工						0							0	0
現場施工						0							0	0

図2-4 不具合事象と細分化した不具合発生段階（下部構造）

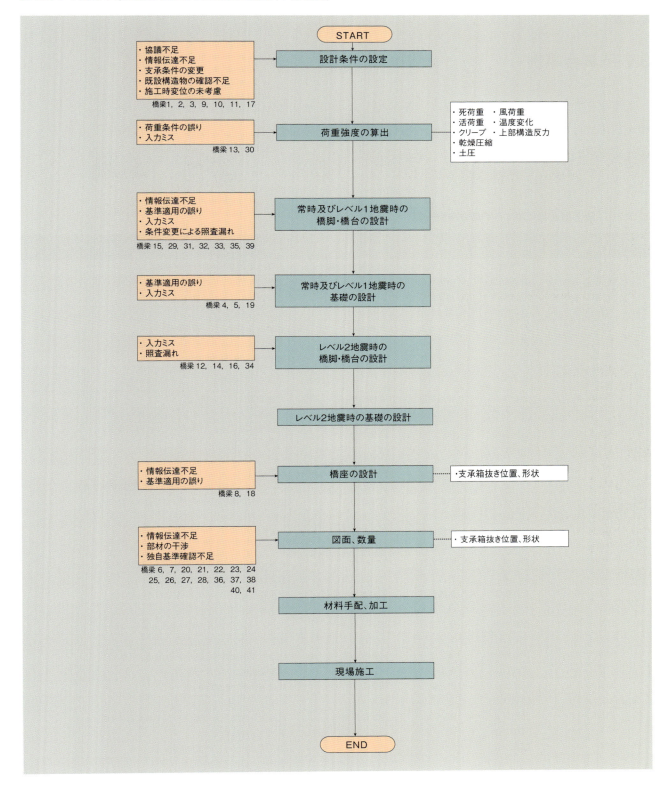

設計不具合の防ぎ方　101

3 地下構造物設計の不具合

3.1 不具合事例

　地下構造物に関する不具合事例は、**表2-13**に示すように開削トンネル31件、シールドトンネル1件、擁壁5件、仮設構造物15件の合計52件である。また、発生段階、対策規模、不具合の原因分類ごとにそれぞれの件数を**表2-14**、**表2-15**、**表2-16**に示す。

■ 表2-13 地下構造物に関する不具合事例一覧

事例No.	施設	発生段階	対策規模	具体的部位・箇所など	不具合の内容
1	開削トンネル	計画段階	(大)修正設計	函体側壁・中壁	函体位置に仮受け支持杭が干渉した
2	開削トンネル	設計条件	(大)調整手戻り	函体本体	函体の荷重条件を誤った
3	開削トンネル	設計条件	(大)修正設計	函体本体	設計断面の選定が不適切だった
4	開削トンネル	設計条件	(大)修正設計	函体本体	切梁反力を過小評価した
5	開削トンネル	設計条件	(大)修正設計	函体本体	土質条件の設定が不適切だった
6	開削トンネル	設計条件	(大)修正設計	函体本体	塑性化考慮範囲の横拘束筋量を確認しなかった
7	開削トンネル	設計条件	(大)修正設計	函体本体	N値を過大評価した
8	開削トンネル、仮設構造物	設計条件	(大)修正設計	函体本体、仮設全般	地下水位の最新データを反映しなかった
9	開削トンネル	設計条件	(大)修正設計	函体本体	地盤定数の記入ミスをした
10	開削トンネル	設計条件	(小)修正設計	函体本体	設計条件書の堤防計画高の根拠が不明であった
11	開削トンネル	設計条件	(小)修正設計	函体本体	設計条件書に浮き上がり検討に用いる路床厚の記載がなかった
12	開削トンネル	設計条件	(小)修正設計	函体本体	地震時の荷重組み合わせを誤った
13	開削トンネル	設計条件	(小)修正設計	函体本体	設計基面の設定が不十分だった
14	開削トンネル	設計条件	(小)修正設計	函体底版	ハンチのない底版コンクリートの許容圧縮応力度を間違えた
15	開削トンネル	設計条件	(小)追加工事	函体底版	底版に許容幅を超える表面ひび割れが発生した
16	開削トンネル	設計条件	(大)修正設計	函体側壁	側壁合成部の壁厚が不足した
17	開削トンネル	設計条件	(小)追加工事	函体側壁	マスコンクリートの温度ひび割れが発生した
18	開削トンネル	設計条件	(小)その他	函体頂版	箱抜き形状の統一がとれていない
19	開削トンネル	設計条件	(小)修正設計	函体中柱	中柱に対して道路縦断方向の衝突荷重を考慮しなかった
20	開削トンネル	設計条件	(大)追加工事	構造目地部	構造目地部で漏水が発生した
21	開削トンネル	設計計算	(大)追加検討	函体本体	せん断力照査で部材有効高の取り方を誤った
22	開削トンネル	設計計算	(小)修正設計	函体本体	静的ポアソン比を動的ポアソン比として入力した
23	開削トンネル	設計計算	(小)修正設計	ストラット縦桁	ストラット縦桁の縦断方向の構造計算をしなかった
24	開削トンネル	図面作成	(小)修正設計	函体本体	設計計算の鉄筋本数と図面が整合しなかった
25	開削トンネル	図面作成	(小)修正設計	函体本体	設計計算の鉄筋径と図面が整合しなかった
26	開削トンネル	図面作成	(小)修正設計	函体側壁	設備箱抜き部の鉄筋仕様を誤った
27	開削トンネル	図面作成	(小)修正設計	函体側壁	設備箱抜き位置を間違えた
28	開削トンネル	図面作成	(大)追加工事	函体中壁	中壁のせん断耐力が不足した
29	開削トンネル	図面作成	(小)修正設計	函体鉄筋継手	鉄筋の許容応力度を超える箇所で重ね継手を設けた
30	開削トンネル	図面作成	(小)修正設計	函体鉄筋継手	重ね継手長が不足した
31	開削トンネル	図面作成	(小)修正設計	構造継手	スリップバーが一部配置できなかった
32	シールドトンネル	設計計算	(小)追加検討	シールドトンネル本体	計算結果の符号を逆にした

33	擁壁	設計条件	(小)修正設計	U型擁壁	ランプ部路盤の埋め戻し土の慣性力を評価しなかった
34	擁壁	設計条件	(小)修正設計	U型擁壁底版	底版下の地盤改良を考慮した地盤ばねを入力しなかった
35	擁壁	設計条件	(大)追加検討	U型擁壁側壁	約10mのU型擁壁頂部に水平変位が生じた
36	擁壁	設計条件	(小)修正設計	U型擁壁側壁	ランプ部を受ける側壁の側圧に活荷重を考慮しなかった
37	擁壁	設計計算	(大)追加工事	U型擁壁	浮き上がり対策に関する適用計算式を間違えた
38	仮設構造物	設計条件	(大)追加工事	掘削底面	ヒービングを伴う掘削底面の受働破壊が発生した
39	仮設構造物	設計条件	(小)追加検討	掘削底面	盤ぶくれ検討において検討断面の選定を間違えた
40	仮設構造物	設計条件	(大)追加工事	土留め壁	自立式土留め壁に予測値を超える変位が発生した
41	仮設構造物	設計条件	(小)修正設計	土留め壁	先防水の場合の函体と土留め壁との離隔根拠が不明だった
42	仮設構造物	設計条件	(大)修正設計	盛土	斜面安定に関する適用基準を間違えた
43	仮設構造物	設計条件	(小)修正設計	盛土	工事用道路の荷重の載荷範囲が不適切だった
44	仮設構造物	設計計算	(大)追加工事	掘削底面	盤ぶくれ安全率を確保できなかった
45	仮設構造物	設計計算	(大)修正設計	土留め壁	近接影響検討で土留め変位が最大となる断面で検討しなかった
46	仮設構造物	設計計算	(小)修正設計	土留め壁	非常階段部の均しコンクリートを盛り替え梁として照査しなかった
47	仮設構造物	設計計算	(小)修正設計	土留め壁	土留め壁ソイルセメント部の応力照査をしなかった
48	仮設構造物	設計計算	(小)修正設計	桟橋	切梁の軸力を桟橋設計時に考慮しなかった
49	仮設構造物	設計計算	(小)修正設計	桟橋杭	仮桟橋杭の支持力式の入力値を誤った
50	仮設構造物	設計計算	(小)修正設計	桟橋杭	仮桟橋の杭幅に削孔径を入力した
51	仮設構造物	設計計算	(小)修正設計	桟橋杭	有効座屈長の入力ミスをした
52	仮設構造物	設計計算	(小)修正設計	盛土	円弧すべりで既存堤体も含めた深いすべり線での照査がなかった

表2-14 発生段階ごとの件数

発生段階	集計
計画段階	1
設計条件	29
設計計算	14
図面作成	8
数量算出	0
製作・施工段階	0
総計	52

表2-15 対策規模ごとの件数

対策規模	集計
(大)追加工事	6
(大)追加用地買収	0
(大)修正設計	12
(大)追加検討	2
(大)調整手戻り	1
(小)追加工事	2
(小)追加用地買収	0
(小)修正設計	26
(小)追加検討	2
(小)調整手戻り	0
(小)その他	1
総計	52

表2-16 不具合の原因分類ごとの件数

不具合の原因分類	集計
基準適用における誤り	7
情報伝達不足(組織間)	4
部材の干渉などに対する配慮不足	1
製作・施工に対する配慮不足	4
変更発生時の処理に関する配慮不足	2
記載漏れ	2
協議不足	1
現地調査不足	0
技術的判断における誤り	21
図面記載ミス	3
計算入力ミス	7
総計	52

01 地下構造物編

函体位置に仮受け支持杭が干渉した

施設	開削トンネル
具体的部位・箇所など	函体側壁・中壁
発生段階	計画段階
不具合の原因分類	情報伝達不足(組織間)
対策規模	(大)修正設計
発見者	受注者(トンネル工)
発見時点	施工途中(掘削後底版構築前の墨出し測量時)
発見理由	底版構築前の墨出し測量時に函体側壁、中壁に搬送路仮受け支持杭が干渉することを確認

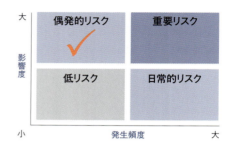

概要

別工事で施工した他事業者搬送路(トンネル構造)の仮受け支持杭(H鋼)が、開削トンネル函体の側壁・中壁の位置に干渉した。原因は、先行する搬送路の仮受け支持杭を函体の側壁・中壁の位置を考慮せず計画したためである。

解説図

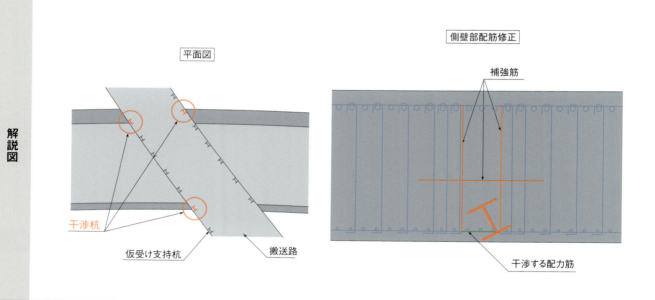

対策

仮受け支持杭(H鋼)の受け替えは、搬送路の沈下が懸念され困難な状況であるため存置することとし、開削トンネル函体の側壁・中壁の配筋を調整し、函体構築後に仮受け支持杭(H鋼)突出部を切断し表面保護処理をした。

担当者の声

搬送路の仮受け支持杭計画時に、少なくとも開削トンネル函体の側壁・中壁に干渉しないように配置すべきであった。

02 地下構造物編

函体の荷重条件を誤った

施設	開削トンネル
具体的部位・箇所など	函体本体
発生段階	設計条件
不具合の原因分類	情報伝達不足（組織間）
対策規模	（大）調整手戻り
発見者	発注者
発見時点	函体構築後（他工区工事詳細設計時）
発見理由	別の区分地上権設定箇所の参考とすべく、設計計算書を確認して判明

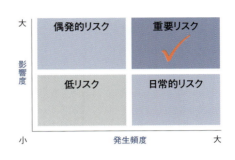

概要

開削トンネル区間で区分地上権を確保しており、詳細設計時に想定建物の荷重条件を考慮して設計すべきところ、一般的な上載荷重10kN/㎡にて設計・施工が実施された。原因は、発注者側の設計情報の伝達ミスによるものである。

解説図

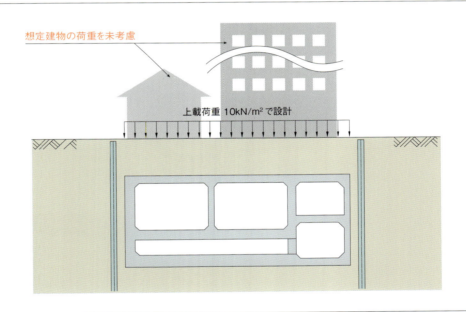

対策

既に施工された開削トンネル函体に対し、荷重分散等を考慮した詳細な解析に基づく照査を行った結果、想定建物の荷重条件に対して許容値を満足していることを確認した。

担当者の声

発注者側の設計担当者と用地担当者の間で、用地に関する引き継ぎ、情報交換・確認を重ねて実施する必要がある。

地下構造物編

設計断面の選定が不適切だった

施設	開削トンネル
具体的部位・箇所など	函体本体
発生段階	設計条件
不具合の原因分類	技術的判断における誤り
対策規模	(大)修正設計
発見者	発注者
発見時点	設計審査時
発見理由	設計審査をしたため

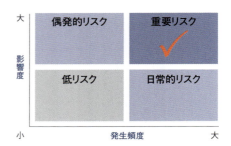

概要

トンネル函体の設計断面の選定が適切でなかったため、危険側の設計になっていた。原因は、設計断面選定時に内空幅を無視し、「最大土被り厚」のみに着目していたためである。当該設計区間は、平面線形、縦断線形が急変する区間であるため、函体内空幅が選定断面よりも大きい断面があり、その断面についても設計断面とすべきであった。

解説図

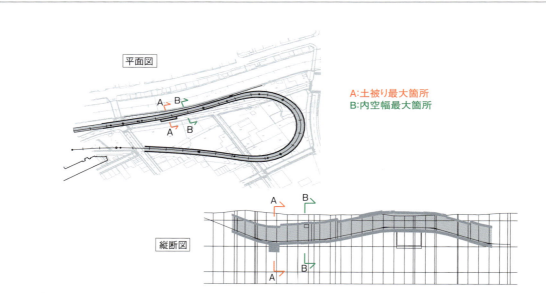

対策

内空幅が最大となる断面について断面力を算出した結果、最大土被り厚の断面よりも断面力が大きくなったため、内空幅が最大となる断面で再設計した。

担当者の声

設計断面の選定にあたっては、断面力が大きくなる要因をいろいろな角度から検討したうえで選定する必要があったといえる。設計断面の選定時の注意事項については、チェックリスト等を作成し、設計打ち合せ時に確認する。

04 地下構造物編

切梁反力を過小評価した

施設	開削トンネル
具体的部位・箇所など	函体本体
発生段階	設計条件
不具合の原因分類	製作・施工に対する配慮不足
対策規模	（大）修正設計
発見者	発注者
発見時点	設計審査時
発見理由	設計審査をしたため

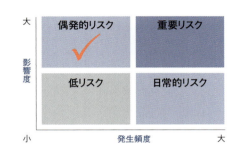

概要

連結路函体（先施工）の設計において、本線函体（後施工）の切梁反力を連結路函体で受ける事を想定していた。ここで、この連結路函体（先施工）に載荷する切梁反力を過小評価していた。過小評価した原因は、本体切梁反力（1m当たり）を、切梁間隔（3m）で除したためである。

解説図

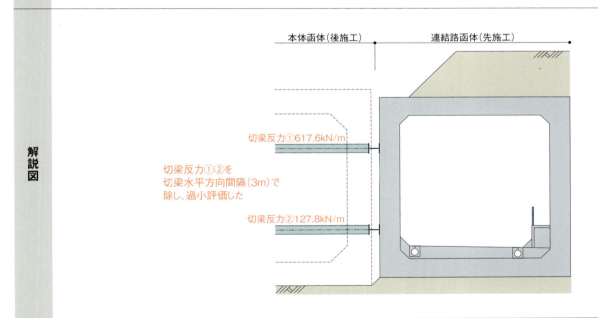

対策

正しい切梁反力を用いて、連結路函体の部材を再設計した。再設計の結果、部材に作用する断面力が変化し、配筋を変更した。

担当者の声

複数の構造物間を伝達する荷重については、単位荷重の計算に注意する。荷重設定時の注意事項については、チェックリスト等を作成し、設計打ち合せ時に確認する。

05 地下構造物編

土質条件の設定が不適切だった

施設	開削トンネル
具体的部位・箇所など	函体本体
発生段階	設計条件
不具合の原因分類	技術的判断における誤り
対策規模	（大）修正設計
発見者	審査コンサルタント
発見時点	設計審査時
発見理由	設計審査をしたため

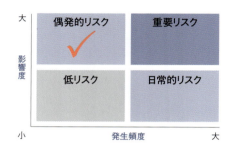

概要

土質条件の設定の不備により再計算が必要となった。原因は、設計計算における地層区分の層厚に、土質縦断図による設計断面位置での柱状図を用いず、近傍の土質柱状図を用いたためである。

解説図

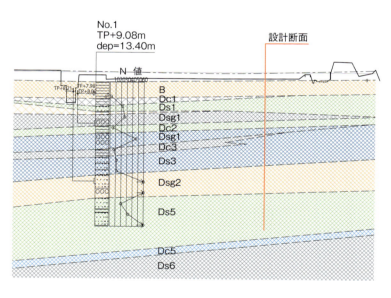

設計断面の地層区分として、近傍の地層（No.1）を用いた

対策

土質条件の見直しを行い、再計算を行った。

担当者の声

土層の変化が小さいところでは影響が少ないが、変化が大きいところでは、鉄筋量もしくは部材厚の変更が必要となる可能性があるため注意が必要である。

06 地下構造物編

塑性化考慮範囲の横拘束筋量を確認しなかった

施設	開削トンネル
具体的部位・箇所など	函体本体
発生段階	設計条件
不具合の原因分類	基準適用における誤り
対策規模	（大）修正設計
発見者	審査コンサルタント
発見時点	設計審査時
発見理由	設計審査をしたため

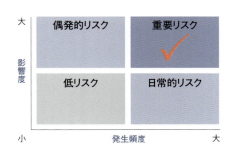

概要

部材の塑性化考慮範囲において、横拘束効果を見込んだコンクリートの応力度とひずみの関係式を適用するために必要な横拘束筋の体積比を確認していなかった。原因は、基準の不備もあり横拘束筋の体積比の条件を見落としていたためである。

解説図

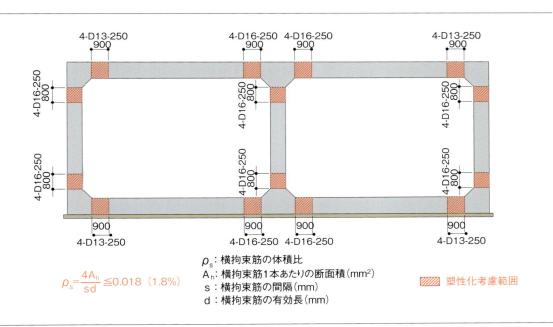

$\rho_s = \dfrac{4A_h}{sd} \leq 0.018$ （1.8％）

ρ_s：横拘束筋の体積比
A_h：横拘束筋1本あたりの断面積(mm²)
s：横拘束筋の間隔(mm)
d：横拘束筋の有効長(mm)

▨ 塑性化考慮範囲

対策

塑性化考慮区間の横拘束筋の体積比を確認し、条件を満足していることを確認した。

担当者の声

「開削トンネル設計指針」に横拘束効果を見込んだ応力度とひずみの関係は示されているが、横拘束筋の体積比の条件は示されていなかった。「開削トンネル設計指針」への記載、或いは、道路橋示方書の該当箇所の参照などの対応が必要である。

07 地下構造物編

N値を過大評価した

施設	開削トンネル
具体的部位・箇所など	函体本体
発生段階	設計条件
不具合の原因分類	技術的判断における誤り
対策規模	（大）修正設計
発見者	審査コンサルタント
発見時点	設計審査時
発見理由	設計審査をしたため

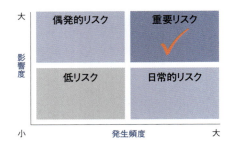

概要

土質定数設定の不備により再計算が必要となった。原因は、Ac層のN値を設定する際、標準貫入試験値がない範囲があったが、1点あった試験値をその層のN値とした。審査担当者の指摘により、他のボーリングデータを確認したところ、試験値のないあたりの深さでは小さい値を示していた。

解説図

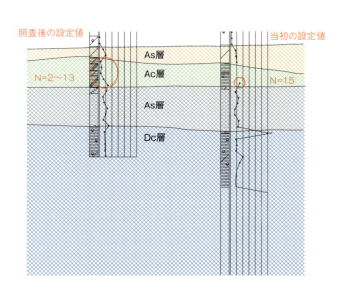

対策

土質定数の見直しを行い、再計算を行った。

担当者の声

定数設定の際、データが少ない場合には過大に評価してしまう可能性があるため、近傍のボーリングデータを参照するなどの検討が必要である。

地下構造物編

地下水位の最新データを反映しなかった

施設	開削トンネル、仮設構造物
具体的部位・箇所など	函体本体、仮設全般
発生段階	設計条件
不具合の原因分類	技術的判断における誤り
対策規模	（大）修正設計
発見者	審査コンサルタント
発見時点	設計審査時
発見理由	地下水位の最新データを確認したため

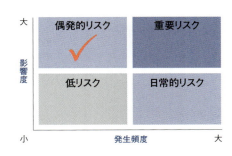

概要

最新の地下水位データがあったにもかかわらず、過去のデータを用いて設計が行われていた。原因は、地下水位データの確認が漏れたためである。

解説図

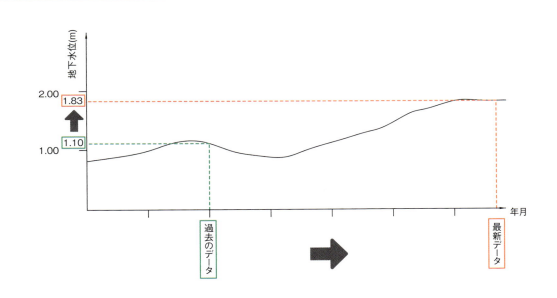

対策

地下水位の再確認とともに、地下水位データを設計条件書に追加した。最新のデータを基に、地下水位の設定を行い、再計算を行った。

担当者の声

地下水位については、毎月データを計測していたが、情報共有が不十分であった。地下水位は、函体の応力照査、安定照査だけでなく、仮設構造物の設計にも影響を及ぼすので、過去のデータから最新のデータまでの経年変化も踏まえて適切に設定する必要がある。

09 地下構造物編

地盤定数の記入ミスをした

施設	開削トンネル
具体的部位・箇所など	函体本体
発生段階	設計条件
不具合の原因分類	計算入力ミス
対策規模	（大）修正設計
発見者	審査コンサルタント
発見時点	設計審査時
発見理由	設計審査をしたため

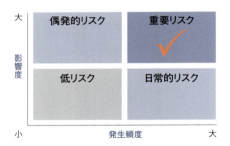

概要

設計条件書の不備により再計算が必要となった。原因は、設計条件書において構造寸法、地盤条件等を示した設計断面図を作成する際、地盤定数の転記ミスがあったためである。

解説図

［設計断面］

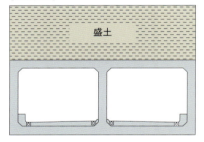

［設計地盤定数］

土質		層厚 d(m)	N値	単位体積重量 γ(kN/m³)	粘着力 C(kN/m²)	内部摩擦角 φ(°)	変形係数 E(kN/m²)
1層目	盛土(F)	1.500	7	19.00	0.0	32	4900
2層目	砂質土(As)	3.200	13	~~18.00~~	0.0	34	9100
3層目	粘性土(Ac)	1.550	1	16.00	10.0	0	700
4層目	礫質土(Dg1)	4.200	29	20.00	0.0	37	20300
5層目	粘性土(Dc2)	2.050	8	17.00	80.0	0	5600
6層目	砂質土(Ds2)	1.450	9	19.00	0.0	30	6300
7層目	粘性土(Dc2)	1.500	5	17.00	50.0	0	3500
8層目	礫質土(Dg2)	4.300	44	21.00	0.0	37	30800

地盤定数の転記ミス　19.00の誤り

対策

設計条件書の設計断面図の修正および再度、設計計算を行った。

担当者の声

設計条件書の設計断面図をもとに構造計算を行うため、ミスの箇所によっては影響が大きい場合があるので、十分な確認が必要である。

10 地下構造物編

設計条件書の堤防計画高の根拠が不明であった

施設	開削トンネル
具体的部位・箇所など	函体本体
発生段階	設計条件
不具合の原因分類	記載漏れ
対策規模	(小)修正設計
発見者	審査コンサルタント
発見時点	設計審査時
発見理由	設計審査をしたため

概要

堤防との一体構造となる開削トンネルにおいて、設計条件書に示されている函体設計に重要な条件である堤防計画高さの根拠が分からなかった。原因は、根拠資料の添付漏れである。

解説図

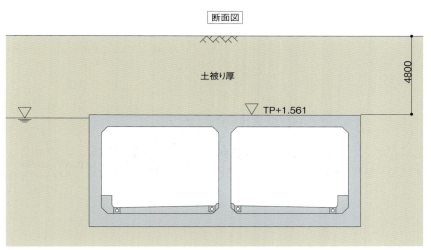

断面図

土被り根拠資料が不足し、確認できない

↓

根拠資料の追加添付

対策

設計条件書に示されている堤防の高さの根拠資料を添付した。

担当者の声

土被りを設定するために必要な堤防の高さなどの埋め戻し計画高は、重要かつ間違いが生じやすいポイントであるため、根拠となる資料を設計条件書に添付し、確認できるようにしておくべきである。

11 地下構造物編

設計条件書に浮き上がり検討に用いる路床厚の記載がなかった

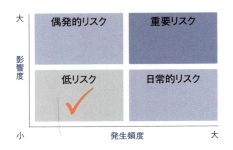

概要

設計条件書に、函体本体の浮き上がり検討を行う際に必要となる路床厚の資料が確認できなかった。原因は、路床厚の記載漏れである。

解説図

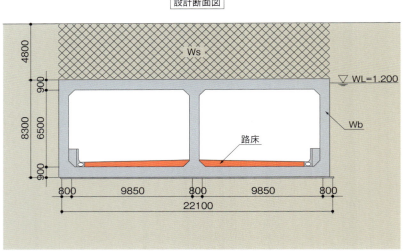

路床厚を確認できる資料が見当たらない

↓

函体本体の浮き上がりを検討できない

$(Ws+Wb+路床)/U ≧ 1.1$

Ws：土被り重量
Wb：函体重量
U ：浮力

対策

設計条件書に路床厚の情報を追記し、改めて浮き上がりの検討を行った。

担当者の声

縦断勾配等の要因によって、設計対象ブロック内で路床厚が変化するような場合には、その最大値／最小値が把握できるようにするべきである。

12 地下構造物編

地震時の荷重組み合わせを誤った

施設	開削トンネル
具体的部位・箇所など	函体本体
発生段階	設計条件
不具合の原因分類	基準適用における誤り
対策規模	(小)修正設計
発見者	審査コンサルタント
発見時点	設計審査時
発見理由	荷重条件を確認したため

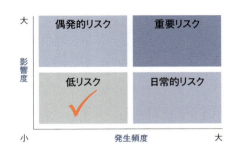

概要

地震時に考慮する必要のない地表面上載荷重を考慮して計算を実施していた。常時の計算で考慮していた荷重を、そのまま地震時でも考慮してしまったことが原因である。

解説図

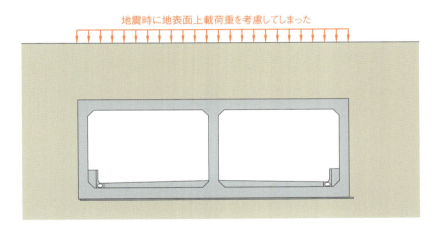

地震時に地表面上載荷重を考慮してしまった

対策

地震時に地表面上載荷重なしで再計算を実施した結果、部材厚、配筋等の変更はなかった。

担当者の声

常時、地震時で荷重の組み合わせは異なることから、「開削トンネル設計指針」に基づき確認しておく必要がある。

13 地下構造物編

設計基面の設定が不十分だった

施設	開削トンネル
具体的部位・箇所など	函体本体
発生段階	設計条件
不具合の原因分類	協議不足
対策規模	(小)修正設計
発見者	発注者
発見時点	設計審査時
発見理由	設計基面を確認したため

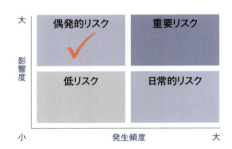

概要

函体設計時の設計基面の設定において、将来形の堤防嵩上げ時の基面のみ考慮し、竣工直後から堤防嵩上げまでの現況復旧時の基面を考慮していなかった。原因は、将来計画整備時期の確認不足である。

解説図

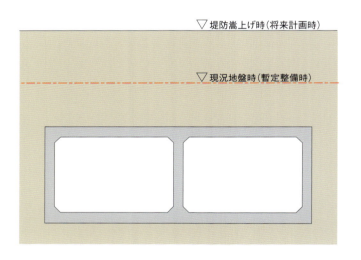

将来計画時の基面のみ考慮し、函体設計を行った

暫定整備時の基面で函体設計の照査を実施

対策

暫定整備時の基面で函体設計の照査を行い、修正設計で対応した。

担当者の声

暫定整備時の期間が長い場合は考慮が必要である。特に暫定整備時の土被りが浅い場合、断面設計に影響が出る場合も考えられるため、注意が必要である。また、周辺の事業計画に対する情報収集をしておく必要がある。

14 地下構造物編

ハンチのない底版コンクリートの許容圧縮応力度を間違えた

施設	開削トンネル
具体的部位・箇所など	函体底版
発生段階	設計条件
不具合の原因分類	基準適用における誤り
対策規模	（大）修正設計
発見者	発注者
発見時点	設計審査時
発見理由	設計審査をしたため

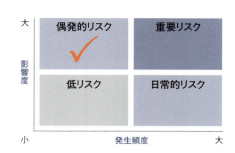

概要

雨水函渠の設計において、底版におけるコンクリートの許容圧縮応力度を間違えていた。原因は、基準（国土交通省土木構造物設計マニュアル（案））の適用を誤ったためである。底版はハンチの無い構造であったため、「国土交通省土木構造物設計マニュアル（案）」では、許容圧縮応力度を3/4に低減する事となっている。

解説図

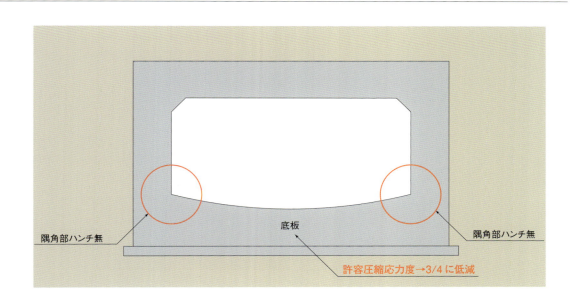

対策

「国土交通省土木構造物設計マニュアル（案）」を適用して、ハンチがない部材として許容圧縮応力度を3/4に低減して修正設計を実施した。

担当者の声

対象構造物の形式や形状にあった適用基準を把握し、許容値を設定する必要がある。適用基準や許容値設定時の注意事項については、チェックリスト等を作成し、設計打ち合せ時に確認する。

15 地下構造物編

底版に許容幅を超える表面ひび割れが発生した

施設	開削トンネル
具体的部位・箇所など	函体底版
発生段階	設計条件
不具合の原因分類	製作・施工に対する配慮不足
対策規模	(小)追加工事
発見者	受注者(トンネル工)
発見時点	養生材撤去時
発見理由	底版表面観察時に発見

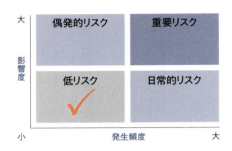

概要

事前温度応力解析の結果、ひび割れが発生する恐れのないとされた箇所で、底版コンクリートに許容幅を超えるひび割れが発生した。実測値等を踏まえて再現解析を実施し、養生マット撤去後のコンクリートの急冷および乾燥に起因する表面ひび割れであると判断した。この表面ひび割れについては、事前解析では考慮していなかった。

解説図

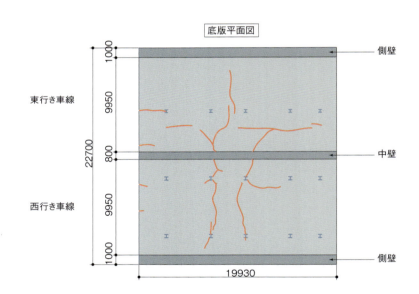

対策

発生したひび割れに対しては、エポキシ系樹脂による注入剤で補修した。未施工箇所は、急冷対策として養生マットの段階的な撤去、乾燥対策として散水を行った。マット撤去のタイミングや散水期間といった条件は、再現解析で得られた知見を用いて設定した。

担当者の声

養生材撤去時のコンクリートの急冷や、解析対象が貫通ひび割れであったことなど、表面ひび割れに対する見落としがあった。特に今回、通常よりも断熱性に優れた養生材を使用しており、このことが逆に急冷を招いてしまった一面もあり注意が必要であった。

16 側壁合成部の壁厚が不足した

地下構造物編

施設	開削トンネル
具体的部位・箇所など	函体側壁
発生段階	設計条件
不具合の原因分類	技術的判断における誤り
対策規模	（大）修正設計
発見者	受注者（トンネル工）
発見時点	詳細設計打ち合せ時
発見理由	設計照査をしたため

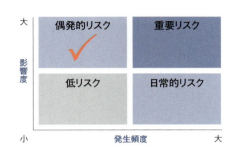

概要

側壁合成トンネル区間のランプ分合流部で、詳細設計時に土被りの変更が生じた。この条件変更に基づき、土留め工を設計・施工した。その後、トンネル函体の照査を行ったところ、側壁の増厚ができず構造的に成立しないことが判明した。原因は、土被りの条件変更時に開削トンネル函体の合成構造としての照査を行っていなかったためである。

解説図

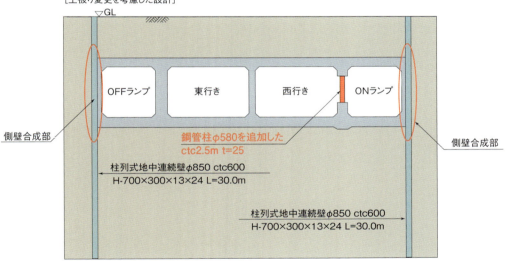

対策

側壁合成トンネル区間で、土留め工が施工済みであり、開削トンネル函体の側壁の増厚は不可能であったため、本線とランプの間に、見通しの確保に配慮し鋼管柱を設置し、増加荷重の分散を図った。

担当者の声

ランプ分合流部の開削トンネル函体の内空幅は一般部より大きくなることから、函体断面設計は不利な状況である。さらに、側壁合成構造時の側壁コンクリート厚が小さいため、条件変更時には土留め工だけでなく、函体自体の照査を行っておく必要がある。

17 地下構造物編

マスコンクリートの温度ひび割れが発生した

施設	開削トンネル
具体的部位・箇所など	函体側壁
発生段階	設計条件
不具合の原因分類	技術的判断における誤り
対策規模	(小)追加工事
発見者	受注者(トンネル工)
発見時点	施工後
発見理由	ひび割れが発生したため

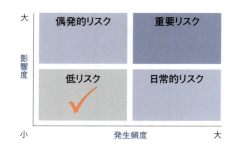

概要

壁厚1mの開削トンネルで、幅0.8mmの温度ひび割れが発生した。ひび割れ発生後、マスコンクリートの検討を行い、高炉セメントB種から低熱ポルトランドセメントに変更することで、防止が可能であった。実際の施工を開始する前に、コンクリート打設時の気温などの施工計画を考慮したマスコンクリートの検討を行っていなかったことが原因である。

解説図

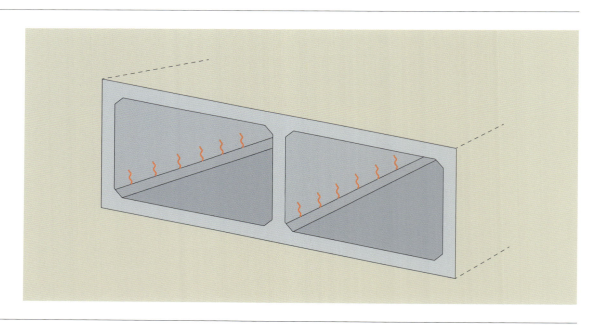

対策

「マスコンクリートによる温度ひび割れ制御マニュアル」に定められている許容ひび割れ幅0.3mmを超えるものについては樹脂モルタルの注入を行った。

担当者の声

開削トンネルのようなマッシブなコンクリート構造物は、ほとんどの場合、マスコンクリート検討対象となる。「マニュアル」に基づいたマスコンクリート検討を実施する必要がある。

18 地下構造物編

箱抜き形状の統一がとれていない

施設	開削トンネル
具体的部位・箇所など	函体頂版
発生段階	設計条件
不具合の原因分類	情報伝達不足（組織間）
対策規模	（小）その他
発見者	発注者
発見時点	函体構築後
発見理由	各工区の図面を比較

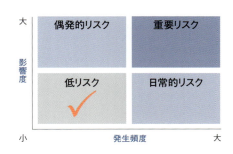

概要

トンネル換気用ジェットファン設置のための天井部の箱抜きについて、各工区で箱抜き形状が違ってしまった。原因は、詳細設計時期や施工時期の違いによる設計条件の伝達不足のためである。

解説図

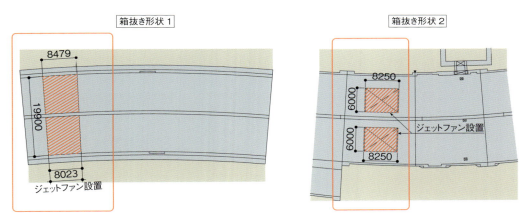

対策

函体構築後に発見されたものであるが、形状の差異によってトンネル換気上重大な影響を及ぼすことはないため、統一を図る手直しは実施しなかった。

担当者の声

重大な影響を及ぼすものではなかったが、同一路線において設計条件の統一がとれていないことは十分反省に値するものである。発注者と受注者との間で確認のための記録をきちんと残しておくべきであった。

19
地下構造物編

中柱に対して道路縦断方向の衝突荷重を考慮しなかった

施設	開削トンネル
具体的部位・箇所など	函体中柱
発生段階	設計条件
不具合の原因分類	技術的判断における誤り
対策規模	(小)修正設計
発見者	発注者
発見時点	設計審査時
発見理由	設計審査をしたため

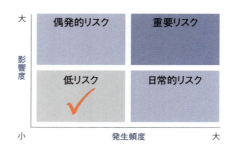

概要

中柱に対する衝突荷重として、道路縦断方向(橋軸方向)の照査漏れがあった。当該箇所は、当初設計では3.5mだった中柱間隔を、詳細設計において5.0mに拡大したものである。柱間隔の拡大に伴い、柱の正面に近い方向からの衝突の可能性が増大したが、道路縦断方向の衝突荷重を考慮していなかった。

解説図

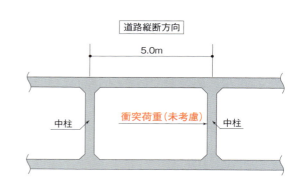

対策

道路縦断方向の衝突荷重に対する照査を実施した結果、部材厚・配筋は変わらなかった。

担当者の声

断面・配筋は耐震計算で決定されており、結果的に影響はなかったが、照査は必要である。一方、衝突そのものの可能性を下げるための配慮として、柱と柱の間に防護柵を設置する対策も有効である。

20 構造目地部で漏水が発生した

地下構造物編

施設	開削トンネル
具体的部位・箇所など	構造目地部
発生段階	設計条件
不具合の原因分類	技術的判断における誤り
対策規模	（大）追加工事
発見者	発注者
発見時点	構造物の構築完了後
発見理由	函体内部への漏水を確認し発覚

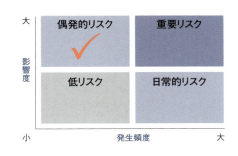

概要

埋め戻しを終えた建設中開削トンネルの構造目地部において、防水層が破損したものと考えられる漏水が生じた。原因の一つとして構造目地部の温度伸縮により、防水層が損傷したものと考えられる。

解説図

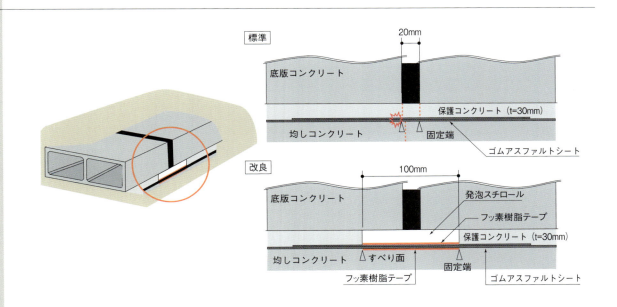

対策

躯体底版下部の防水に使用しているゴムアスファルトシートについて、相応の伸縮量に対応する新しい構造を検討し取り替えを行った。具体的には、①引張を受ける材料長を長くする。②ゴムアスファルトシートの上下に摩擦係数がコンクリートの1/5であるフッ素樹脂テープを貼り付けることによりすべり面を持たせる構造にする。③その上部には同じ幅の発砲スチロールを設置し、躯体重量をゴムアスファルトシートに直接伝えにくい構造にする。

担当者の声

開削トンネルは地中にあることから通常温度影響を受けにくいものと考えられているが、必ずしもその限りではないことを認識した。マニュアルや基準のみならずその原理にも注意を払うことが重要である。

21 地下構造物編

せん断力照査で部材有効高の取り方を誤った

施設	開削トンネル
具体的部位・箇所など	函体本体
発生段階	設計計算
不具合の原因分類	技術的判断における誤り
対策規模	（大）追加検討
発見者	審査コンサルタント
発見時点	設計審査時
発見理由	設計審査をしたため

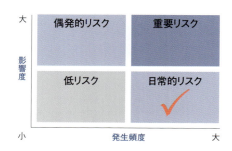

概要

せん断力照査で有効高さの取り方を誤った。原因は、曲げモーメントの正負の反転を考慮せず部材有効高を設定していたためである。標準的なカルバートの設計では、支間中央部付近と、隅角部付近とでは、曲げモーメントの正負、すなわち内側鉄筋・外側鉄筋のそれぞれの役割及び断面有効高さが変化するが、それが見落とされていた。

解説図

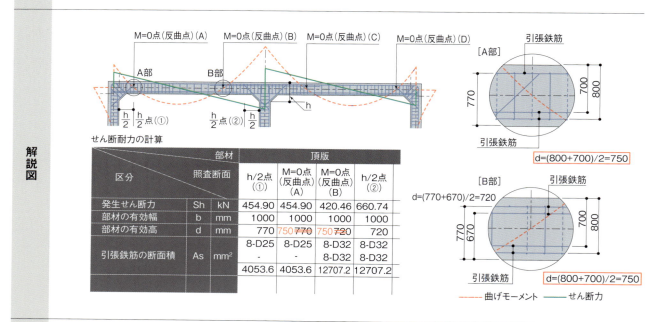

対策

正しい有効高で再計算した。結果、部材厚・配筋は変わらなかった。

担当者の声

今回は、計算結果に影響しなかったが、条件が異なれば、部材厚や配筋が変更になった可能性がある。照査断面が複数ある場合は、曲げモーメント図と合わせて照査断面を明示したり、照査一覧表でも引張鉄筋の内側／外側の区別を明示したりすれば、ミスが防げると思われる。

22 地下構造物編

静的ポアソン比を動的ポアソン比として入力した

施設	開削トンネル
具体的部位・箇所など	函体本体
発生段階	設計計算
不具合の原因分類	計算入力ミス
対策規模	(小)修正設計
発見者	審査コンサルタント
発見時点	設計審査時
発見理由	設計審査をしたため

概要

耐震設計を行う際、動的ポアソン比を静的ポアソン比で入力してしまった。原因は、設計計算時の入力ミスである。

解説図

地層番号	地層記号	層厚(m)	深度(m)	土質	N値(回)	単位体積重量γt(kN/m³)	平均せん断弾性波速度Vs0(m/s)	せん断弾性係数Gd(kN/m²)	地盤の動的ポアソン比νD	地盤の動的変形係数Ed(kN/m²)	変形係数E(kN/m²)	粘着力(kN/m²)
	スーパー堤防盛土	5.495	5.495	盛土	5	19.0	266.00	137180	0.33	364899	-	-
1	B	1.070	6.565	盛土	5	19.0	266.00	137180	0.33	364899	-	-
2	As1	1.600	8.165	砂質土	14	19.1	266.00	68000	0.30	176800	22.400	-
3	Dg2	6.700	14.865	砂質土	26	19.5	329.00	232800	0.30	605280	82.900	-
4	Ds3	1.650	16.515	砂質土	26	18.7	327.00	207200	0.28	530432	79.400	-
5	Dg3	1.850	18.365	砂質土	50	20.1	438.00	397500	0.28	1017800	266.700	-
6	Dc3①	0.500	18.865	粘性土	13	18.9	328.00	197500	0.34	529300	28.000	204.5
7	Ds4u	8.000	26.865	砂質土	50	19.5	401.00	328000	0.29	846240	268.200	-
8	Dc3②	0.700	27.565	粘性土	13	18.8	328.00	197500	0.34	529300	28.000	204.5
9	Ds4l	4.100	31.665	砂質土	50	19.5	401.00	328000	0.29	845240	268.200	-
10	Dc3③	3.800	35.465	粘性土	13	18.9	328.00	197500	0.34	529300	28.000	204.5
11	Ds5	4.400	39.865	砂質土	50	19.0	384.00	293300	0.30	762580	113.200	-
12	Ds5-c	0.800	40.665	砂質土	50	19.0	384.00	293300	0.30	762580	113.200	-
13	Ds5	0.900	41.565	砂質土	50	19.0	384.00	293300	0.30	762580	113.200	-
14	Dc4	1.700	43.265	粘性土	30	18.0	327.00	261100	0.33	694526	84.000	300.0
15	Dg4	5.900	49.165	砂質土	50	20.0	430.00	380000	0.28	921600	208.200	-
16	Ds7	150.755	199.920	砂質土	45	18.0	350.00	210000	0.30	546000	173.600	-

誤って動的ポアソン比を入力せずに静的ポアソン比を入力していた

対策

正しい値で再計算を実施した。結果、部材厚や配筋は変わらなかった。

担当者の声

今回は、計算結果に影響しなかったが、条件が異なれば、部材厚や配筋が変更になった可能性がある。

地下構造物編

ストラット縦桁の縦断方向の構造計算をしなかった

施設	開削トンネル
具体的部位・箇所など	ストラット縦桁
発生段階	設計計算
不具合の原因分類	技術的判断における誤り
対策規模	(小)修正設計
発見者	発注者
発見時点	設計審査時
発見理由	設計審査をしたため

概要

ストラット縦桁の縦断方向の構造計算をしていなかった。原因は、設計担当者のミスである。

解説図

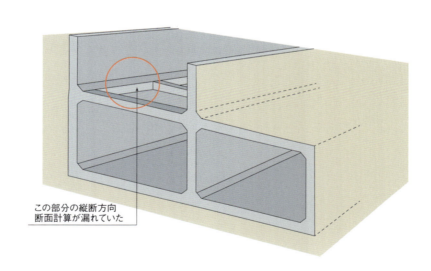

この部分の縦断方向断面計算が漏れていた

対策

ストラット縦桁の縦断方向の構造計算を行った結果、部材厚・配筋は変わらなかった。

担当者の声

対象構造物は右側が通常のトンネル、左側がストラット付きの堀割構造であった。特殊な形状の構造物の場合、構造計算の漏れが発生しやすいため注意する必要がある。

24 設計計算の鉄筋本数と図面が整合しなかった

地下構造物編

施設	開削トンネル
具体的部位・箇所など	函体本体
発生段階	図面作成
不具合の原因分類	図面記載ミス
対策規模	(小)修正設計
発見者	発注者
発見時点	設計審査時
発見理由	設計審査をしたため

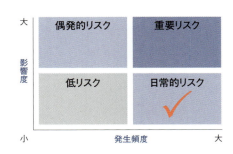

概要

照査断面ごとの、引張鉄筋と圧縮鉄筋が設計計算書と図面で一致しなかった。図面作成時に設計計算上必要な鉄筋が反映されていなかったことが原因である。

解説図

[側壁縦桁応力度照査]

検討位置	中間スパン		端スパン	
	支承前面	径間中央	支承前面	径間中央
検討ケース	基30	基30	基30	基30
M（上縁圧縮が正）kN・m	99.0	150.9	99.0	211.2
N（圧縮が正）kN	0.0	0.0	0.0	0.0
S kN	158.4	0.0	200.7	0.0
n=Es/Ec（ヤング係数比）	15.0	15.0	15.0	15.0
b cm	170.0	170.0	170.0	170.0
h cm	330.0	330.0	330.0	330.0
dc1（圧縮被り）cm	10.0	17.0	10.0	17.0
dc2（圧縮被り）cm				
dt2（引張被り）cm				
dt1（引張被り）cm	17.0	10.0	17.0	10.0
Asc1（圧縮鉄筋）本数-径	7-D16	7-D16	7-D16	7-D16
Asc2（圧縮鉄筋）本数-径				
Asc（圧縮鉄筋量）cm²	13.902	13.902	13.902	13.902
Asl2（引張鉄筋）本数-径				
Asl1（引張鉄筋）本数-径	7-D16	7-D16	7-D16	7-D16
Asl（引張鉄筋量）cm²	13.902	13.902	13.902	13.902

図面に設計計算書の鉄筋本数が反映されていなかった。

対策

設計計算書と整合がとれるように図面を修正した。

担当者の声

設計計算書と図面の全数チェックは非常に時間と手間がかかる。発注者は代表断面をチェックし、全数チェックは審査コンサルタントを活用する方法が有効である。

25 地下構造物編

設計計算の鉄筋径と図面が整合しなかった

施設	開削トンネル
具体的部位・箇所など	函体本体
発生段階	図面作成
不具合の原因分類	図面記載ミス
対策規模	（小）修正設計
発見者	審査コンサルタント
発見時点	設計審査時
発見理由	設計計算書と図面の不一致

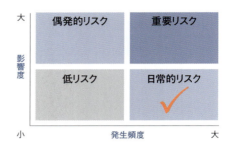

概要

設計計算書の鉄筋径と図面の整合が取れていなかった。原因は、図面作成時に設計計算書に基づく鉄筋量が反映されなかったためである。

解説図

[図面] D25の鉄筋を使用すべき箇所において D22の表記がされていた　D22→D25

[設計計算]

部材名	照査位置	断面厚h (cm)	有効高さd (cm)	曲げモーメントM (kN·m)	軸力N (kN)	使用鉄筋 As（引張側） 1段目	2段目	使用鉄筋量 cm^2	As'（圧縮側） 1段目	2段目	使用鉄筋量 cm^2	コンクリート圧縮応力度 σc N/mm^2	σca N/mm^2	判定	鉄筋引張応力度 σs N/mm^2	σsa N/mm^2	判定
底版	①側壁側部材端	120.0	107.0	499.07	367.50	8-D25	-	40.536	8-D25	-	40.536	3.57	10.00	OK	83.8	180.0	OK
	②側壁側ハンチ始点	80.0	67.0	340.25	367.41	8-D25	-	40.536	8-D25	-	40.536	4.32	10.00	OK	96.2	180.0	OK
	③径間部	80.0	71.0	466.14	213.22	8-D25	-	40.536	8-D25	-	40.536	5.66	10.00	OK	159.6	180.0	OK
	④中壁側ハンチ始点	80.0	67.0	560.57	213.07	8-D32	-	63.536	8-D25	-	40.536	6.06	10.00	OK	134.2	180.0	OK
	⑤中壁側部材端	120.0	107.0	761.95	213.07	8-D32	-	63.536	8-D25	-	40.536	4.61	10.00	OK	109.1	180.0	OK

対策

設計計算書に基づき図面の修正を行った。

担当者の声

設計計算書と図面の全数チェックは非常に時間と手間がかかる。発注者は代表断面をチェックし、全数チェックは審査コンサルタントを活用する方法が有効である。

26 地下構造物編

設備箱抜き部の鉄筋仕様を誤った

施設	開削トンネル
具体的部位・箇所など	函体側壁
発生段階	図面作成
不具合の原因分類	基準適用における誤り
対策規模	(小)修正設計
発見者	発注者
発見時点	設計審査時
発見理由	設計指針と整合しなかったため

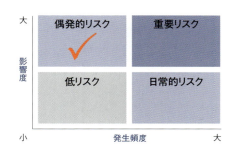

概要

開削トンネル函体の側壁設備箱抜き部の補強筋が、側壁主鉄筋と同径でなく、せん断補強筋と同径になっていた。原因は、「開削トンネル設計指針」に従い配筋図を作成していなかったためである。

解説図

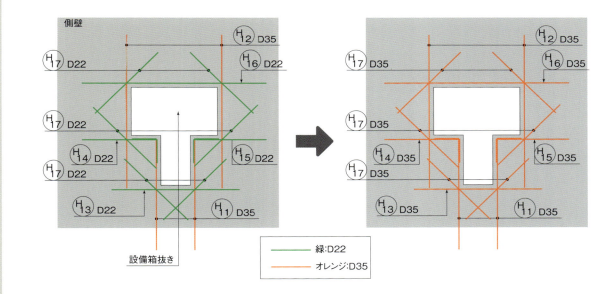

対策

「開削トンネル設計指針」に従い、側壁設備箱抜き部の補強筋は、側壁主鉄筋と同径になるように図面を修正した。

担当者の声

「開削トンネル設計指針」に記載の項目であり、チェックリストによる照査を実施することで回避できるミスである。

27 地下構造物編

設備箱抜き位置を間違えた

施設	開削トンネル
具体的部位・箇所など	函体側壁
発生段階	図面作成
不具合の原因分類	情報伝達不足（組織間）
対策規模	（小）修正設計
発見者	審査コンサルタント
発見時点	設計審査時
発見理由	設備配置図面と整合を図ったため

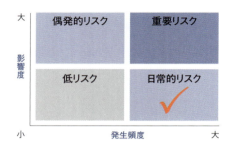

概要

構造一般図における箱抜き位置と設備配置図面との整合が取れていなかった。原因は、設備配置計画と土木設計が同時期に別の部署で行われていたため、最終的に確定された設備配置計画が土木設計の箱抜き配置図に反映されていなかったためである。

解説図

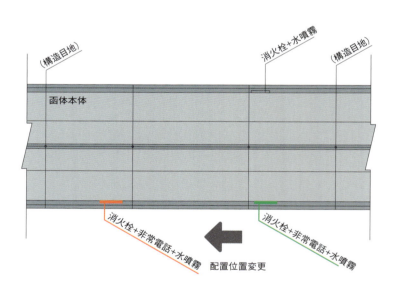

対策

箱抜き位置を正しい位置に変更し、構造一般図および配筋図の修正を行った。

担当者の声

設備配置計画の状況を把握し、土木設計担当者と設備設計担当者の確実な情報共有が行える方法を検討する必要がある。

28 地下構造物編

中壁のせん断耐力が不足した

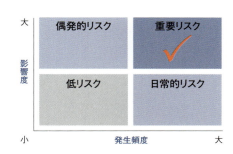

施設	開削トンネル
具体的部位・箇所など	函体中壁
発生段階	図面作成
不具合の原因分類	図面記載ミス
対策規模	（大）追加工事
発見者	審査コンサルタント
発見時点	一部ブロック施工済み時
発見理由	設計審査をしたため

概要

中壁中間部において、設計計算書と図面とでせん断補強筋が異なっていた。設計計算書では中壁の照査断面は両端部のみであったにも関わらず、図面作成時に中間部のせん断補強筋量が低減されしまった。原因は、図面作成時の思い込みと図面照査時の見落としである。

解説図

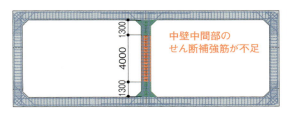
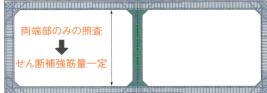

対策

中壁中間部の再照査を実施した結果、せん断耐力の不足が明らかになった。対策として、コンクリート打設済み区間については後施工アンカーでせん断補強を行った。未打設区間については、設計計算書どおり中壁中間部も中壁端部と同じ配筋に修正した。

担当者の声

鉄筋配置間隔が変化する箇所においては、設計計算書の照査断面位置に注意する必要がある。

29 地下構造物編

鉄筋の許容応力度を超える箇所で重ね継手を設けた

施設	開削トンネル
具体的部位・箇所など	函体鉄筋継手
発生段階	図面作成
不具合の原因分類	技術的判断における誤り
対策規模	(小)修正設計
発見者	発注者
発見時点	設計審査時
発見理由	設計審査をしたため

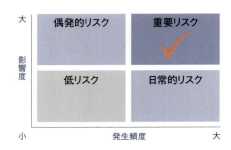

概要

「開削トンネル設計指針」では、許容応力度設計法を前提とした重ね継手位置の制限を規定しているが、その制限範囲外のレベル2地震時に許容引張応力度を超過する箇所で重ね継手を設けてしまった。原因は、「開削トンネル設計指針」の条文のみで重ね継手位置を決定し、条文の前提を理解していなかったためである。

解説図

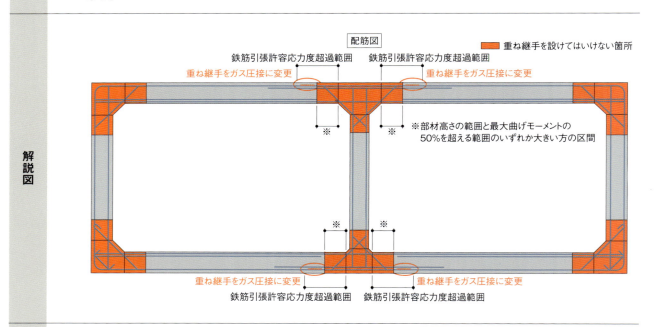

対策

鉄筋の許容応力度を超える箇所は、重ね継手からガス圧接継手に変更した。

担当者の声

「開削トンネル設計指針」にある隅角部および隅角部ハンチ端から部材高さの範囲と最大曲げモーメントの50%を超える範囲のいずれかの大きい範囲以外でも、鉄筋の引張許容応力度を超過する箇所があるので、注意が必要である。

30 重ね継手長が不足した

地下構造物編

施設	開削トンネル
具体的部位・箇所など	函体鉄筋継手
発生段階	図面作成
不具合の原因分類	基準適用における誤り
対策規模	(小)修正設計
発見者	審査コンサルタント
発見時点	設計審査時
発見理由	必要重ね継手長を再確認したため

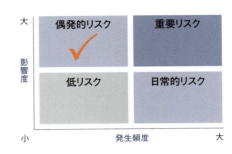

概要

コスト縮減で底版コンクリートの設計基準強度を24N/mm²に変更したが、重ね継手長を元の設計基準強度である30N/mm²で計算したものを用いていたため、継手長が足りていなかった。原因は、コンクリートの設計基準強度の変更に伴い、必要重ね継手長の再照査をしなかったためである。

解説図

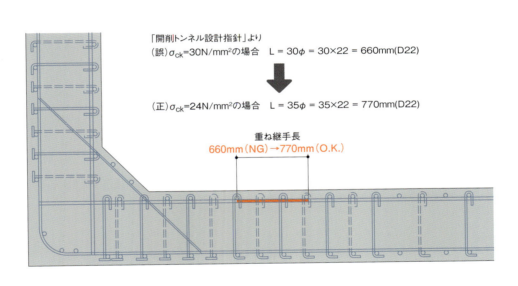

「開削トンネル設計指針」より
(誤) $\sigma_{ck}=30N/mm^2$ の場合　$L = 30\phi = 30×22 = 660mm(D22)$

(正) $\sigma_{ck}=24N/mm^2$ の場合　$L = 35\phi = 35×22 = 770mm(D22)$

重ね継手長
660mm(NG)→770mm(O.K.)

対策

重ね継手長を見直し、配筋図の修正を行った。

担当者の声

コンクリートの設計基準強度を見直すことにより、重ね継手長など他の照査項目の条件が変更になる場合があるため注意が必要である。

31 地下構造物編

スリップバーが一部配置できなかった

概要

施設	開削トンネル
具体的部位・箇所など	構造継手
発生段階	図面作成
不具合の原因分類	部材の干渉などに対する配慮
対策規模	(小)修正設計
発見者	受注者(トンネル工)
発見時点	詳細設計時
発見理由	受注者が図面確認中に発見

開削トンネルの構造継手部において、スリップバーが一部配置できなかった。原因は、隣接する施工ブロックの構造が異なる部分で、一方は通常矩形構造でもう一方はストラットを有する構造であり、設計時に通常矩形構造の形状でスリップバーを全周配置したためである。

解説図

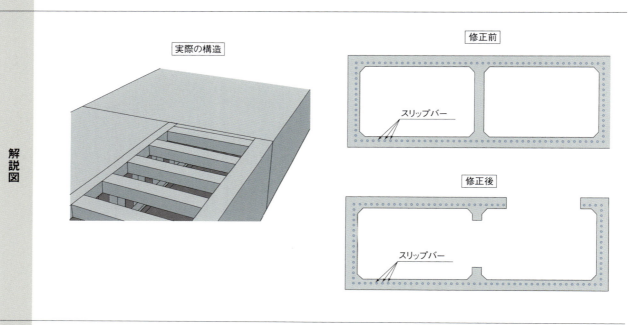

対策

構造継手前後の函体の形状を考慮し、適切なスリップバー配置となるように図面を修正した。

担当者の声

施工ブロックごとに図面の確認を行っていたため、隣接する施工ブロックを考慮できていなかった。継手部のような、複数の施工ブロックに係る設計を行う際には、隣接する施工ブロック構造についても特に注意してチェックする必要がある。

32 計算結果の符号を逆にした

地下構造物編

施設	シールドトンネル
具体的部位・箇所など	シールドトンネル本体
発生段階	設計計算
不具合の原因分類	計算入力ミス
対策規模	(小)追加検討
発見者	発注者
発見時点	設計審査時
発見理由	切羽解放力の符号を確認したため

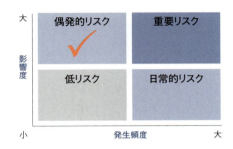

概要

セグメント設計において、セグメントにかかる荷重(地山解放力)の算定で符号の誤りがあった。原因は、地山解放力の算定結果を一覧に整理する際の記載ミスである。

解説図

[切羽解放力の算定結果(先行トンネル)]

No.	水圧 (kN/m²)	有効土圧 P_0 (kN/m²)	静止土圧係数	主働土圧係数	静止土圧 (kN/m²)	主働土圧 (kN/m²)	切羽圧 (主働土圧+水圧) (kN/m²)	$\Delta\sigma_1$ (kN/m²)	$\Delta\sigma_2$ (kN/m²)	$\Delta\sigma_3$ (kN/m²)
1	13.1	126.9	0.389	0.249	49.4	31.5	44.6	36.51	-81.12	44.61
2	13.5	127.3	0.389	0.249	49.5	31.6	45.2	36.63	-81.78	45.15
3	14.2	127.9	0.389	0.249	49.8	31.8	46.0	36.81	-82.81	46.00
4	15.4	129.0	0.389	0.249	50.2	32.1	47.5	37.11	-84.57	47.46
5	17.1	130.5	0.389	0.249	50.7	32.4	49.5	37.54	-87.05	49.51
6	19.2	132.4	0.389	0.249	51.5	32.9	52.1	38.09	-90.20	52.12
7	21.8	134.7	0.389	0.249	52.4	33.5	55.3	38.76	-94.01	55.26
8	24.8	137.5	0.389	0.249	53.5	34.2	59.0	39.55	-98.52	58.97
9	28.3	140.6	0.389	0.249	54.7	35.0	63.2	40.46	-103.69	63.22

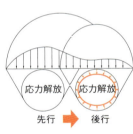

先行トンネルが引き寄せられる

(誤) $\Delta\sigma_2$: 切羽解放力が「マイナス」→先行側へ押す
実際には掘削による地山解放力により先行トンネルが引き寄せられる。

数値が+にならなければおかしい

対策

解析時のインプットデータ、発生応力度の分布を確認した結果、問題はなかった。設計計算書内の地山解放力の算定結果一覧の中で誤っていたが、解析のインプットデータには正しい符号で入力されていたため、結果的に問題にならなかった。

担当者の声

計算値の符号がどちらの方向を示すのか確認することが重要である。また、外力に対する構造物の変形や発生応力度の分布のイメージを持つことも大切と感じた。

地下構造物編

ランプ部路盤の埋め戻し土の慣性力を評価しなかった

施設	擁壁
具体的部位・箇所など	U型擁壁
発生段階	設計条件
不具合の原因分類	技術的判断における誤り
対策規模	(小)修正設計
発見者	審査コンサルタント
発見時点	設計審査時
発見理由	設計審査をしたため

概要

U型断面のランプ部の耐震設計において、埋め戻し土の慣性力を評価していなかった。原因は、埋め戻し土の慣性力は小さいと判断し、照査を省略していたためである。

解説図

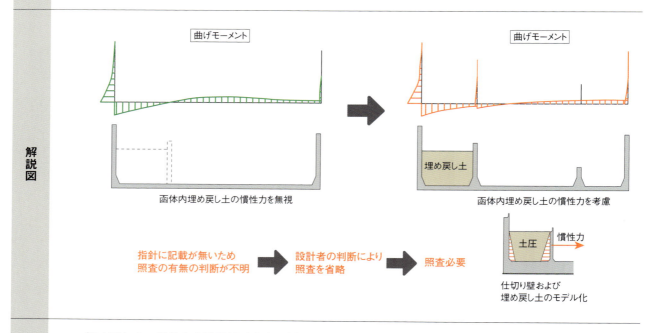

対策

埋め戻し土の慣性力を道路橋示方書に従い設計計算をやり直した。地震時土圧として考慮した結果、埋め戻し土の影響は小さいことを確認した。

担当者の声

今回の事例のように一般的な構造でない場合は、照査項目が増える場合があるので注意する必要がある。

34 地下構造物編

底版下の地盤改良を考慮した地盤ばねを入力しなかった

施設	擁壁
具体的部位・箇所など	U型擁壁底版
発生段階	設計条件
不具合の原因分類	技術的判断における誤り
対策規模	(小)修正設計
発見者	審査コンサルタント
発見時点	設計審査時
発見理由	設計審査をしたため

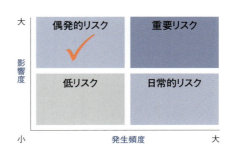

概要

常時の設計計算において、底版に発生する曲げモーメントを過小評価していた。原因は、底版下の地盤改良を考慮した地盤ばねを用いていなかったためである。

解説図

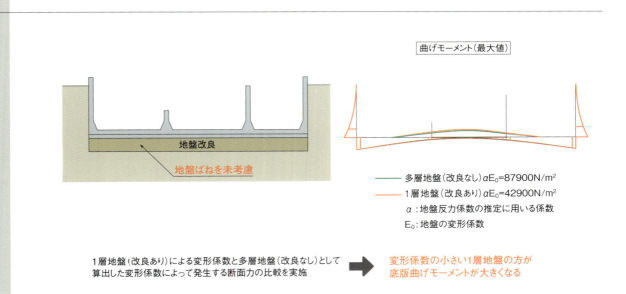

- 多層地盤(改良なし) $αE_0=87900N/m^2$
- 1層地盤(改良あり) $αE_0=42900N/m^2$
- $α$：地盤反力係数の推定に用いる係数
- E_0：地盤の変形係数

1層地盤(改良あり)による変形係数と多層地盤(改良なし)として算出した変形係数によって発生する断面力の比較を実施 → 変形係数の小さい1層地盤の方が底版曲げモーメントが大きくなる

対策

底版下の地盤改良を考慮した地盤ばねを用いて再計算し、得られた断面力を用いて設計を行った。地盤改良を考慮した結果、発生断面力は大きくなった。

担当者の声

軟弱な地盤の場合、底版下を地盤改良することが多いため、注意する必要がある。また、地盤改良の設計上の強度についても、函体にとって安全側になるように設定する必要がある。

35 地下構造物編

約10mのU型擁壁頂部に水平変位が生じた

施設	擁壁
具体的部位・箇所など	U型擁壁側壁
発生段階	設計条件
不具合の原因分類	技術的判断における誤り
対策規模	（大）追加検討
発見者	点検者
発見時点	供用半年後（竣工後半年後）
発見理由	コンクリート舗装にひび割れが発生

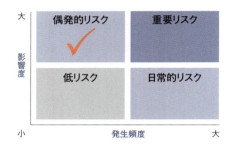

概要

竣工後、半年でU型擁壁頂部に水平変位（計測時最大で20mm）が生じ、コンクリート舗装と壁高欄との間に隙間およびコンクリート舗装にひび割れが発生した。原因は、高擁壁においてクリープ変形によって水平方向の変位が生じたものと推測される。設計段階では、クリープによる影響を検討していなかった。

解説図

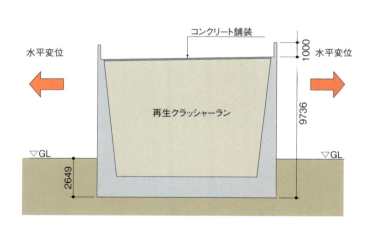

隣接擁壁とのずれ

コンクリート舗装のひび割れ

対策

コンクリート舗装と壁高欄との間に発生した隙間にはアスファルト系目地注入材による補修を行った。コンクリート舗装に発生したひび割れに対しては、エポキシ樹脂系のひび割れ注入剤による補修を実施した。また、擁壁の水平変位の進行度を把握するため、2年間、変位計測を実施することにした。

担当者の声

通常、擁壁の設計ではクリープによる影響を検討しないが、10m程度の高いU型擁壁のような通常とは異なる構造物を設計する場合は、クリープの影響を照査するなど、照査項目を十分検討することが重要である。

36 地下構造物編

ランプ部を受ける側壁の側圧に活荷重を考慮しなかった

施設	擁壁
具体的部位・箇所など	U型擁壁側壁
発生段階	設計条件
不具合の原因分類	技術的判断における誤り
対策規模	(小)修正設計
発見者	発注者
発見時点	設計審査時
発見理由	設計審査をしたため

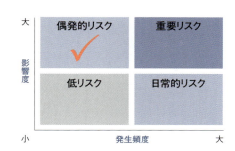

概要

ランプ部を受ける側壁の側圧に一般的な上載荷重は考慮していたが、ランプ部を走行する車両の活荷重を考慮していなかった。原因は、設計条件を整理する際、ランプ部の活荷重を荷重条件に含んでいなかったためである。

解説図

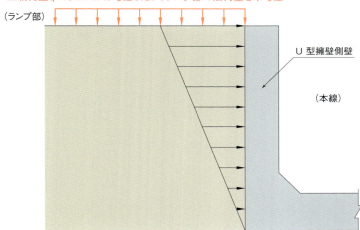

上載荷重q=10kN/m²は考慮したが、ランプ部の活荷重を未考慮

対策

ランプ部の活荷重について、輪荷重の分散を考慮した計算を実施し、側壁の発生応力度が許容値内に収まっていることを確認した。

担当者の声

荷重条件を決定するにあたっては、荷重種別の中から設計対象構造物に考慮すべき荷重を選択するようにすれば荷重条件の漏れを防ぐことができる。

37 地下構造物編

浮き上がり対策に関する適用計算式を間違えた

施設	擁壁
具体的部位・箇所など	U型擁壁
発生段階	設計計算
不具合の原因分類	基準適用における誤り
対策規模	(大)追加工事
発見者	発注者
発見時点	工事着手前
発見理由	設計照査したため

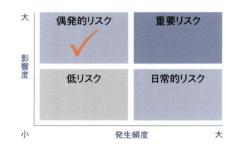

概要

経年変化を考慮せず既往のボーリングデータを基に地下水位を設定していたが、地下水位の上昇により、安全率が確保できなくなったため、U型擁壁部の浮き上がりに対する修正設計が必要となった。さらに、粘性土層における鋼矢板の摩擦力算出に係る適用算出式を間違え、周面摩擦力を過大に算出してしまっていた。原因は、地下水位の経年変化への配慮不足と適用算出式の確認不足である。

解説図

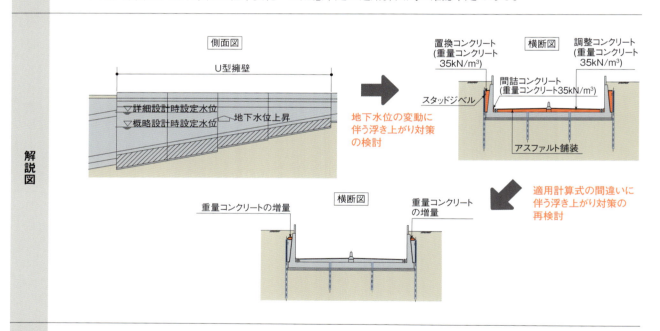

対策

水位上昇に伴う対策として、擁壁の側壁と鋼矢板の間を掘削し、重量コンクリートを打設した。また路床にも重量コンクリートを打設した。さらに、鋼矢板の摩擦力の算出ミスについては、必要となった重量増分を、計画していた側壁重量コンクリートの打設量を増やすことで対応した。

担当者の声

地下水位の設定には、季節変動、経年変化を考慮し、十分な資料がない場合には地表面に設定する等、安全側の設計となるようにする必要がある。また、算出式の適用間違いは、単純なミスであるが、その後の影響が大きくなる可能性もある。今回は、重量コンクリートの増設で対応できたが、大規模な修正が必要となる場合も考えられるため、十分なチェックを行う必要がある。

38 地下構造物編

ヒービングを伴う掘削底面の受働破壊が発生した

施設	仮設構造物
具体的部位・箇所など	掘削底面
発生段階	設計条件
不具合の原因分類	製作・施工に対する配慮不足
対策規模	（大）追加工事
発見者	発注者
発見時点	土留め壁崩壊後
発見理由	土留め壁崩壊による

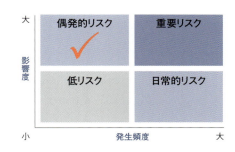

概要

土留め壁構築後のトンネル函体の床付け掘削完了時および3段目切梁架設中に、土留め壁が延長約40mにわたって崩壊し、その影響で隣接する仮水路を構成している鋼矢板壁が一部崩壊した。主な原因は、ヒービングを伴う掘削底面の受働破壊である可能性が高いと考えられる。

解説図

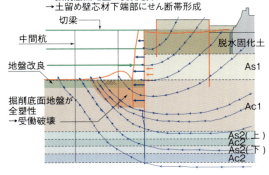

対策

ボーリング調査を実施して地盤定数を再評価した。沖積粘土の粘着力は深度方向の回帰式を再設定し、N値や変形係数Eは深度別に値を設定することで再度詳細設計を実施した。

担当者の声

今回のような事例は非常に軟弱な地盤において見られる現象である。今後はまず現場管理の観点から、現場計測工法を利用した適切かつ厳格な施工管理体制の更なる強化を図り、目視・計測などにより設計値との差を常に把握することが最も重要である。また、詳細設計の実施にあたっては、非常に軟弱な地盤における粘土層の粘着力、N値などの評価に関して、深度方向に細やかな定数設定や直近のデータを用いた確認など、特に慎重に行う必要がある。

39 地下構造物編

盤ぶくれ検討において検討断面の選定を間違えた

施設	仮設構造部
具体的部位・箇所など	掘削底面
発生段階	設計条件
不具合の原因分類	技術的判断における誤り
対策規模	(小)追加検討
発見者	発注者
発見時点	設計審査時
発見理由	盤ぶくれ検討断面を確認したため

概要

U型擁壁の盤ぶくれ検討において、検討断面が安全側に設定されていなかった。原因は、掘削深が変化するブロックにおいて、最大掘削深部で実施すべき盤ぶくれ検討を平均掘削深さを用いて実施していたためである。

解説図

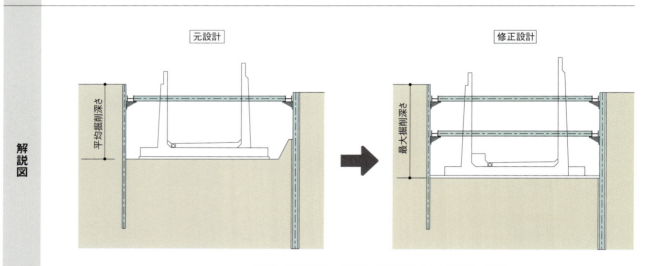

修正設計のように最大掘削深部で実施すべき盤ぶくれ検討を元設計では平均掘削深さを用いて実施した

対策

最大掘削深部における断面で盤ぶくれを再検討した。

担当者の声

検討する項目に対してどのような条件の断面が決定ケースとなるか考えて、検討断面を決定する。検討断面の選定について、チェックリスト等を作成し、設計打ち合せ時に確認する。

40 自立式土留め壁に予測値を超える変位が発生した

地下構造物編

施設	仮設構造物
具体的部位・箇所など	土留め壁
発生段階	設計条件
不具合の原因分類	製作・施工に対する配慮不足
対策規模	（大）追加工事
発見者	受注者
発見時点	集中豪雨後
発見理由	豪雨時の巡回にて発見

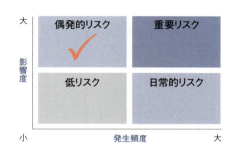

概要

遮水壁と地盤改良体による自立式土留め壁の施工区間において、土留め壁施工および最終掘削後に起こった集中豪雨や台風の後で、土留め壁に予測値を超える変状が確認された。遮水壁と地盤改良体の間に約20mmの目開きが生じ、目開き部に流入した雨水の水圧によって改良体が掘削側に大きく変動したことが原因と考えられるが、設計時の解析では目開きを考慮していなかったため、今回のような変状が想定されていなかった。

解説図

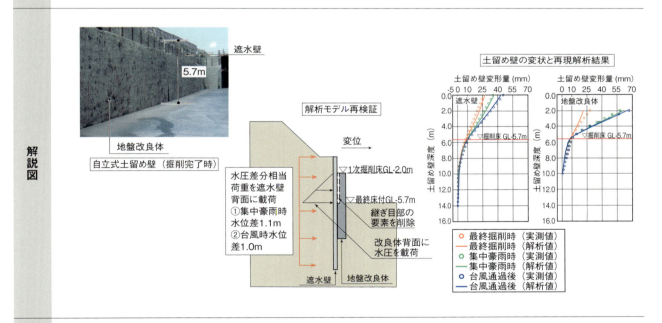

対策

変状抑制策として、切梁の設置や目開き部のシート養生等を行った結果、以後の変状の進行は確認されなかった。今後の設計へのフィードバックを目的に、解析により今回の変状の再現を行い、モデル化における留意点を整理した。

担当者の声

今回のような合わせ壁構造の土留め壁では、遮水壁と地盤改良体の乖離が発生しないよう、止水対策を行うなど、十分注意が必要である。設計時に、目開きによって設計条件が成立しなくなるリスクへの配慮ができていればよかった。自立式土留め壁の設計手法は確立されたものがなく、今回得られた知見も有用なものと思われる。

41 地下構造物編

先防水の場合の函体と土留め壁との離隔根拠が不明だった

施設	仮設構造物
具体的部位・箇所など	土留め壁
発生段階	設計条件
不具合の原因分類	技術的判断における誤り
対策規模	(小)修正設計
発見者	審査コンサルタント
発見時点	設計審査時
発見理由	函体と土留め壁の離隔を確認したため

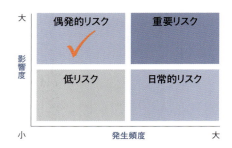

概要

土留め変位を考慮した先防水の場合の函体と土留め壁との離隔を150mmと設定していたが根拠が不明であった。原因は、他工区の事例を参考に離隔を決定していたためである。

解説図

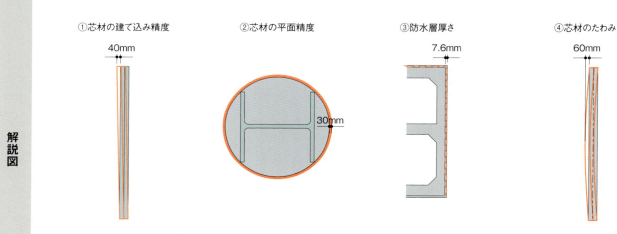

①芯材の建て込み精度 40mm　②芯材の平面精度 30mm　③防水層厚さ 7.6mm　④芯材のたわみ 60mm

以上の①〜④を考慮すると、芯材が許容値まで変位した場合でも、函体側壁と芯材との必要間隔は 40+30+7.6+60=137.6[mm]となり、150[mm]であれば、函体の構築を侵すことはない

①+②+③+④＜函体と土留め壁との離隔

対策

他工区の事例を参考に決定していた150mmに対して、施工精度、土留め変位等から再確認を行った結果、問題はなかった。

担当者の声

仮設構造物だけではなく函体構築に影響するため、函体と土留め壁との離隔根拠を整理しておくことは重要である。

42 斜面安定に関する適用基準を間違えた

地下構造物編

施設	仮設構造物
具体的部位・箇所など	盛土
発生段階	設計条件
不具合の原因分類	基準適用における誤り
対策規模	（大）修正設計
発見者	発注者
発見時点	設計審査時
発見理由	設計計算書で異常値があったため

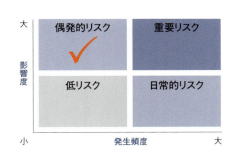

概要

工事用道路の設計において、「道路土工　のり面工　斜面安定工指針」における安定計算式を満足していなかった。原因は、有効応力下での粘着力、せん断抵抗角のデータがないにも関わらず、「道路土工　のり面工　斜面安定工指針」ではなく、「道路土工　軟弱地盤対策工指針」で設計していたためである。また、工区間で適用基準の統一もはかられていなかった。

解説図

[道路土工　軟弱地盤対策工指針]

$$Fs = \frac{\Sigma(c' \cdot \ell + W' \cdot \cos\alpha \cdot \tan\phi')}{\Sigma W' \cdot \sin\alpha}$$

Fs：安全率
c'：有効応力に関する土の粘着力（kN/m²）
φ'：有効応力に関するせん断抵抗角（度）
ℓ：スライスで切られたすべり面の長さ（m）
W'：地下水位以下の浮力を考えたスライスの有効重量（kN/m²）
α：スライスで切られたすべり面の中点とすべり面の中心を結ぶ直線と円直線のなす角（度）

→

[道路土工　のり面工　斜面安定工指針]

$$Fs = \frac{\Sigma\{c \cdot \ell + (W - n \cdot b)\cos\alpha \cdot \tan\phi\}}{\Sigma W \cdot \sin\alpha}$$

Fs：安全率
c：粘着力（kN/m²）
φ：せん断抵抗角（度）
ℓ：スライスで切られたすべり面の長さ（m）
W：スライスの全重量（kN/m）
n：間げき水圧（kN/m²）
b：スライスの幅（m）
α：スライスで切られたすべり面の中点とすべり面の中心を結ぶ直線と円直線のなす角（度）

対策

工事用道路を「道路土工　のり面工　斜面安定工指針」で再設計した。また、工区間での工事用道路設計に用いる指針を統一した。

担当者の声

設計にあたって適用する基準の妥当性と工区間の横並びを確認する必要がある。設計承諾書審査時には、発注者、施工者、審査コンサルタントの3者で設計条件等を確認する必要がある。

43 工事用道路の荷重の載荷範囲が不適切だった

地下構造物編

施設	仮設構造物
具体的部位・箇所など	盛土
発生段階	設計条件
不具合の原因分類	技術的判断における誤り
対策規模	(小)修正設計
発見者	発注者
発見時点	設計審査時
発見理由	他工区との横ならびを確認したため

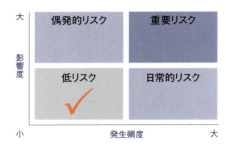

概要

工事用道路の設計において、荷重の設定が過大となっていた。原因は、車道部分のみに載荷すべき分布荷重を、歩道部や路肩まで載荷していたためである。

解説図

誤った分布荷重条件
歩道部や路肩にも分布荷重を載荷していた

正しい分布荷重条件
車道部のみに分布荷重を載荷

対策

分布荷重を車道部分のみに載荷して再設計した。

担当者の声

荷重の設定にあたっては、荷重強度だけでなく、載荷範囲についても十分に確認する必要がある。

44 地下構造物編

盤ぶくれ安全率を確保できなかった

施設	仮設構造物
具体的部位・箇所など	掘削底面
発生段階	設計計算
不具合の原因分類	計算入力ミス
対策規模	（大）追加工事
発見者	審査コンサルタント
発見時点	設計審査時
発見理由	盤ぶくれ計算を確認したため

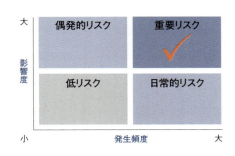

概要

盤ぶくれの安全率を確保できなかった。誤った土層厚、単位体積重量により安全率は確保されていたが、正しい値を入力すると、盤ぶくれの安全率を確保できないことが分かった。原因は、設計担当者の確認不足である。

解説図

① W（奥行き1m当りの土の重量）の算定

番号	土層名	層厚 h(m)	層下端 GL-(m)	単位重量 γ(kN/m³)	$\Sigma(\gamma \cdot h)$ (kN/m²)
1	B	0.559	0.559	19.00	0.00
2	Ag1	5.157	5.716	18.40	0.00
3	As1	3.118	8.834	19.10	0.00
4	Ac1	1.975	10.809	17.50	0.16
5	As1	0.537	11.346	19.10	10.26
6	Dc1	3.075	14.421	18.00 ~~19.00~~	55.33 ~~58.43~~
7	Dg2	4.243 ~~4.734~~	19.164	19.00	80.62 ~~90.12~~
8	Dc2	3.470	22.634	17.60	61.07
合計		22.625			207.43 ~~220.04~~

掘削深度GL-10.800(m)

掘削幅 B=41.230(m)（B/H=3.48）　W=207.43 ~~220.04~~ ×41.23=8552.339 ~~9072.249~~

⑤盤ぶくれの安全性検討

$$\frac{W}{F_s} = \frac{8552.339 ~~9072.249~~}{1.1} = 7774.85 ~~8247.06~~ \geqq U \rightarrow NG$$

Fs:安全率
W:奥行き1m当たりの土の重量
U:奥行き1m当たりの揚圧力

↓

土層厚、単位体積重量を再入力後、盤ぶくれの安全性検討結果がNGとなったが、リリーフウェル工法を用いることで盤ぶくれの安全性検討結果を満足できるようにした

対策

正しい土層厚、単位体積重量を入力後、盤ぶくれの安全性検討結果がNGとなるため、リリーフウェル工法を用い、揚圧力を低下させることで安全率を確保することとした。

担当者の声

工事中の安全に影響するもので、条件が異なれば与える影響は大きいため、注意する必要がある。

地下構造物編

近接影響検討で土留め変位が最大となる断面で検討しなかった

施設	仮設構造物
具体的部位・箇所など	土留め壁
発生段階	設計計算
不具合の原因分類	技術的判断における誤り
対策規模	（大）修正設計
発見者	審査コンサルタント
発見時点	設計審査時
発見理由	設計審査をしたため

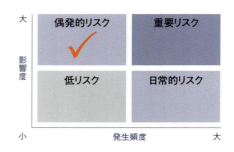

概要

近接施工影響検討において、土留め変位が最大となる断面で検討していなかった。原因は、既設構造物との近接施工影響検討を行う際には、その検討断面は①最も既設構造物と近接している箇所、②最も土留め変位（背面地盤変位）が大きいと考えられる箇所から選定すべきであるが、このケースにおいては②が見落とされていたためである。

解説図

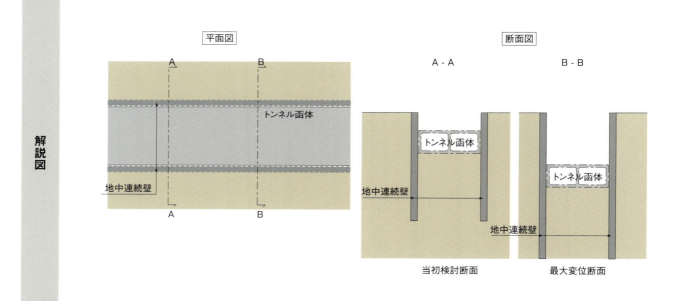

対策

土留変位が最大となる断面で再検討を実施した結果、土留め壁の芯材のランクアップが生じた。

担当者の声

近接工事の場合、第三者への影響が懸念されることから、検討断面の設定には十分注意する必要がある。検討に当たっては、「近接施工に伴う設計・施工の手引き（開削工事編）」を参照するのがよい。

46 地下構造物編

非常階段部の均しコンクリートを盛り替え梁として照査しなかった

施設	仮設構造物
具体的部位・箇所など	土留め壁
発生段階	設計計算
不具合の原因分類	技術的判断における誤り
対策規模	(小)修正設計
発見者	審査コンサルタント
発見時点	設計審査時
発見理由	土留め壁の設計計算書の確認をしたため

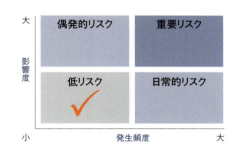

概要

非常階段部の均しコンクリートの厚さが不足し、修正設計により増厚を行った。原因は、土留め壁設計の切梁撤去時の計算において、非常階段部下の均しコンクリートを土留め壁の盛り替え梁として照査していなかったためである。

解説図

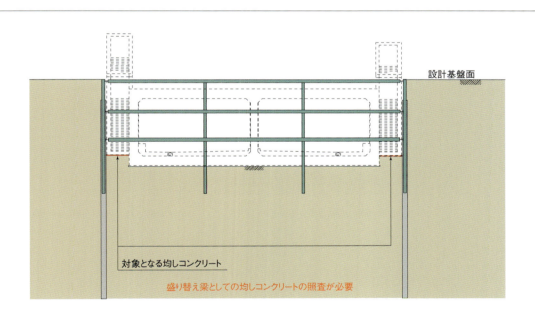

対策

均しコンクリートを盛り替え梁として考慮するために、厚さを100mmから200mmに増加させた。

担当者の声

一般的に、開削トンネル函体の均しコンクリートは盛り替え梁として考慮されるが、非常階段部の均しコンクリートは見落とされがちであるため注意が必要である。

47 地下構造物編

土留め壁ソイルセメント部の応力照査をしなかった

施設	仮設構造物
具体的部位・箇所など	土留め壁
発生段階	設計計算
不具合の原因分類	変更発生時の処理に関する配慮不足
対策規模	(小)修正設計
発見者	発注者
発見時点	設計審査時
発見理由	土留め壁の設計計算書の確認をしたため

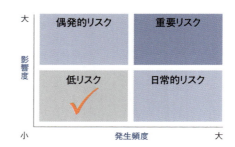

概要

土留め壁ソイルセメント部の応力照査をしていなかった。土留め壁(柱列式連続壁)について、技術提案により等厚式への変更や柱列式における隔孔配置への変更により芯材間隔を広げる変更が行われた。この場合、ソイルセメント部の照査が必要となるが、それをしていなかった。原因は設計担当者の不注意である。

解説図

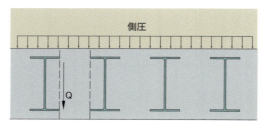

せん断応力度の照査断面(等厚式の場合)

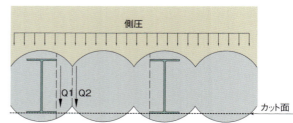

せん断応力度の照査断面(芯材を隔孔設置する場合)

ソイルセメント部の応力照査がされていなかった

対策

ソイルセメント部の応力照査を実施し、許容値を満足することを確認した。

担当者の声

土留め壁の設計において、芯材の照査が抜け落ちることはまずないが、ソイルセメント部については忘れられがちであるため、注意が必要である。特に芯材設置間隔が広い場合には注意が必要である。

48 地下構造物編

切梁の軸力を桟橋設計時に考慮しなかった

施設	仮設構造物
具体的部位・箇所など	桟橋
発生段階	設計計算
不具合の原因分類	変更発生時の処理に関する配慮不足
対策規模	(小)修正設計
発見者	審査コンサルタント
発見時点	設計審査時
発見理由	設計計算書を確認したため

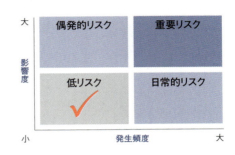

概要

桟橋の覆工受桁で土留め切梁を兼用としていたが、切梁の軸力が桟橋設計時に考慮されていなかった。原因は、元設計で採用していたグラウンドアンカーを斜材に変更したことで、覆工受桁が土留め切梁を兼用する構造となったが、桟橋設計時において、覆工受桁に発生する軸力を考慮していなかったためである。

解説図

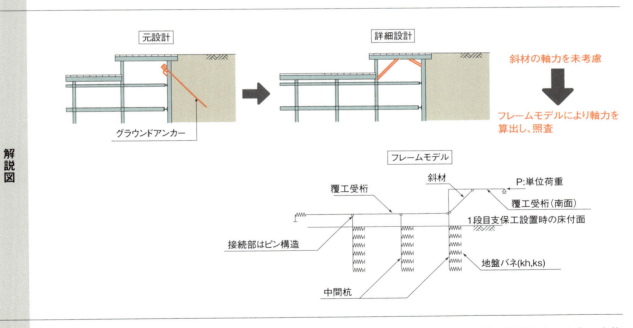

対策

フレームモデルを用いて、斜材の軸力を算出して照査を行った。また、同一仕様の鋼材となるよう、主桁の設置間隔を調整し、再計画を行った。

担当者の声

複雑な形状の土留め構造を採用する場合、今回のようにフレームモデルを用いて設計をする方法が有効である。但し、照査項目の漏れがないよう注意する必要がある。

49 地下構造物編

仮桟橋杭の支持力式の入力値を誤った

施設	仮設構造物
具体的部位・箇所など	桟橋杭
発生段階	設計計算
不具合の原因分類	計算入力ミス
対策規模	(小)修正設計
発見者	審査コンサルタント
発見時点	設計審査時
発見理由	設計計算書を確認したため

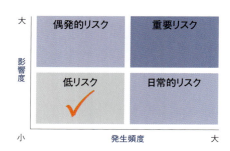

概要

仮桟橋の杭の極限支持力式の入力値について、本来、杭根入れ長を入力しなければならないところを「1m」と入力していた。原因は、杭の極限支持力式におけるl/D(l：杭根入れ長、D：削孔径)を1/Dと誤認したためである。

解説図

●切梁反力(最終掘削後浅層混合処理孔施工時)

切梁段数	最大水平反力 (kN/m)	ピッチ (m)	切梁反力 (kN/本)	支持杭1本当りの切梁鉛直分力 (kN/本)
1段目	12.76	5.00	63.80	1.28
2段目	51.20	5.00	256.00	5.12
3段目	650.79	5.00	3253.95	65.08
4段目	0.00	0.00	0.00	0.00

●覆工荷重反力　覆工桁サイズ　支持杭1本当りの鉛直軸力 (kN/本)
H-594×302　　0.00
支持杭1本当りの鉛直分力合計= 71.48 kN/本

●中間杭の支持力検討
(1)設計条件
　削孔径　　　　φ500
　杭サイズ　　　H-300×300
　杭長　　　　　13.000m
　杭突出長　　　9.670m ※浅層混合処理層下面～施工基盤面まで
　杭根入れ長　　3.330m
　鉛直荷重　　　71.48kN/本

□許容鉛直支持力の算定式
　許容鉛直支持力:Ra=1/n×Rn
　安全率:n=2
　極限支持力:Rn=qtaA+UΣtf
　先端極限支持力:qd
　粘性土の場合:qt=3qc=3×2c(qc:一軸圧縮強度　c:粘着力)
　砂質土の場合:右図より算定

qd/N(kN/m²)ただし、N≤30
(グラフ: 100, 10, I/D(1/m))

(2)支持力計算
　安全率　　　　Fs=　　　2
　先端支持力　　A=　　　0.196m²
□極限支持力
　杭先端N値　　N=　　　22.0
　採用N値　　　N=　　　22.0
　極限支持力度　I/D= 9.66　~~2.00~~
　　　　　　　　qd= 2125.20 ~~440.00kN/m²~~
　極限支持力　　qdA= 416.54 ~~86.39kN~~

※lに誤って1mを代入し計算していた
→ 実根入れ長 4.83mにより再計算

□周面摩擦力

土層	層上端 GL-(m)	層下端 GL-(m)	層厚 (m)	N値	粘着力 c(kN/m²)	周長 U(m)	鉛直方向長さ l(m)	周面摩擦力度 f=5Ns(kN/m²) f=c(kN/m²)	周面摩擦力 Ulf(kN)
B	0.000	1.495	1.495	5				25.00	0.00
As1	1.495	4.376	2.881	6				30.00	0.00
Ac1	4.376	9.670	5.294	2	0.00	1.57	0.000		0.00
Ds3	9.670	13.822	4.152	22	3.70	1.57	3.330	110.00	575.38
Ds4	13.822	19.634	5.812	28	32.40			140.00	0.00
Dc3	19.634	20.563	0.902	10	100.00			100.00	0.00
Ds5	20.536	23.449	2.913	33				165.00	0.00
Dc4	23.449	33.449	10.000	13	218.00			218.00	0.00

周面摩擦力　ΣUlf=575.38 kN　　　杭必要全長　13.000m
(qdA+ΣUlf)/Fs= ~~330.89~~ kN ＞ 71.48 kN ……OK
　　　　　495.96
※最終掘削面～施工基盤面まで

対策

実根入れ長で再計算した結果、許容支持力を満足した。

担当者の声

仮設構造物はほとんどの場合、基本条件を入力すれば、自動的に計算されるソフトを用いて設計されるため、特に基準類の理解と入力値の確認が重要である。

50 地下構造物編

仮桟橋の杭幅に削孔径を入力した

施設	仮設構造物
具体的部位・箇所など	桟橋杭
発生段階	設計計算
不具合の原因分類	計算入力ミス
対策規模	（小）修正設計
発見者	審査コンサルタント
発見時点	設計審査時
発見理由	設計計算書を確認したため

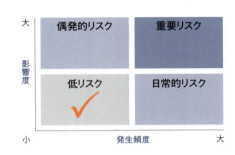

概要

桟橋の設計計算時の基本条件を入力する際に、「杭幅」425mmと入力すべき所を誤って「削孔径」450mmと入力していた。原因は、設計担当者の確認不足である。

解説図

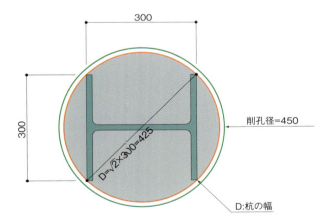

設計計算時に「杭の幅」の値を入力すべきところに誤って「削孔径」の値を入力した

対策

杭幅で再計算を実施した結果、部材変更はなかった。

担当者の声

杭幅と削孔径は間違いやすいポイントであるため、注意する必要がある。

51 地下構造物編

有効座屈長の入力ミスをした

施設	仮設構造物
具体的部位・箇所など	桟橋杭
発生段階	設計計算
不具合の原因分類	計算入力ミス
対策規模	(小)修正設計
発見者	審査コンサルタント
発見時点	設計審査時
発見理由	設計計算書を確認したため

概要

桟橋杭の設計時に、有効座屈長を3.6mと入力すべき所を誤って5.32mと入力していた。原因は、切梁の設置・撤去パターンを複数検討しているうちに、本命案の計算書に検討案の数字が残ってしまったためである。

解説図

支持力検討
断面検討
●水平力による応力
支柱頂部に作用する水平力は、作用点支柱の構面が水平荷重の1/1を分担するものとする。
(1)水平力の算定
最大作用軸力
水平荷重：P_H=102.00 kN
h_1=2.900 m
h_2=5.320 m　(誤)5.320 → (正)3.600
l=1.569 m
β=0.637 m
ここに　h_1:切梁の最大鉛直間隔
　　　　h_2:最下段切梁～最終掘削面までの離隔
　　　　l:根入れ長

$$\beta : \beta = 8/29 \sqrt[4]{\frac{E_0 \times 0.3^{-0.25} \times D^{0.635}}{4EI}}$$

E_0:地盤変形係数(D_{S3}層)
E:杭弾性係数
I:杭の断面2次モーメント
D:杭幅

鉛直荷重　　　水平荷重：P_H
680.00kN ×0.15=102.00 kN
水平力H=102.00/1=102.00kN

支持力検討
(2)曲げモーメントの算定
　①杭頭拘束モーメント　　　　263.66
　　M_1=(1+βh_2)H/2β=~~351.32~~kN・m
　②地中部最大曲げモーメント　　　　132.77
　　M_2=(H/2β)$\sqrt{1+(\beta h_2)^2}$exp{-tan^{-1}(1/βh_2)}=~~212.32~~kN・m
　　M_{max}=~~351.32~~kN・m
(3)断面の検討　　263.66
　①許容圧縮応力度　σ_{sa}　　3.600　　5.169
　座屈長:L=MAX(h1 or h_2+l)=~~5.320~~+1.569=~~6.889~~
　断面2次半径:r=0.152
　L/r=~~45.32~~ 34.01
　σ_{sa}=210N/mm²　　　　　　　190.3
　σ_{ca}={140-0.82(L/r-18)}×1.5=~~176.4~~N/mm² (18<L/r≦92)

対策

正しい有効座屈長で再計算を実施した結果、部材のランクアップ等の変更はなかった。

担当者の声

今回は、計算結果に影響しなかったが、条件が異なれば、工事中の安全に影響するため、注意する必要がある。

52 地下構造物編

円弧すべりで既存堤体も含めた深いすべり線での照査がなかった

施設	仮設構造物
具体的部位・箇所など	盛土
発生段階	設計計算
不具合の原因分類	技術的判断における誤り
対策規模	(小)修正設計
発見者	審査コンサルタント
発見時点	設計審査時
発見理由	設計計算書を確認したため

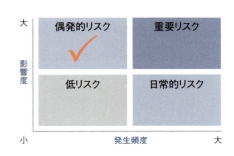

概要

工事用道路の盛土区間を対象に安定計算(円弧すべり)で表面すべりのみを考慮して設計を行っていたが、既存堤体も含めた深いすべり線での照査を行っていなかった。原因は、新設盛土のみに着目し、既存堤体を含めた深いすべり線での照査を見落としたためである。

解説図

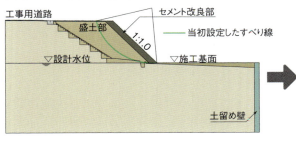
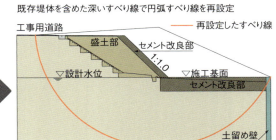

対策

既存堤体を含めた深いすべり線に対する照査を行った結果、施工基面の表層をセメント改良することとした。

担当者の声

当該箇所のように、既存の堤体に腹付け盛土を施工するような場合では、設計者の意識は新設盛土にのみ集中しがちで、既存堤体を含めた大きな堤防という捉え方は忘れやすい。高水位時等、実際の危険時における挙動をイメージすることが重要である。

3.2 不具合事例分析

(1) 発生段階と原因からの分析

表2-17に不具合の発生段階と原因との関係を示す。不具合の発生段階では、「設計条件」が非常に多く、次に「設計計算」、「図面作成」が続く。「計画段階」は少なく、「数量算出」および「施工段階」では発生していない。

不具合の原因は、「技術的判断における誤り」が非常に多く、「基準適用における誤り」、「計算入力ミス」、「情報伝達不足（組織間）」、「製作・施工に対する配慮不足」が続いている。設計ミスに分類される「図面記載ミス」、「計算入力ミス」は全体の19％程度を占めている。

「計画段階」では、「情報伝達不足（組織間）」が1件発生している。これは、別工事で実施した仮設構造物の位置情報が本体工事へ伝達されなかったことによるものである。

「設計条件」では、土質定数や地下水位の設定を誤った事例や設計断面の選定を誤った事例などの「技術的判断における誤り」が最も多い。

「設計計算」では、部材有効高の取り方を誤るなど「技術的判断における誤り」や「計算入力ミス」が多い。

「図面作成」では、箱抜き部の補強鉄筋を誤るなど「基準適用における誤り」や「図面記載ミス」が多い。

(2) 発生段階と対策規模からの分析

表2-18に不具合の発生段階と対策規模との関係を示す。

対策規模が大きい割合は、「計画段階」で100％となっている。これは、情報伝達不足に起因するミスによって大幅な修正設計が必要となったものである。

また、「設計条件」では、対策規模が大きい割合が52％となっている。これは、土質定数などの条件設定や検討断面設定の誤りなどに起因する不具合が多いことによる。そのため、橋梁と同様に第三者によるクロスチェックなど、審査方法を手厚くして不具合リスクを低減することが重要となる。

さらに、「設計計算」では、対策規模が大きい割合は29％、「図面作成」では13％となっている。これは、計算入力ミスや図面記載ミスなどに起因する。これも上述と同様に第三者によるクロスチェックなど、審査方法を手厚くして不具合リスクを低減することが重要となる。

なお、地下構造物では対策規模の大きい不具合事例が21件であり、橋梁の42件と比較して少ない傾向である。これは、橋梁では上部構造と下部構造の施工者が異なるため、情報伝達不足などに起因する対策規模の大きい不具合が発生しているが、開削トンネルではそのようなリスクが比較的少ないためである。

■ 表2-17 発生段階と不具合原因との関係

不具合の原因＼発生段階	計画段階	設計条件	設計計算	図面作成	数量算出	施工段階	総計
基準適用における誤り	-	4	1	2	-	-	7
情報伝達不足（組織間）	1	2	-	1	-	-	4
部材の干渉などに対する配慮不足	-	-	-	1	-	-	1
製作・施工に対する配慮不足	-	4	-	-	-	-	4
変更発生時の処理に関する配慮不足	-	-	2	-	-	-	2
記載漏れ	-	2	-	-	-	-	2
協議不足	-	1	-	-	-	-	1
現地調査不足	-	-	-	-	-	-	0
技術的判断における誤り	-	15	5	1	-	-	21
図面記載ミス	-	-	-	3	-	-	3
計算入力ミス	-	1	6	-	-	-	7
総計	1	29	14	8	0	0	52

■ 表2-18 発生段階と対策規模との関係

対策規模		計画段階	設計条件	設計計算	図面作成	数量算出	施工段階	総計
（大）	（大）追加工事	-	3	2	1	-	-	6
	（大）追加用地買収	-	-	-	-	-	-	0
	（大）修正設計	1	10	1	-	-	-	12
	（大）追加検討	-	1	1	-	-	-	2
	（大）調整手戻り	-	1	-	-	-	-	1
小計		1	15	4	1	0	0	21
（小）	（小）追加工事	-	2	-	-	-	-	2
	（小）追加用地買収	-	-	-	-	-	-	0
	（小）修正設計	-	10	9	7	-	-	26
	（小）追加検討	-	1	1	-	-	-	2
	（小）調整手戻り	-	-	-	-	-	-	0
	（小）その他	-	1	-	-	-	-	1
小計		0	14	10	7	0	0	31
総計		1	29	14	8	0	0	52
対策規模が大きい割合		100%	52%	29%	13%	-	-	40%

(3) 細分化分析

図2-5に開削トンネルの不具合事象と細分化した不具合発生段階を、表2-19に細分化した不具合発生段階と対策規模との関係を示す。これによると本体構造物の部材の照査や仮設構造物の地盤定数・水位の設定、荷重の算定の各段階で規模の大きな追加工事を要するような不具合が発生している。

表2-19 細分化した不具合発生段階と対策規模との関係

	対策規模(大)						対策規模(小)							
	追加工事	追加用地買収	修正設計	追加検討	調整手戻り	小計	追加工事	追加用地買収	修正設計	追加検討	調整手戻り	その他	小計	総計
設計条件の設定						0							0	0
線形計算						0							0	0
内空断面の設定						0							0	0
地盤定数、水位の設定			4			4			1				1	5
設計断面の選定			1			1			3				3	4
断面の仮定						0							0	0
荷重の算定			2		1	3	2		3				5	8
構造モデルの設定						0							0	0
部材の照査	1		2	1		4							0	4
施工条件等の設定						0							0	0
地盤定数、水位の設定	2					2							0	2
土留工法の選定						0							0	0
設計断面の選定			1			1							0	1
防水工法の選定						0			1				1	1
切梁などの基本計画						0			1				1	1
掘削底面の安定検討						0							0	0
荷重の算定	1					1							0	1
土留め壁の設計						0			1				1	1
支保工の設計			1			1			3				3	4
覆工板の設計						0							0	0
仮桟橋の設計						0			1				1	1
構造細目の検討	1					1			5			1	6	7
図面・数量						0			2				2	2

■ 図2-5 不具合事象と細分化した不具合発生段階

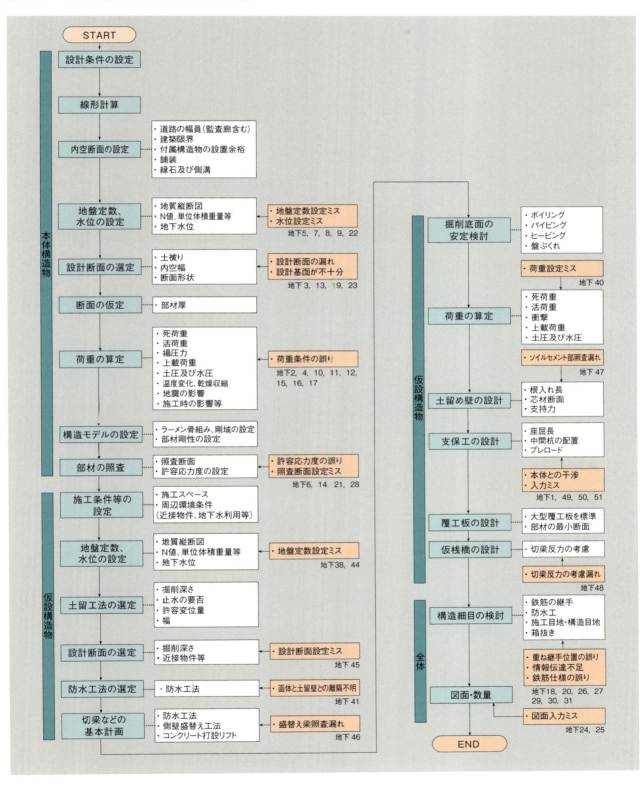

4 付属構造物設計の不具合

4.1 不具合事例

付属構造物に関する不具合事例は、**表2-20**に示すように橋梁付属物12件、道路付属物17件の合計29件である。また、発生段階、対策規模、不具合の原因分類毎にそれぞれの件数を**表2-21**、**表2-22**、**表2-23**に示す。

■ 表2-20 付属構造物に関する不具合事例一覧

事例No.	施設	発生段階	対策規模	具体的部位・箇所など	不具合の内容
1	橋梁付属物	計画段階	(小)追加工事	変位制限装置	変位制限装置の遊間が不足した
2	橋梁付属物	図面作成	(大)追加検討	落橋防止装置	落橋防止装置のブラケット溶接サイズが不足した
3	橋梁付属物	図面作成	(小)修正設計	落橋防止装置	既設鋼桁に設置する落橋防止装置と新設鋼桁が干渉した
4	橋梁付属物	図面作成	(小)修正設計	併用路	併用路吊り金具位置と床版側孔あけ位置がずれた
5	橋梁付属物	図面作成	(小)追加工事	検査路	検査路の手すりと横桁垂直補剛材が干渉した
6	橋梁付属物	図面作成	(小)追加工事	検査路	鋼桁の検査路が架設できない
7	橋梁付属物	図面作成	(小)追加工事	ケーブルラック	ケーブルラックが図面通りに製作されなかった
8	橋梁付属物	図面作成	(小)追加工事	ケーブルラック	鋼桁マンホールがケーブルラックと干渉した
9	橋梁付属物	図面作成	(小)追加工事	排水管	排水桝と排水管が接続できない
10	橋梁付属物	図面作成	(小)追加工事	排水管	排水管が橋脚と干渉した
11	橋梁付属物	図面作成	(大)追加工事	伸縮装置	伸縮装置のフェースプレートのボルト孔がずれた
12	橋梁付属物	製作・施工段階	(小)追加検討	伸縮装置	伸縮装置取り付けボルトのナットが脱落した
13	道路付属物	計画段階	(小)その他	標識柱	標識柱基礎が中央分離帯に露出した
14	道路付属物	計画段階	(小)追加工事	点滅灯	後付けとなった点滅灯が建築限界を侵した
15	道路付属物	計画段階	(小)追加工事	遮音壁	遮音壁支柱の吊り金具が建築限界を侵した
16	道路付属物	設計条件	(小)修正設計	標識柱	門型標識柱基礎の幅を誤った
17	道路付属物	設計条件	(小)追加工事	ITV支柱	流用したITV支柱で見通し障害となった
18	道路付属物	設計条件	(小)追加工事	排水桝	排水桝の仕様を間違えた
19	道路付属物	設計条件	(小)修正設計	電気配管	橋台高欄に電気配管がなかった
20	道路付属物	設計条件	(小)追加検討	トンネル内円型水路	トンネル排水で排水勾配を取り違えた
21	道路付属物	設計条件	(小)追加工事	区画線	区画線位置を誤った
22	道路付属物	設計計算	(小)修正設計	標識柱	門型標識柱の梁長さが不足した
23	道路付属物	設計計算	(小)修正設計	標識柱	標識の既設アンカーボルト径が異なっていた
24	道路付属物	設計計算	(小)追加工事	標識板	桁添架標識板が建築限界を侵した
25	道路付属物	図面作成	(小)修正設計	高欄	制御器用の拡幅基礎が未設置だった
26	道路付属物	図面作成	(小)追加工事	照明柱	新設桁と既設照明柱が干渉した
27	道路付属物	図面作成	(小)修正設計	落下物防止柵	落下物防止柵・胴縁取り付け用ボルトが挿入できない
28	道路付属物	図面作成	(小)修正設計	落下物防止柵	落下物防止柵支柱と防音パネルが干渉した
29	道路付属物	製作・施工段階	(小)追加工事	遮音壁	遮音壁に太陽光が反射した

表2-21 発生段階ごとの件数

発生段階	集計
計画段階	4
設計条件	6
設計計算	3
図面作成	14
数量算出	0
製作・施工段階	2
総計	29

表2-22 対策規模ごとの件数

対策規模	集計
(大)追加工事	1
(大)追加用地買収	0
(大)修正設計	0
(大)追加検討	1
(大)調整手戻り	0
(小)追加工事	15
(小)追加用地買収	0
(小)修正設計	9
(小)追加検討	2
(小)調整手戻り	0
(小)その他	1
総計	29

表2-23 不具合の原因分類ごとの件数

不具合の原因分類	集計
基準適用における誤り	1
情報伝達不足(組織間)	7
部材の干渉などに対する配慮不足	7
製作・施工に対する配慮不足	5
変更発生時の処理に関する配慮不足	2
記載漏れ	0
協議不足	1
現地調査不足	1
技術的判断における誤り	1
図面記載ミス	1
計算入力ミス	3
総計	29

01
付属構造物編

変位制限装置の遊間が不足した

施設	橋梁付属物
具体的部位・箇所など	変位制限装置
発生段階	計画段階
不具合の原因分類	情報伝達不足（組織間）
対策規模	（小）追加工事
発見者	受注者（上部工）
発見時点	架設前測量時
発見理由	架設前条件の照査において判明

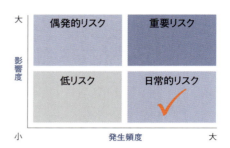

概要

鋼桁付き変位制限装置の設計遊間量が不足していることが判明した。原因は、変位制限装置の設計時、動的解析作業中であり、設計遊間が確定しておらず、動的解析完了後の修正内容が下部構造施工者へ伝わっていなかったことによる。

解説図

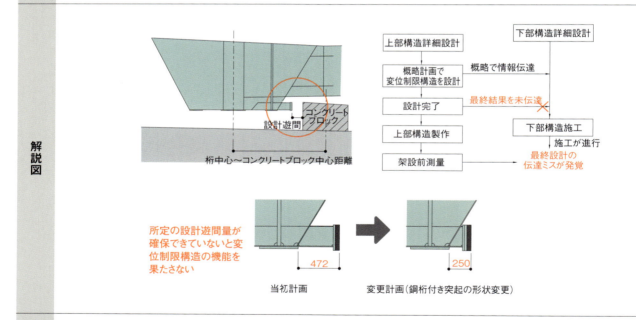

対策

下部構造施工済みのため、鋼桁側の変位制限装置の形状変更を行い設計遊間を確保した。

担当者の声

工程的な問題もあり、詳細設計が完了していない段階で下部構造施工者に上部構造の設計図面を渡していたが、設計完了後の情報伝達が不十分であった。そのため、不十分な図面で施工された。やむをえず、取り合いの詳細な寸法が確定する前に図面のやりとりを行う場合は、注意喚起するコメントを図面内に注釈するなどの情報伝達者間で未確定事項を共有することが大切である。

02 付属構造物編

落橋防止装置のブラケット溶接サイズが不足した

施設	橋梁付属物
具体的部位・箇所など	落橋防止装置
発生段階	図面作成
不具合の原因分類	図面記載ミス
対策規模	（大）追加検討
発見者	受注者（下部工）
発見時点	設計照査した時
発見理由	図面と設計計算書の整合を確認したため

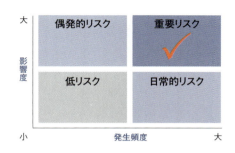

概要

落橋防止装置のブラケットの溶接サイズが設計計算と設計図面との間で整合しておらず、設計上必要な溶接サイズが不足してしまった。原因は、設計計算と設計図面との整合不足によるものである。

解説図

[溶接部のせん断力に対する照査]

当初

$$\tau = \frac{P/2}{A} = \frac{894823}{2 \times 240 \times 18.0} = 104 \leq \tau a = 1.5 \times 80 = 120 \text{N/mm}^2 \cdots \text{OK}$$

三角形分布と仮定
（480/2=240）

溶接のど厚 18mm で計算したが、
図面ではすみ肉溶接サイズを 8mm と記載

変更

$$\tau = \frac{P/2}{A} = \frac{894823}{2 \times 480 \times 11.3} = 82 \leq \tau a = 1.5 \times 80 = 120 \text{N/mm}^2 \cdots \text{OK}$$

FEM解析による
応力分布から480

すみ肉溶接サイズ 8mm（両面）のため
のど厚 $a = 8/\sqrt{2} \times 2 = 11.3$mm

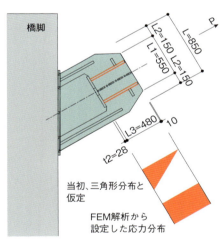

対策

FEM解析により溶接部に作用する応力分布を確認し、その応力分布の考え方および図面上のすみ肉溶接サイズ（8mm）の場合ののど厚で再計算した結果、許容値内に収まっていることを確認した。

担当者の声

部材の設計はエクセル等による個別計算となるため、設計条件、設計計算、設計図面それぞれの整合が取れているか確認することが必要である。

03 付属構造物編

既設鋼桁に設置する落橋防止装置と新設鋼桁が干渉した

施設	橋梁付属物
具体的部位・箇所など	落橋防止装置
発生段階	図面作成
不具合の原因分類	製作・施工に対する配慮不足
対策規模	（小）修正設計
発見者	受注者（上部工）
発見時点	現場設置前の既設構造物確認時
発見理由	既設構造物を計測した結果

概要

既設鋼桁に取り付ける落橋防止装置と新設鋼桁が干渉した。既設鋼桁の下フランジ位置は路下からの3次元測量で確認していたが、既設桁のウェブが鉛直方向に傾斜していたため、落橋防止構造の取り付け位置が10mm程度、新設鋼桁側に近づいていたことが原因である。

解説図

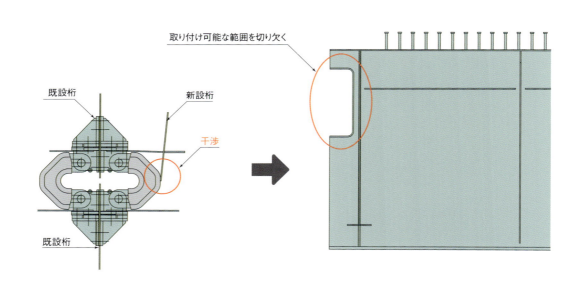

対策

新設桁を現場に搬入後に既設桁を実測し干渉することが分かったため、架設現場において新設鋼桁の桁端ウェブを切り欠くことにより干渉しないように対応した。

担当者の声

今回のような狭隘部においては、既設鋼桁の位置については、下フランジだけでなく、上フランジの位置や桁の傾斜についても確認する必要がある。

04 付属構造物編

併用路吊り金具位置と床版側孔あけ位置がずれた

施設	橋梁付属物
具体的部位・箇所など	併用路
発生段階	図面作成
不具合の原因分類	情報伝達不足（組織間）
対策規模	（小）修正設計
発見者	受注者（上部工）
発見時点	架設後
発見理由	床版側孔あけ位置がずれていたため

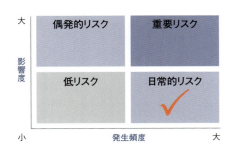

概要

現場架設後に併用路吊り金具位置と合成床版側の孔あけ位置がずれていることが判明した。原因は、床版パネルの詳細設計に伴い、リブ位置の変更が生じ、ボルト孔位置が変更になったにも関わらず、併用路の取り付け金具位置を変更していなかったからである。

解説図

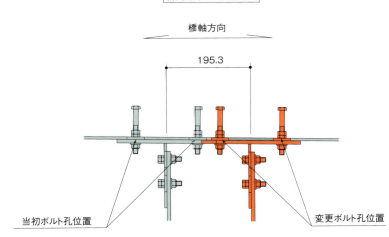

併用路吊り金具詳細図

対策

ズレの小さい場合については、併用路側取り付け金具のボルト孔を長孔にして対応した。ズレの大きい場合については、新たに合成床版に孔をあけ、ボルト接続位置を変更した。

担当者の声

付属物と床版で図面が分かれているので、不具合が生じた。床版の図面にも付属物の情報を盛り込むとともに、関連する図面が他にないか確認することが必要であった。

05 付属構造物編

検査路の手すりと横桁垂直補剛材が干渉した

施設	橋梁付属物
具体的部位・箇所など	検査路
発生段階	図面作成
不具合の原因分類	部材の干渉などに対する配慮不足
対策規模	（小）追加工事
発見者	受注者（上部工）
発見時点	仮組み時
発見理由	仮組みしたため

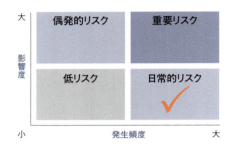

概要

仮組み立て時に検査路の手すりと横桁垂直補剛材が干渉することが判明した。原因は、付属物が輻輳する箇所であるにもかかわらず、別々の図面により手すりと垂直補鋼材を製作していたため、干渉部分を見つけられなかったためである。

解説図

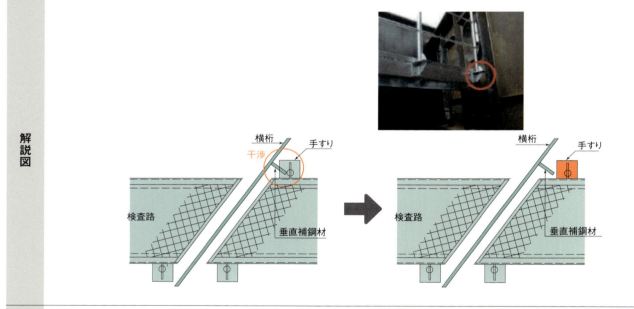

対策

干渉する検査路の手すりを切断し、手すり柱位置を変更した。

担当者の声

桁端部周辺は落橋防止システム、検査路、排水管、検査路等の施設が輻輳する箇所であるため、各々の図面だけでは干渉の状況をつかみにくい。1つの図面に全てを落し込むことで設計段階のミスを見つけやすい。また、仮組み立て時にはケーブルラック、梯子等の付属物も組み立てた方がよい。

06 付属構造物編

鋼桁の検査路が架設できない

施設	橋梁付属物
具体的部位・箇所など	検査路
発生段階	図面作成
不具合の原因分類	製作・施工に対する配慮不足
対策規模	(小)追加工事
発見者	受注者(上部工)
発見時点	検査路架設時
発見理由	鋼桁と検査路が干渉したため

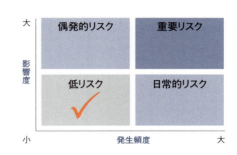

概要

鋼桁工事において、桁架設後に検査路を架設する計画であった。しかし、横桁下フランジ幅が大きいことや検査路受け台ウェブに切り欠きがないため、検査路の架設が不可能となった。原因は、完成時の構造のみを考慮し、架設方法を検討せず設計したためである。

解説図

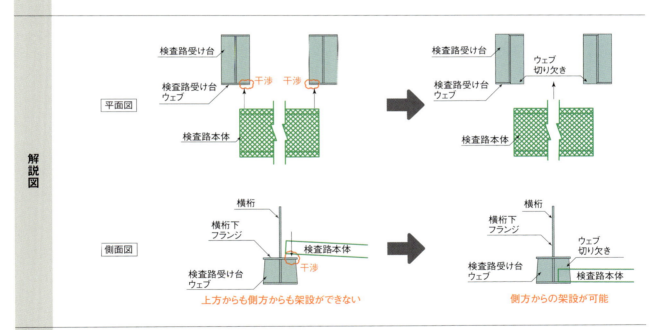

対策

検査路受け台ウェブを切り欠いて検査路本体を側方から架設した。

担当者の声

完成時だけでなく、架設時も考慮した設計をするべきだった。

07 付属構造物編

ケーブルラックが図面通りに製作されなかった

施設	橋梁付属物
具体的部位・箇所など	ケーブルラック
発生段階	図面作成
不具合の原因分類	情報伝達不足（組織間）
対策規模	（小）追加工事
発見者	受注者（上部工）
発見時点	ケーブルラック設置時
発見理由	現場設置により発見

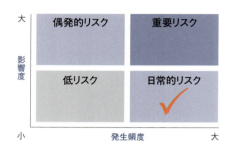

概要

一部区間のケーブルラック取り付け金具が前後区間と100mmズレて設置されていた。原因は工場製作時の原寸ミスである。

解説図

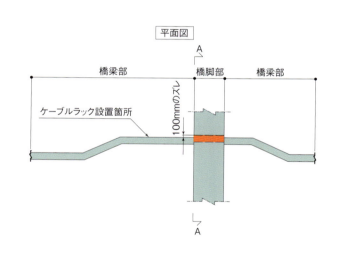

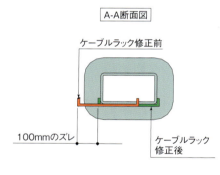

対策

ズレが生じた区間の金具を再製作し、正規の位置に取り付くよう修正した。

担当者の声

橋脚周辺は落橋防止システム、検査路、排水管、ケーブルラック等の施設が輻輳する箇所であるため、各々の図面だけでは実際の状況を把握しづらい。1つの図面に全てを落し込むことで設計段階のミスを見つけやすい。また、仮組み立て時にはケーブルラック、梯子等の付属物も組み立てた方がよい。

08 付属構造物編

鋼桁マンホールがケーブルラックと干渉した

施設	橋梁付属物
具体的部位・箇所など	ケーブルラック
発生段階	図面作成
不具合の原因分類	部材の干渉などに対する配慮不足
対策規模	（小）追加工事
発見者	受注者（上部工）
発見時点	ケーブルラック設置後
発見理由	マンホール開口時にケーブルラックと干渉したため

概要

鋼桁ウェブのマンホールを開く際に、マンホールが桁内に配置されたケーブルラックと干渉し全開にできない状態となった。原因は、お互いを別々に設計していたにもかかわらず干渉状態をチェックしなかったからである。

解説図

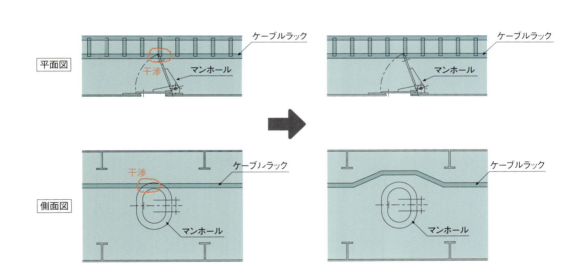

対策

マンホールの全開時においてもケーブルラックが干渉しないように、マンホール周辺のケーブルラックの設置高さを高くした。

担当者の声

マンホールのような可動構造については、設計上の可動範囲において干渉の有無をチェックすべきだった。

設計不具合の防ぎ方　169

09 付属構造物編

排水桝と排水管が接続できない

施設	橋梁付属物
具体的部位・箇所など	排水管
発生段階	図面作成
不具合の原因分類	部材の干渉などに対する配慮不足
対策規模	(小)追加工事
発見者	受注者(上部工)
発見時点	排水管設置時
発見理由	排水管が接続できなかったため

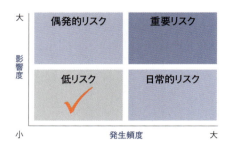

概要

桁に設置される排水桝と橋脚に設置される排水管とが現場において接続できなかった。原因は、縦断勾配の大きい桁において、排水桝が縦断勾配に応じた形で設置され、桝下方の接続管と角度が合わなかったからである。

解説図

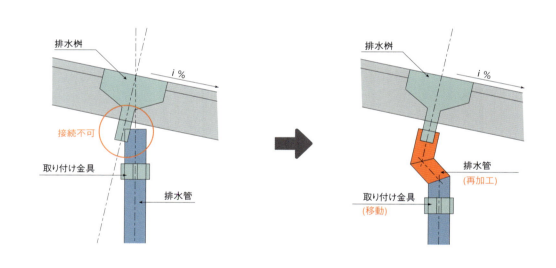

対策

排水桝と排水管が接続可能となるように、排水管の取り付け金具を移動させるとともに、排水管上部の形状をS字形状となるよう変更して両方の接続を可能にした。

担当者の声

排水桝の図面は桁の取り合い関係から描き、排水管は機械的に排水桝の路面位置を基準に図面を作成してしまった。接続構造については注意することが必要であった。

10 排水管が橋脚と干渉した

付属構造物編

施設	橋梁付属物
具体的部位・箇所など	排水管
発生段階	図面作成
不具合の原因分類	部材の干渉などに対する配慮不足
対策規模	(小)追加工事
発見者	受注者(下部工)
発見時点	排水管施工時
発見理由	コンクリート橋脚に干渉したため

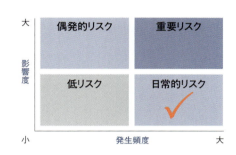

概要

上下部構造の排水管を接続するフレキシブルジョイントがコンクリート橋脚と干渉し設置できなくなった。原因は、排水管の設計時に、取り合い部の配慮が足りなかったためである。

解説図

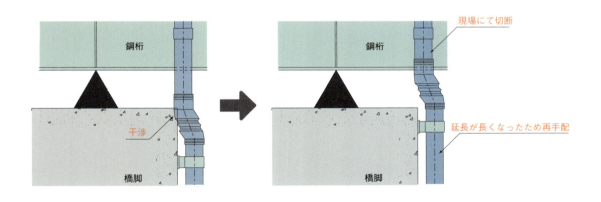

対策

ジョイント位置を変更した結果、鋼桁付きの排水管は短く切断し、橋脚付きの排水管は長くして対応した。

担当者の声

排水管設計の際、橋脚に対する配慮が足りなかった。付属物の干渉に関わる不具合の発生頻度は高く、設計時からの配慮が必要である。

11 付属構造物編

伸縮装置のフェースプレートのボルト孔がずれた

施設	橋梁付属物
具体的部位・箇所など	伸縮装置
発生段階	図面作成
不具合の原因分類	製作・施工に対する配慮不足
対策規模	（大）追加工事
発見者	受注者（上部工）
発見時点	フェースプレート施工時
発見理由	ボルトが施工できなかったため

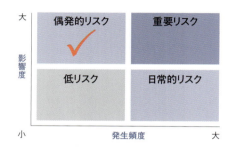

概要

既設鋼製伸縮装置のフェースプレートを取り替える時に既設鋼桁側のボルト孔と合わない部分が生じた。原因は、既設フェースプレートのボルトざぐりの円形をトレースし、ボルト中心がざくり中心と一致すると思い込み新設フェースプレートを製作したためである。

解説図

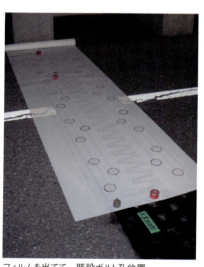

フィルムを当てて、既設ボルト孔位置・フェースPL切断位置の形状を計測

ざくり中心とボルト孔中心がずれていた

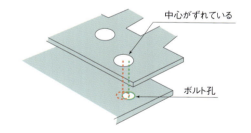

中心がずれている／ボルト孔

対策

鋼桁フランジのボルト孔をトレースして、フェースプレートを再製作した。

担当者の声

フェースプレートのボルトざぐり中心に鋼桁側のボルト孔中心があるとも限らないのでボルト頭を確認しトレースすべきであった。既設構造物は設計図と諸寸法が異なっていることがあり寸法を直接計測すべきである。

12 付属構造物編

伸縮装置取り付けボルトのナットが脱落した

施設	橋梁付属物
具体的部位・箇所など	伸縮装置
発生段階	製作施工段階
不具合の原因分類	製作・施工に対する配慮不足
対策規模	(小)追加検討
発見者	点検者
発見時点	補修足場内での点検時
発見理由	補修工事時に脱落が確認されたため

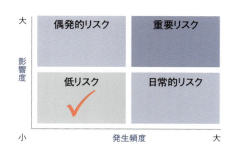

概要

フィンガージョイントのフェースプレート取り付けボルトのナットと座金が脱落していた。原因は、ジョイント構造の変更に伴う取り付けボルトのサイズアップ（M16→M22）を行った際に、近傍の隔壁に干渉したナットと座金が「C」の形状に切り欠かれていたため、締め付け不足や交通振動によって脱落したと考えられる。

解説図

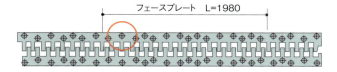

ナット脱落箇所
フェースプレート L=1980

ボルト止水処置後の状況

座金とナット脱落状況
（桁端補強BOX内）

脱落した座金とナット
（C型に切り欠かれている）

対策

設計照査するとボルト本数には余裕があること、異常音の発生もなく、フェースプレート端部のボルトでもないことから、このボルトを取り除いてキャップによる止水処置を行った。併せて、同プレートの他の取り付けボルトの締め付け軸力を調査して、トルク不足のボルトがないことを確認した。

担当者の声

ボルト径の変更に伴う既設図面の照査不足に加え、ナット干渉に対する対応（切り欠き）の技術的判断に誤りがあった。同様の構造変更時には注意が必要である。

13 付属構造物編

標識柱基礎が中央分離帯に露出した

施設	道路付属物
具体的部位・箇所など	標識柱
発生段階	計画段階
不具合の原因分類	協議不足
対策規模	(小)その他
発見者	受注者(標識工)
発見時点	現場照査時
発見理由	実施工前の現場条件を照査したため

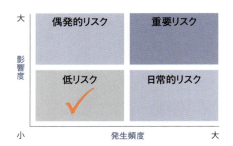

概要

中央分離帯に設置される標識柱において、中央分離帯の高さが変更になったことにより、再度詳細設計を実施する必要が生じた。しかし、材料の手配及び工期の関係から、当初設計を変更することが不可能であった。それにより、中央分離帯から基礎が露出し、景観が悪くなった。原因は、関係機関との協議不足である。

解説図

材料の手配等の関係から、標識柱の変更が不可能で、標識柱基礎が露出した

対策

材料の手配及び工期の関係から標識柱の当初設計を変更する事が不可能であったため、そのままとした。その結果、基礎は、中央分離帯の高さが変更されたことにより露出した。

担当者の声

関係機関での街路計画高の最終決定が標識柱の製作に間に合わなかった。関係機関と連絡調整を密にして、工程に間に合うように詳細設計を進めていく必要がある。

14 付属構造物編

後付けとなった点滅灯が建築限界を侵した

施設	道路付属物
具体的部位・箇所など	点滅灯
発生段階	計画段階
不具合の原因分類	変更発生時の処理に関する配慮不足
対策規模	(小)追加工事
発見者	発注者
発見時点	施工時
発見理由	中間検査の際にチェックして発覚

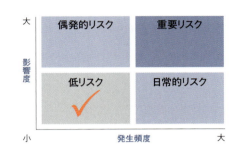

概要

当初マルチカラー点滅灯等の注意喚起器具の設置予定は無かったが、交通安全対策により必要となり設置した結果、建築限界を侵していることが分かった。原因は建築限界への配慮が足りなかったことによる。

解説図

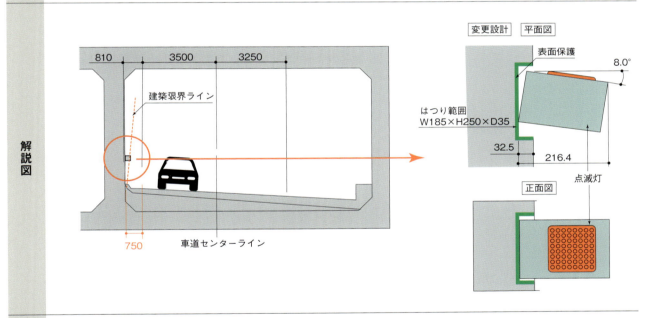

対策

構造の安全性を確認したうえで側壁をかぶり範囲内ではつって点滅灯固定部を収めた。なお、はつった箇所は、表面保護を行った。

担当者の声

追い越し車線側は施設設置余裕幅が小さいことを失念して協議を行っていた。トンネル計画時点から交通安全上特に配慮の必要な箇所との認識はあったので、あらかじめ設計配慮が必要であった。

設計不具合の防ぎ方　175

15 付属構造物編

遮音壁支柱の吊り金具が建築限界を侵した

施設	道路付属物
具体的部位・箇所など	遮音壁
発生段階	計画段階
不具合の原因分類	情報伝達不足（組織間）
対策規模	（小）追加工事
発見者	発注者
発見時点	遮音壁施工中
発見理由	現場確認を行ったため

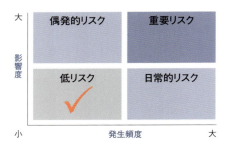

（影響度／発生頻度マトリクス：低リスクにチェック）

概要

高速道路の遮音壁支柱に取り付けられた吊り金具が並行する一般道路の建築限界を侵していることが判明した。原因は、遮音壁設計の際に、建設中の並行する一般道路の設計情報を入手せずに設計してしまったためである。

解説図

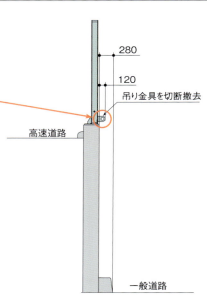

対策

建築限界を侵している吊り金具を切断撤去し、切断部は防錆塗装を行った。

担当者の声

同時並行で異なる発注者により建設する場合は、それぞれの発注者が設計情報などを密に共有し、併せて設計者・施工者との情報共有を図ることが大切である。

16 付属構造物編

門型標識柱基礎の幅を誤った

施設	道路付属物
具体的部位・箇所など	標識柱
発生段階	設計条件
不具合の原因分類	情報伝達不足（組織間）
対策規模	（小）修正設計
発見者	受注者（標識工）
発見時点	施工者図面チェック時
発見理由	図面をチェックしていたところ柱中心と高欄中心の違いに気付いたため

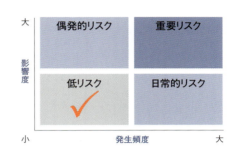

概要

ランプ擁壁部に設置する門型標識柱の幅に設定ミスがあり柱アンカーと高欄配筋とが干渉した。原因は、詳細な協議条件等が確定していない段階で、構造上必要な最低幅で設計していたが、その後の関係管理者との協議によって高欄幅が変更（250mm→500mm）となり柱中心と高欄中心がずれたためである。

解説図

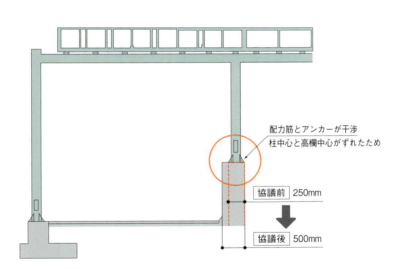

対策

高欄と一体型基礎とし門型標識柱の基礎幅を変更することで配筋との干渉を回避した。

担当者の声

本件は、基本設計後に他の関係管理者協議の影響を受ける案件であり、調整事項等ある場合には、速やかにフィードバックすべきであった。

17 付属構造物編

流用したITV支柱で見通し障害となった

施設	道路付属物
具体的部位・箇所など	ITV支柱
発生段階	設計条件
不具合の原因分類	部材の干渉などに対する配慮不足
対策規模	（小）追加工事
発見者	発注者
発見時点	施工完了後
発見理由	視認確認を行った際

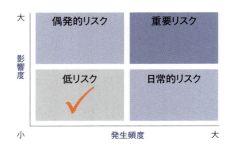

概要

ITV（道路監視カメラ）の新設において、既存のITV支柱を流用したところ、隣接する照明灯具と干渉し、見通し障害が発生した。原因は、ITV位置は照明灯具による見通し障害とならないよう路面から9mの高さを標準としているが、橋脚上に設置するITV支柱をそのまま流用したため、桁高の違いにより必要高さを確保できなかったためである。

解説図

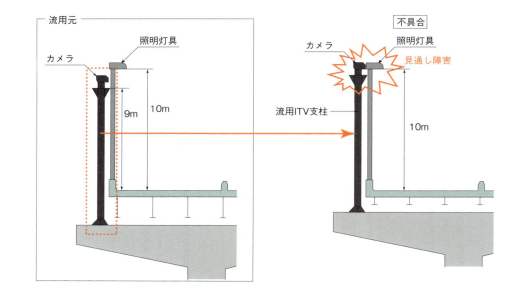

対策

ITV支柱を下げることはできなかったため、照明柱の取り付け部の下面に治具を設置し、嵩上げを行った。

担当者の声

付属構造物を新設する際は、周辺の状況を把握しなければならない。また、既存構造物を流用する際は、現地状況に合った構造であることを再確認する必要がある。

18 付属構造物編

排水桝の仕様を間違えた

施設	道路付属物
具体的部位・箇所など	排水桝
発生段階	設計条件
不具合の原因分類	基準適用における誤り
対策規模	(小)追加工事
発見者	発注者
発見時点	引き継ぎ立ち会い時
発見理由	引き継ぎ立ち会い時に現地確認

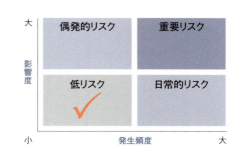

概要

下部工事において設計審査済みの排水桝図面を上部工事受注者が設計照査することなく、施工を行った。設置された排水桝は独自仕様のものではなく、也管理者の仕様となり、飛散防止のためのチェーンが設けられていなかった。原因は、設計者が排水桝は管理者によらず統一構造と思い込んでいたためである。

解説図

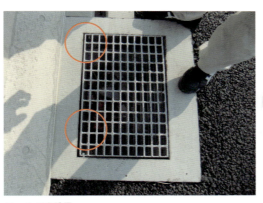
チェーンが未設置

チェーンを設置

対策

現地は既に排水桝が設置されている状態であったため、飛散防止のためのチェーンを設置することにより、最低限の機能を確保した。

担当者の声

付属構造物等は、管理者によって仕様が異なる可能性があるため注意が必要である。

19 付属構造物編

橋台高欄に電気配管がなかった

施設	道路付属物
具体的部位・箇所など	電気配管
発生段階	設計条件
不具合の原因分類	情報伝達不足（組織間）
対策規模	（小）修正設計
発見者	発注者
発見時点	床版工着手時
発見理由	現場精査の結果

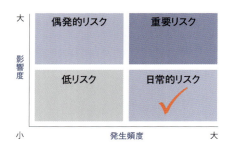

概要

電気配管の橋梁部と橋台部との接続部で、橋台に電気配管が設置されておらず、橋台を迂回する遠回りの配線となってしまった。原因は、電気配管の情報伝達が不十分であったためである。

解説図

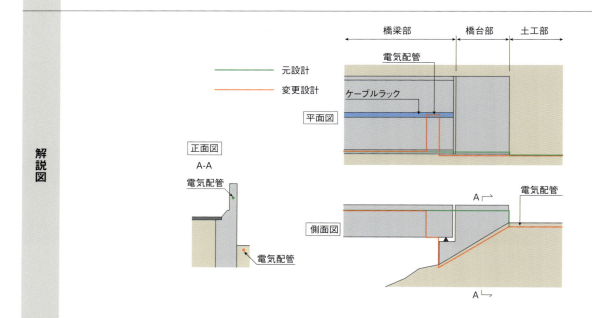

対策

高欄内の電気配管を橋梁部中央に通っているケーブルラックに移動させ、橋台の前面で、ケーブルラックから桁下に直接配線を下ろし、橋台脇の法面に土中配管して土工部へつなげることとなった。

担当者の声

橋台の設計は下部構造施工者、接続する橋梁の設計は上部構造施工者であり、その境界部分の取り合いは情報伝達を確実に行うとともに、それぞれの図面を十分に確認することが重要である。

20 付属構造物編

トンネル排水で排水勾配を取り違えた

施設	道路付属物
具体的部位・箇所など	トンネル内円型水路
発生段階	設計条件
不具合の原因分類	技術的判断における誤り
対策規模	（小）追加検討
発見者	発注者
発見時点	設計審査時
発見理由	設計審査の際に排水の流量の確認を行い判明

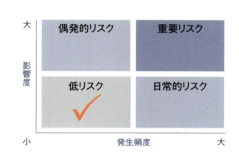

概要

トンネル内の排水の流量計算において必要となる排水勾配を取り違えた。本来は、円形水路が設置される場所における縦断勾配を用いるべきところを、道路中心の縦断勾配を用いていた。原因は、曲線区間（右カーブ）ではカントにより円形水路が高くなることで、道路中心勾配と異なることまで配慮できなかった。

解説図

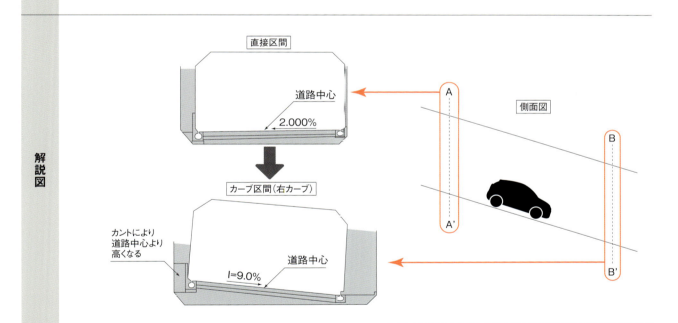

対策

トンネル外壁または中壁側の勾配にて再照査を実施した結果、道路中心の勾配を用いて設計した円型水路の流量を満足したので対策は幸い不要であった。

担当者の声

縦断線形だけでなく、平面線形、横断勾配やカントを考慮し、排水設計を行うべきであった。

21 付属構造物編

区画線位置を誤った

施設	道路付属物
具体的部位・箇所など	区画線
発生段階	設計条件
不具合の原因分類	情報伝達不足（組織間）
対策規模	（小）追加工事
発見者	受注者（舗装工）
発見時点	区画線施工後
発見理由	区画線施工後、現地計測結果と設計図の整合が取れないことが判明したため

概要

区画線の位置を誤り施工してしまったことが判明した。原因は、詳細設計において車高制限の変更に伴い、R70mの右カーブにて右側路肩の建築限界の拡幅量を変更したが、舗装設計担当部署にその情報が伝達されず変更前の設計条件にて設計してしまったためである。

解説図

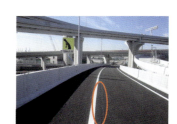
区画線切削後

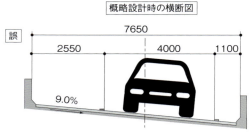
概略設計時の横断図　誤

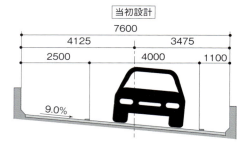
当初設計

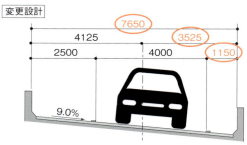
変更設計

対策

変更した拡幅量に対応する区画線を設置する必要があったことから、施工済みの区画線を切削し、改めて正しい位置に区画線を施工した。

担当者の声

橋梁上部構造と舗装の設計担当部署が異なり、その間の情報伝達不足によって設計不具合が生じてしまった。情報伝達不足による設計不具合は多く、両者で確認し合うことが大切である。

22 付属構造物編

門型標識柱の梁長さが不足した

施設	道路付属物
具体的部位・箇所など	標識柱
発生段階	設計計算
不具合の原因分類	計算入力ミス
対策規模	(小)修正設計
発見者	受注者(標識工)
発見時点	製作開始前
発見理由	既設図面との整合確認を行った際に寸法の違いに気付いたため

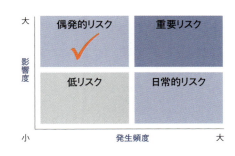

概要

既設橋梁に設置する門型標識柱の梁長さが不足した。原因は、設計計算時の標識柱梁長さの設定において、既設構造物の図面の読みとりを誤り、梁長さ13050mmとすべきところを12600mmと過小に設定したためである。

解説図

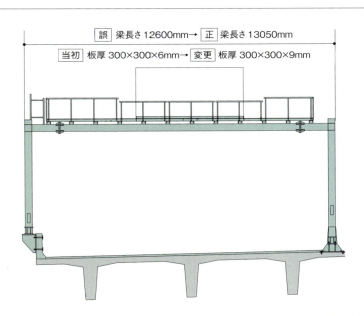

対策

既設図面を再確認したところ、梁の長さが450mm長くなるため、門型柱の梁の板厚のサイズアップ(当初300×300×6mm→変更300×300×9mm)を行う必要が生じ、修正設計を行った。

担当者の声

既設構造物の図面を確認することが基本であるが、設計照査および審査においても見逃されてしまった。設計審査などのダブルチェック体制が重要である。

23 付属構造物編

標識の既設アンカーボルト径が異なっていた

施設	道路付属物
具体的部位・箇所など	標識柱
発生段階	設計計算
不具合の原因分類	計算入力ミス
対策規模	(小)修正設計
発見者	受注者(標識工)
発見時点	製作前設計照査時
発見理由	製作前設計照査で現地確認を行ったため

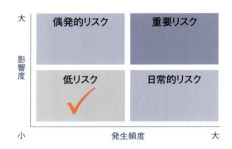

概要

既設門型標識柱の架け替えにあたり、標識柱基部のアンカーボルト径をD38で設計したが、現地確認したところ、既設アンカーボルト径はD25であった。原因は、周辺の門型標識柱に対しても改良設計が行われており、該当箇所においても同じ径のアンカーボルトが使用されていると思い込んだためである。

解説図

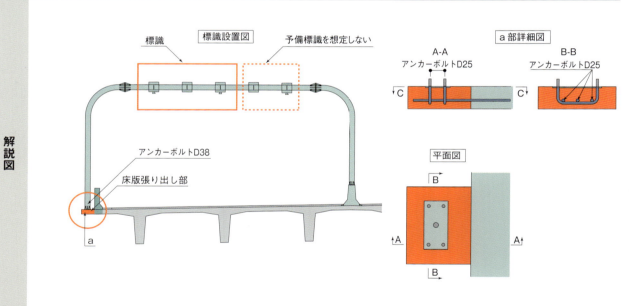

対策

アンカーボルトをD25として再照査を行ったところ、引張力で許容応力度超過となった。そこで、中央分離帯側柱への予備標識を設置しない方針とし、照査したところ許容応力度内となったことから、アンカーボルトをD25とする修正設計を行った。

担当者の声

近くで複数の類似構造物の改良を行う場合であっても、思い込みをせずにそれぞれの構造物の竣工図を確認することが必要である。

24 付属構造物編

桁添架標識板が建築限界を侵した

施設	道路付属物
具体的部位・箇所など	標識板
発生段階	設計計算
不具合の原因分類	計算入力ミス
対策規模	(小)追加工事
発見者	発注者(標識工)
発見時点	標識板設置前
発見理由	標識板設置前の実測調査により判明

概要

上空を交差する既設道路桁に設置する案内標識板下端が建築限界を侵していることが判明した。原因は、上空の既設道路桁の高さがO.P.で表示され、一方で新設橋梁区間がT.P.表示であったが、共にT.P.表示と誤認してしまったためである。結果として、標識板下の建築限界が約1.2m不足した。

解説図

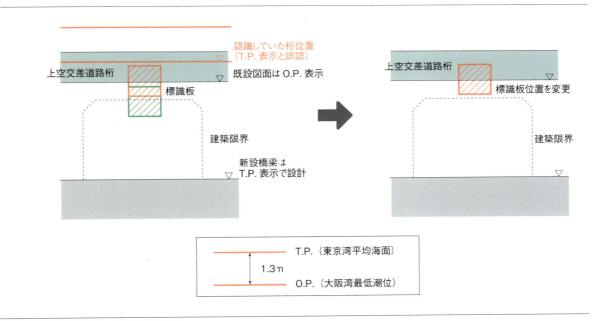

対策

既設道路桁に標識板の取り付け部材を施工済みであったため、建築限界が確保できるよう、標識板の高さを上方にシフトさせ、それに応じた取り付け部材の構造変更を行った。

担当者の声

既設構造物との取り合い部は、既設図面と新設図面で標高表示の基準が異なる場合があるため、基本条件の1項目として確認の徹底を図る必要がある。また、図面には基準面の定義(T.P.やO.P.等)を明示しておくことが重要である。

25 付属構造物編

制御器用の拡幅基礎が未設置だった

施設	道路付属物
具体的部位・箇所など	高欄
発生段階	図面作成
不具合の原因分類	情報伝達不足（組織間）
対策規模	（小）修正設計
発見者	発注者
発見時点	床版工発注時
発見理由	工事発注用図面の取りまとめ時に図面照査したため

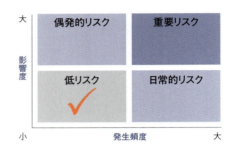

概要

カーブ誘導灯制御器用の拡幅基礎の設置を忘れて、壁高欄の鋼製型枠を製作してしまった。原因は、図面作成段階において、付属設備の設置箇所の確認を怠ったためである。

解説図

[ブラケット詳細図]

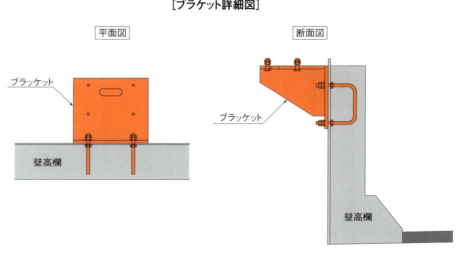

対策

壁高欄の鋼製型枠にブラケットを取り付ける構造に設計を修正した。

担当者の声

発注者内部の橋梁担当と設備担当間では当該拡幅基礎の設置情報を共有していたが、上部構造施工者に伝達されていなかったことが原因であり、情報伝達の確認を漏れなく行う必要がある。

26 新設桁と既設照明柱が干渉した

付属構造物編

付属構造物設計の不具合

施設	道路付属物
具体的部位・箇所など	照明柱
発生段階	図面作成
不具合の原因分類	部材の干渉などに対する配慮不足
対策規模	(小)追加工事
発見者	受注者(上部工)
発見時点	架設計画時
発見理由	桁の架設位置を測量したため

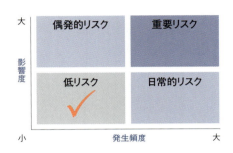

概要

将来、新設桁が設置されるにもかかわらず、既設桁に標準高さの照明柱を設置したため、新設桁架設時に照明柱が支障となることが判明した。原因は、既設桁の設計時に新設桁を考慮した照明柱の計画ができていなかったためである。

解説図

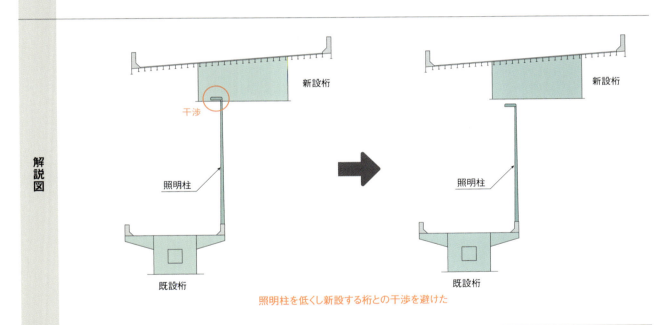

照明柱を低くし新設する桁との干渉を避けた

対策

新設桁と干渉しない高さの照明柱に取り替えを行った。

担当者の声

既設桁の設置時に、新設桁の計画を見越した照明柱の配置にしておくべきだった。

設計不具合の防ぎ方

27
付属構造物編

落下物防止柵・胴縁取り付け用ボルトが挿入できない

施設	道路付属物
具体的部位・箇所など	落下物防止柵
発生段階	図面作成
不具合の原因分類	製作・施工に対する配慮不足
対策規模	(小)修正設計
発見者	受注者(遮断壁工)
発見時点	落下物防止柵設置時
発見理由	設置時にボルトの挿入ができなかったため

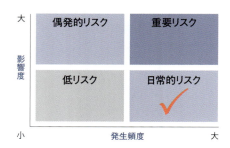

概要

落下物防止柵の胴縁取り付け用ボルトについて、H鋼の内側からM30×130のボルトを差し込む設計であったが、使用するH鋼の内側寸法が127mmしかなくボルトを差し込むことができなかった。原因は落下物防止柵の設置方法を考慮せずに設計を行ったからである。

解説図

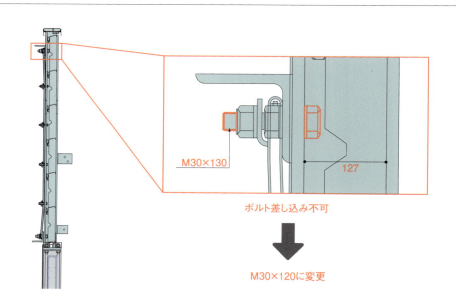

対策

ボルトの挿入・締め付けが可能となるよう、ボルトサイズをM30×130からM30×120に変更した。

担当者の声

図面作成上の単純ミスである。狭隘部はボルトの締め付けが可能かを確認すると同時に、ボルト挿入方向とその干渉についてもチェックする必要がある。

28 付属構造物編

落下物防止柵支柱と防音パネルが干渉した

施設	道路付属物
具体的部位・箇所など	落下物防止柵
発生段階	図面作成
不具合の原因分類	変更発生時の処理に関する配慮不足
対策規模	（小）修正設計
発見者	受注者（遮断壁工）
発見時点	施工前の現場照査
発見理由	現場照査を実施したため

概要

落下物防止柵の支柱・H鋼フランジ内側に防音パネルを設置する際、パネルの切り欠き量（60mm）が少なくH鋼フランジ内のボルトヘッドと干渉し、パネルが設置できなかった。原因は、使用するパネルタイプが設計途中で変更されていたにも関わらず、変更後のパネル形状でボルトとの干渉について照査がなされていなかったためである。

解説図

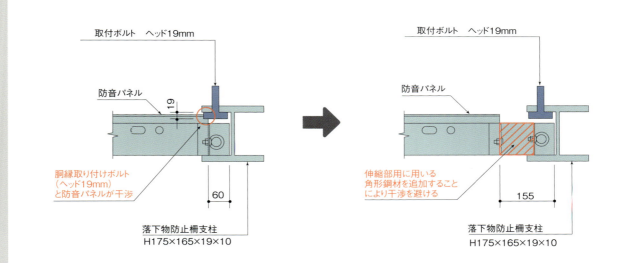

対策

伸縮部で用いる角形鋼材を追加して、切り欠き部を延長（60mm⇒155mm）させて干渉を回避するパネルを再製作した。

担当者の声

当初設計時で予定した防音パネルのタイプを変更した時点で、取り合い等の照査をすべきであった。

29 付属構造物編

遮音壁に太陽光が反射した

施設	道路付属物
具体的な部位・箇所など	遮音壁
発生段階	製作・施工段階
不具合の原因分類	現地調査不足
対策規模	(小)追加工事
発見者	発注者
発見時点	施工時
発見理由	周辺住民からの申し出により

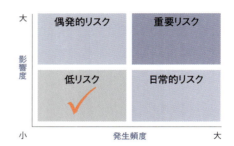

概要

遮音壁設置後に周辺住民から遮音壁に太陽光が反射し眩しいとの申し出があった。原因は、受注者の指摘により過去の周辺地域の工事で同様の事例があることを確認していたものの、現地調査もせず対策を考えなかったためである。

解説図

反射防止なし

反射防止あり

対策

遮音壁に反射防止塗装を行い、太陽光の反射を抑制した。

担当者の声

受注者からの指摘や過去にて事後対策事例もあったが、リスクを軽視し対策を考えなかったため不具合が発生してしまった。現地条件等を考慮し、あらかじめ対応の有無を検討すべきであった。

4.2 不具合事例分析

(1) 発生段階と原因からの分析

表2-24に不具合の発生段階と原因との関係を示す。不具合の発生段階では、「図面作成」が非常に多い。また、不具合の原因は、「部材の干渉などに対する配慮不足」、「情報伝達不足（組織間）」、「製作・施工に対する配慮不足」が多い。

■ 表2-24 発生段階と不具合原因との関係

不具合の原因 \ 発生段階	計画段階	設計条件	設計計算	図面作成	数量算出	製作段階	総計
基準適用における誤り	-	1	-	-	-	-	1
情報伝達不足（組織間）	2	3	-	2	-	-	7
部材の干渉などに対する配慮不足	-	1	-	6	-	-	7
製作・施工に対する配慮不足	-	-	-	4	-	1	5
変更発生時の処理に関する配慮不足	1	-	-	1	-	-	2
記載漏れ	-	-	-	-	-	-	0
協議不足	1	-	-	-	-	-	1
現地調査不足	-	-	-	-	-	1	1
技術的判断における誤り	-	1	-	-	-	-	1
図面記載ミス	-	-	-	1	-	-	1
計算入力ミス	-	-	3	-	-	-	3
総計	4	6	3	14	0	2	29

5 供用段階の不具合

5.1 不具合事例

供用段階に関する不具合事例は、**表2-25**に示すように橋梁鋼構造物19件、橋梁コンクリート構造物16件、橋梁基礎1件、橋梁付属物12件、道路付属物4件、開削トンネル1件の合計53件である。

■ 表2-25 供用段階に関する不具合事例一覧

事例No.	施設	具体的部位・箇所など	不具合の原因分類	不具合の内容
1	橋梁_上部_下部(鋼)	鋼桁・鋼製橋脚	防食劣化、腐食に起因する損傷	ボルト添接部において腐食が発生した
2	橋梁_上部(鋼)	鋼桁	防食劣化、腐食に起因する損傷	耐候性橋梁に腐食が発生した
3	橋梁_上部(鋼)	鋼桁	防食劣化、腐食に起因する損傷	早期に面的な塗装剥離が発生した
4	橋梁_上部(鋼)	鋼桁	防食劣化、腐食に起因する損傷	鋼桁端部に腐食が発生した
5	橋梁_上部(鋼)	鋼桁	疲労に起因する損傷	主桁ウェブ切り欠き部にき裂が発生した
6	橋梁_上部(鋼)	鋼桁	疲労に起因する損傷	鈑桁支点部横構取り付けガセット付近にき裂が発生した
7	橋梁_上部(鋼)	鋼桁	疲労に起因する損傷	非合成鈑桁のスラブ止めが破断した
8	橋梁_上部(鋼)	鋼桁	疲労に起因する損傷	支点負反力発生箇所に損傷が発生した
9	橋梁_上部(鋼)	鋼桁	疲労に起因する損傷	鋼桁のソールプレート付近にき裂が発生した
10	橋梁_上部(鋼)	トラス弦材	防食劣化、腐食に起因する損傷	鋼トラス橋の弦材内部のボルト継手部に腐食が発生した
11	橋梁_下部(鋼)	鋼製橋脚	防食劣化、腐食に起因する損傷	鋼製橋脚の根巻きコンクリート境界付近に腐食が発生した
12	橋梁_下部(鋼)	鋼製橋脚	防食劣化、腐食に起因する損傷	橋脚柱内部に腐食が発生した
13	橋梁_下部(鋼)	鋼製橋脚	防食劣化、腐食に起因する損傷	橋脚梁内部に腐食が発生した
14	橋梁_下部(鋼)	鋼製橋脚	疲労に起因する損傷	鋼製橋脚隅角部(角柱)にき裂が発生した
15	橋梁_下部(鋼)	鋼製橋脚	疲労に起因する損傷	鋼製橋脚隅角部(円柱)にき裂が発生した
16	橋梁_上部(鋼)	鋼床版	疲労に起因する損傷	鋼床版(Uリブ)にき裂が発生した
17	橋梁_上部(鋼)	鋼床版	疲労に起因する損傷	鋼床版(バルブリブ)にき裂が発生した
18	橋梁_上部_下部(鋼)	継手	材料特性に起因する損傷	ボルトが折損した
19	橋梁_上部(鋼)	ケーブル被覆、定着部	材料特性に起因する損傷	斜張橋ケーブル被覆に割れが発生した
20	橋梁_上部(Co)	PC桁	設計に起因する損傷	PC桁にひび割れが発生した
21	橋梁_上部(Co)	PC桁	クリープに起因する損傷	有ヒンジラーメン箱桁橋の垂れ下がりが発生した
22	橋梁_上部(Co)	PC桁	ASRに起因する損傷	PCポステン桁にひび割れが発生した
23	橋梁_上部(Co)	PC桁	施工に起因する損傷	PCブロック桁継目部に損傷が発生した
24	橋梁_上部(Co)	PC桁	漏水に起因する損傷	PC桁下フランジの漏水により遊離石灰が発生した
25	橋梁_上部(Co)	PC桁	漏水に起因する損傷	PC桁間詰めコンクリートが落下した
26	橋梁_上部(Co)	PC桁	疲労に起因する損傷	PC桁の架け違い部に損傷が発生した
27	橋梁_上部(Co)	PC桁	維持管理性の欠如	PC桁端部の維持管理が困難であった
28	橋梁_上部(Co)	RC桁	支承機能喪失に起因する損傷	RC単純T桁の支承上にひび割れが発生した

29	橋梁_上部(Co)	RC床版	漏水に起因する損傷	床版水切り部のコンクリートが欠落した
30	橋梁_上部(Co)	合成床版	漏水に起因する損傷	合成床版の鋼製型枠継手部に遊離石灰が生じた
31	橋梁_下部(Co)	RC橋脚	設計に起因する損傷	橋脚の支承縁端部にひび割れが生じた
32	橋梁_下部(Co)	RC橋脚	塩害、中性化に起因する損傷	RC橋脚でコンクリートの剥離、鉄筋腐食が生じた
33	橋梁_下部(Co)	RC橋脚	ASRに起因する損傷	RC橋脚にひび割れが生じ鉄筋が破断した
34	橋梁_下部(Co)	橋台	設計に起因する損傷	橋台天端に雨水が溜まった
35	橋梁_下部(Co)	鋼板巻き立て RC橋脚	防食劣化、腐食に起因する損傷	橋脚鋼板巻き立て部で腐食が発生した
36	橋梁_基礎	基礎・地盤	側方流動に起因する損傷	埋立地において橋脚が水平移動した
37	橋梁付属物	支承	疲労に起因する損傷	機能分離型支承のボルトが振動で折損した
38	橋梁付属物	支承	地盤変形に起因する損傷	埋立地のアーチ橋の可動支承が脱落しかけた
39	橋梁付属物	支承	材料特性に起因する損傷	ゴム支承に損傷が発生した
40	橋梁付属物	高欄	材料特性に起因する損傷	軽量コンクリートを用いた高欄が破損した
41	橋梁付属物	高欄	施工に起因する損傷	コンクリート高欄で鉄筋腐食と剥離が生じた
42	橋梁付属物	鋼製高欄	防食劣化、腐食に起因する損傷	鋼製高欄内部が漏水により腐食した
43	橋梁付属物	伸縮装置	防食劣化、腐食に起因する損傷	簡易鋼製伸縮装置の鋼棒が路面上に露出した
44	橋梁付属物	伸縮装置	摩耗に起因する損傷	伸縮装置のゴム部に損傷が発生した
45	橋梁付属物	伸縮装置	水に起因する損傷	縦目地に段差が生じ雨水が溜まり走行性を悪くした
46	橋梁付属物	検査路	疲労に起因する損傷	検査路の取り付けボルトが振動で欠損した
47	橋梁付属物	桁付き標識柱鋼製ブラケット	防食劣化、腐食に起因する損傷	標識柱ブラケット内部に腐食が発生した
48	橋梁付属物	鋼床版と吊り金具	疲労に起因する損傷	吊り金具溶接部にき裂が発生した
49	道路付属物	舗装	材料特性に起因する損傷	砕石マスチックアスファルト舗装が損傷した
50	道路付属物	裏面吸音板	防食劣化、腐食に起因する損傷	裏面吸音板の吸音材カバーが損傷し落下しかけた
51	道路付属物	標識柱	疲労に起因する損傷	大型標識柱の基部にき裂が発生し倒壊した
52	道路付属物	照明柱	疲労に起因する損傷	照明柱の基部にき裂が発生し倒壊した
53	道路付属物	開削トンネル内の舗装	設計に起因する損傷	ポーラスコンクリートにひび割れが発生し骨材が飛散した

01 供用段階編

ボルト添接部において腐食が発生した

施設	橋梁_上部_下部(鋼)
具体的部位・箇所など	鋼桁・鋼製橋脚
不具合の原因分類	防食劣化、腐食に起因する損傷
発見者	点検者
発見時点	定期点検(上下部構造点検)

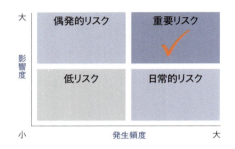

概要

鋼桁や鋼製橋脚の添接部のボルトや添接板端部において腐食が多くみられる。原因は、ボルトは角部がありケレンの品質が一定でないことや塗膜が薄い場合が多く、防食機能が低くなるためである。

解説図

鋼製橋脚梁部の添接部のボルト腐食

添接板端部の腐食

対策

ボルトの凹凸により完全な素地調整が困難なため、抜本的な対策は実施していないことが多い。錆を落として防食機能を復元させることの対応を行っている。

建設へフィードバックすべき事項

ボルトについては塗装前のケレンを十分に行い、塗膜管理に十分留意する。また、防錆ボルトを採用することはボルト締め付け後、仕上げ塗装までの間に錆が発生するのを防ぐため有効である。添接板については縁端距離を不要に長くすることなく密着状態を確保するようにする。

02 供用段階編

耐候性橋梁に腐食が発生した

施設	橋梁_上部（鋼）
具体的部位・箇所など	鋼桁
不具合の原因分類	防食劣化、腐食に起因する損傷
発見者	点検者
発見時点	定期点検（上下部構造点検）

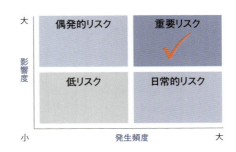

概要

耐候性鋼材を用いた橋梁において局部腐食が発生した。原因は、桁端部や下フランジ上面における滞水、桁下空間不足により風通しが悪いことなどである。また、橋面の防水層がないことによる漏水なども原因である。

解説図

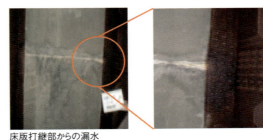

床版打継部からの漏水により異常錆が発生している

床版打継部からの漏水

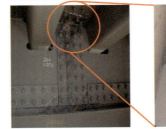 

伸縮装置からの漏水により異常錆が発生している

伸縮装置からの漏水

対策

漏水等の損傷原因（伸縮装置の不具合など）を排除できる場合は異常な錆を除去し、再度、保護性錆を生成させる。腐食原因を排除できない場合は、重防食塗装などを行っている。

建設へフィードバックすべき事項

桁端部の空間を確保し、風通りをよくするほか、下フランジなどの水平部材について強制的な排水勾配を設けたり、箱桁ウェブを優先した組み方を行ったりする。また、床版の品質管理の徹底と床版防水を行う。

03 供用段階編

早期に面的な塗装剥離が発生した

施設	橋梁_上部（鋼）
具体的部位・箇所など	鋼桁
不具合の原因分類	防食劣化、腐食に起因する損傷
発見者	点検者
発見時点	日常点検（路下点検）

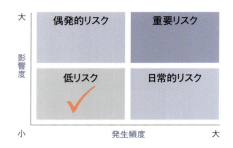

概要

工場でエポキシ樹脂MIO塗料まで塗装し、その後、現場塗装を行ったが、比較的早期に面的な塗装剥離が発生した。原因は、塗装表面の凹凸が大きいMIO塗料における現場塗装前の飛来塩分の除去不足である。

解説図

鋼箱桁の下フランジの塗装剥離

対策

高圧洗浄水による塩分除去を行い、適切な素地調整を実施したのち、再塗装を実施した。

建設へフィードバックすべき事項

可能な限り、上塗りまで工場塗装を行うものとする。やむを得ず現場塗装を行う場合は、高圧洗浄水により水洗いし、付着塩分量を確認したのち塗装を行うものとする。

04 供用段階編

鋼桁端部に腐食が発生した

施設	橋梁_上部（鋼）
具体的部位・箇所など	鋼桁
不具合の原因分類	防食劣化、腐食に起因する損傷
発見者	点検者
発見時点	定期点検（梁上点検）

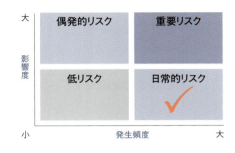

概要

鋼桁において、端横桁、支承、主桁端部が腐食した。原因は、伸縮装置や床版端部に損傷が発生し、橋面からの凍結防止剤等を含む雨水が狭隘な橋面下に漏水したためである。

解説図

鋼桁端部の腐食

鋼桁端部の腐食

対策

橋面からの漏水に対し、伸縮装置には十分な止水工を設置するとともに、伸縮装置の取り換えを考慮して、補強を施した。さらに、主桁端部、端横桁および支承には、腐食部をケレンし再塗装を実施した。

建設へフィードバックすべき事項

伸縮装置には、十分な止水工を検討し、設置位置についても詳細な検討を行う。さらに、場合によっては漏水が生じたとしても腐食が発生しにくいように、桁端部のみ金属溶射を施すことも選択肢としてある。

05 供用段階編

主桁ウェブ切り欠き部にき裂が発生した

施設	橋梁_上部（鋼）
具体的部位・箇所など	鋼桁
不具合の原因分類	疲労に起因する損傷
発見者	点検者
発見時点	定期点検（上下部構造点検）

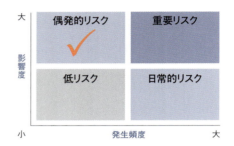

概要

単純合成鈑桁橋の桁端切り欠き部のウェブと下フランジのすみ肉溶接部にき裂が発生した。原因は、活荷重によって、切り欠き曲線の法線方向に大きな直応力が発生していることである。

解説図

桁端切り欠部の疲労損傷

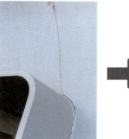

十字リブ付きの補強板で桁端を補強した例

対策

き裂は完全溶け込み溶接により除去し、十字リブ付きの補強板を設置した。

建設へフィードバックすべき事項

主桁ウェブは切り欠きを設けないように設計することを原則とする。やむを得ずウェブを切り欠く場合には応力の流れが円滑となるように桁端部下フランジをウェブに割り込ませる構造とする。

06 供用段階編

鈑桁支点部横構取り付けガセット付近にき裂が発生した

施設	橋梁_上部（鋼）
具体的部位・箇所など	鋼桁
不具合の原因分類	疲労に起因する損傷
発見者	点検者
発見時点	定期点検（上下部構造点検）

概要

鋼単純合成鈑桁の桁端部の横構と主桁ウェブとの取り付けガセットプレートの溶接部および支点上補剛材の溶接部にき裂が生じた。原因は、活荷重に起因する横構軸力によって、主桁ウェブに局部的な板曲げ変形が発生するためである。

解説図

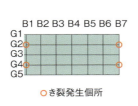

○き裂発生個所

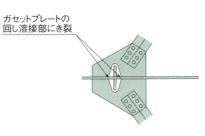

ガセットプレートの回し溶接部にき裂

主桁端部の横構と主桁ウェブとの
取付けガセットプレート溶接部のき裂

対策

ガセットプレートのスカーラップ付近の応力集中を改善するために、当て板によりスカーラップを埋める補強を行った。

建設へフィードバックすべき事項

主桁ウェブに局部的な板曲げ変形が生じないような構造とするほか、RC端横桁などの構造が採用されている。

07 供用段階編

非合成鈑桁のスラブ止めが破断した

施設	橋梁_上部（鋼）
具体的部位・箇所など	鋼桁
不具合の原因分類	疲労に起因する損傷
発見者	点検者
発見時点	定期点検（上下部構造点検）

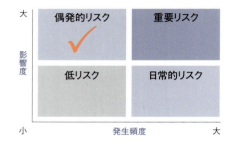

概要

軽量コンクリート床版を用いた鋼単純非合成鈑桁において、上フランジと床版に隙間が生じた。原因は、床版と主桁とを結合するスラブ止めの施工不良または破断したためと考えられている。

解説図

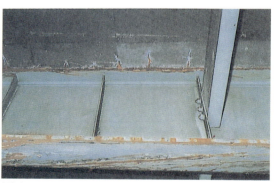

鋼鈑桁上フランジとRC床版との隙間

拡大

対策

舗装および床版の撤去後、スラブ止めの設置や鉄筋の復元を行い、打ち継ぎ目にエポキシ樹脂を塗布し、超速硬コンクリートを打設した。さらに、打ち継ぎ目を含む床版打ち替え部分には、シート系の防水層を施工した。

建設へフィードバックすべき事項

スラブ止めの折り曲げ角度やその溶接において欠陥が生じないように注意する。軽量コンクリートの影響は定かでないが採用する場合はこの損傷に特に注意する。

08 供用段階編

支点負反力発生箇所に損傷が発生した

施設	橋梁_上部(鋼)
具体的部位・箇所など	鋼桁
不具合の原因分類	疲労に起因する損傷
発見者	点検者
発見時点	定期点検(梁上点検)

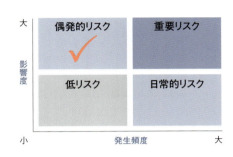

概要

曲線橋の端支点の支承部においてセットボルトの破断が見られた。原因は、不等径間かつ曲線であったことから繰り返しを伴う大きな負の反力が発生し、支承の浮き上がりに伴うボルトの疲労破壊と考えられる。

解説図

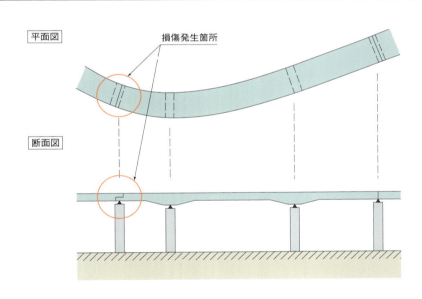

対策

施工段差、予期しない損傷などを考慮して、所要以上の安全率を見込んで、支承およびセットボルトなどの支点部近傍の設計を行い取り替えを行った。

建設へフィードバックすべき事項

負の反力が発生しないような構造計画を行うことが原則である。負の反力が作用する構造を採用する場合は、十分な安全率を見込んだ支承構造とし、セットボルトの軸力管理などを十分に行い緩みがないようする。

09 供用段階編

鋼桁のソールプレート付近にき裂が発生した

施設	橋梁_上部（鋼）
具体的部位・箇所など	鋼桁
不具合の原因分類	疲労に起因する損傷
発見者	点検者
発見時点	定期点検（梁上点検）

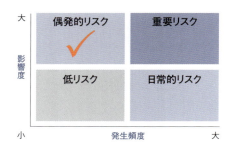

概要

鋼桁下フランジのソールプレートとの溶接止端部よりき裂が発生した。原因は、ソールプレート取り付け部の剛性の急変に伴う応力集中および支承機能の低下による桁移動の拘束であると考えられる。

解説図

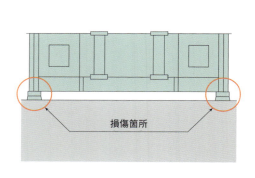

端横桁・支点部断面図

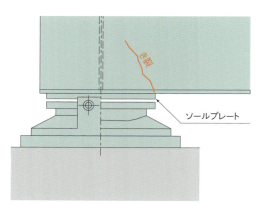

損傷箇所拡大図

対策

機能が低下した支承を取り替えるとともに、ソールプレートを大きくし、これを高力ボルトで下フランジに取り付けた。ウェブのき裂に対しては当て板で補修を行った。

建設へフィードバックすべき事項

ソールプレート前面部分にテーパーを付けて応力の流れを円滑にする構造とする。また接合方法は高力ボルトか溶接構造のどちらも選択可能であるが、後者の場合、溶接部の止端仕上げを行う。

10 供用段階編

鋼トラス橋の弦材内部のボルト継手部に腐食が発生した

施設	橋梁_上部（鋼）
具体的部位・箇所など	トラス弦材
不具合の原因分類	防食劣化、腐食に起因する損傷
発見者	点検者
発見時点	定期点検（上下部構造点検）

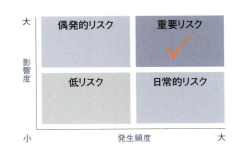

概要

鋼トラス弦材内部において、添接板の減肉と高力ボルトの頭部が消失するほどの腐食が発生した。原因は、マンホール蓋のゴム止水材の劣化により雨水が浸入し、さらに、水抜き孔が粉塵で目詰まりを起こしていたためである。

解説図

トラス内面添接部の腐食

添接部のあて板補強

対策

腐食の著しいボルトの取り替えおよび添接板の当て板補強を行なった。

建設へフィードバックすべき事項

マンホール蓋は雨水の降り込む上面にはできるだけ設置しないようにし、かつ浸入を軽減するために雨水をせき止める上水板を設置する。また適切に水抜き孔を設ける。

11 供用段階編

鋼製橋脚の根巻きコンクリート境界付近に腐食が発生した

施設	橋梁_下部（鋼）
具体的部位・箇所など	鋼製橋脚
不具合の原因分類	防食劣化、腐食に起因する損傷
発見者	点検者
発見時点	日常点検（路下点検）

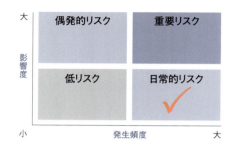

概要

鋼製橋脚の根巻きコンクリートの天端付近に腐食が確認された。原因は、橋脚と根巻きコンクリートとの隙間に施工してあるシール材が表面から劣化し、水が浸入したことにより、腐食が進行したと推定される。

解説図

鋼製橋脚の根巻きコンクリート境界付近の損傷

拡大（腐食状況）

対策

根巻きコンクリート天端近傍の橋脚に重防食塗装を行うとともに、根巻きコンクリートの天端に排水勾配をつけた。

建設へフィードバックすべき事項

境界部においては、重防食塗装を施し、シールしておくことが望ましい。さらに、根巻きコンクリート天端に排水勾配のついた水切り板を設置することで界面への雨水の浸入を防ぐことも有効である。

12 橋脚柱内部に腐食が発生した

供用段階編

施設	橋梁_下部(鋼)
具体的部位・箇所など	鋼製橋脚
不具合の原因分類	防食劣化、腐食に起因する損傷
発見者	点検者
発見時点	定期点検(上下部構造点検)

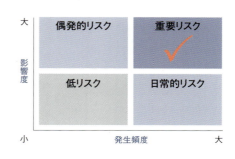

概要

橋脚内部において、内部滞水とそれに伴う腐食が発生した。原因は、ボルト継手部などからの雨水の流入、あるいは結露と考えられ、水抜き孔がなかったことから排水が不可能であったためである。

解説図

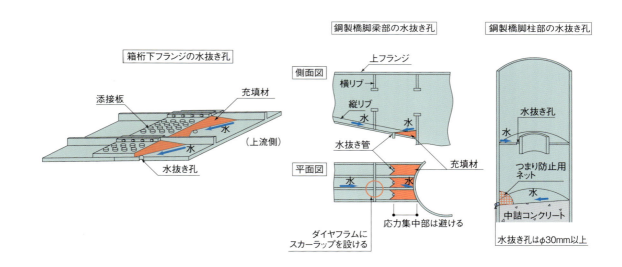

対策

底部に水抜き孔を設けるとともに、換気孔を設けた。

建設へフィードバックすべき事項

浸入水を防止しても、結露などにより滞水することもあるので、水抜き孔を設けて水を早期に排出したり、換気孔を設けて結露の発生を防止するなどの対策を行う。目詰まりがないよう水抜き孔の大きさにも留意する。

13 供用段階編

橋脚梁内部に腐食が発生した

施設	橋梁_下部（鋼）
具体的部位・箇所など	鋼製橋脚
不具合の原因分類	防食劣化、腐食に起因する損傷
発見者	点検者
発見時点	定期点検（上下部構造点検）

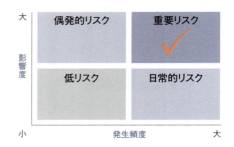

概要

桁の掛け違い部における鋼製橋脚梁に内部腐食が発生していた。原因は、桁の掛け違い部の伸縮装置からの漏水が、梁上面に設置されたマンホール蓋隙間から梁内部に浸入したためである。

解説図

鋼製橋脚梁内部の腐食状況

鋼製橋脚梁内部の滞水状況

対策

ゴムパッキンにより雨水浸入が回避される設計となっているが、構造的に雨水が浸入しないようにマンホール蓋内側に遮水プレートを設置し、さらに繊維強化プラスチック（FRP）マンホール蓋に取り替えを行った。

建設へフィードバックすべき事項

梁上面にはできるだけマンホールを設けない。やむを得ず設置する場合には浸水しにくい構造を採用する。さらに、マンホール蓋には繊維強化プラスチック（FRP）やアクリル板など耐久性が高い材料を用いることが望ましい。また、アクリル板のように透明型の材料を用いることで、内部腐食などの点検を容易に行えるなどの利点もある。

14 供用段階編

鋼製橋脚隅角部（角柱）にき裂が発生した

施設	橋梁_下部（鋼）
具体的部位・箇所など	鋼製橋脚
不具合の原因分類	疲労に起因する損傷
発見者	点検者
発見時点	臨時点検

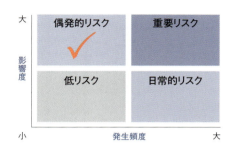

概要

鋼製橋脚隅角部の溶接部からき裂が発生した。原因は、部分溶け込み溶接を採用し、溶接の溶け込みが不完全な不溶着部が存在していたことと活荷重に起因する応力集中によるものと考えられる。

解説図

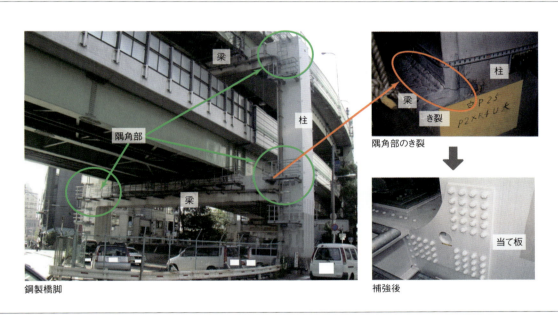

対策

き裂の切削除去を行い、隅角部ウェブに応力緩和のための当て板を支圧接合で設置した。当て板にはき裂の進展の有無を確認するために観察孔を設けた。

建設へフィードバックすべき事項

フィレットの設置による応力集中の緩和、柱ウェブを優先した板組み、完全溶け込み溶接、止端部の仕上げを行うとともに、良好な溶接品質を確保できる構造および構造細目を検討することが重要である。また、溶接部の品質管理の徹底を行う。

15 供用段階編

鋼製橋脚隅角部（円柱）にき裂が発生した

施設	橋梁_下部（鋼）
具体的部位・箇所など	鋼製橋脚
不具合の原因分類	疲労に起因する損傷
発見者	点検者
発見時点	臨時点検

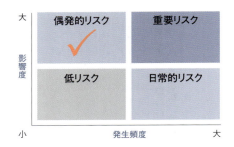

概要

鋼製橋脚隅角部の溶接部からき裂が発生した。原因は、円柱と梁ウェブとの突き合わせ溶接部において、自然開先の裏当て材を用いており、溶け込みが不完全な不溶着部が存在していたことによるものと考えられる。

解説図

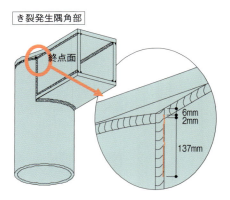
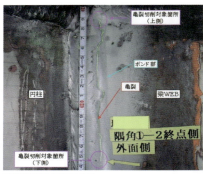

鋼製橋脚隅角部のき裂

補強後の全景

対策

き裂の切削除去を行い、損傷している溶接線の強度を考慮せず、梁の支持が可能な柱と梁ウェブとを添接する当て板を支圧接合で設置した。

建設へフィードバックすべき事項

鋼製橋脚隅角部は溶接線が複雑に交差し品質不良が生じやすい。そのため、完全溶け込み溶接の施工品質を確実に確保できる板組み、溶接施工手順、開先形状など、慎重に検討することが必要である。

16 鋼床版（Uリブ）にき裂が発生した

供用段階編

施設	橋梁_上部（鋼）
具体的部位・箇所など	鋼床版
不具合の原因分類	疲労に起因する損傷
発見者	点検者
発見時点	臨時点検

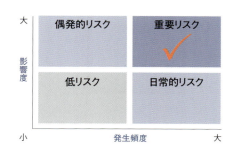

概要

Uリブ鋼床版において、解説図に示すような多くの溶接部にき裂が発生した。原因は、薄板集成構造で活荷重を直接支持することに起因する局部的な応力集中や溶接の不溶着部が存在していたことなどによるものと考えられる。

解説図

①縦リブとデッキプレートの溶接部　②縦リブ突き合わせ溶接部

③垂直補鋼材とデッキプレート溶接部　④縦リブと横リブの交差部

鋼床版上面のき裂

デッキプレートとUリブとの溶接部のき裂

デッキプレートと垂直補剛材との溶接部のき裂

Uリブと横リブとの溶接部のき裂

対策

応急対策として、き裂先端にストップホールや切削を行い、Uリブ取り替えや摩擦接合による当て板補強、構造ディテールの改良などの対策を行った。さらに、舗装の一部を鋼繊維補強コンクリート（SFRC）とし、補強を行った。

建設へフィードバックすべき事項

デッキプレート板厚の増厚や疲労耐久性の高い構造ディテールを採用する。また、Uリブに替えて、バルブリブを採用することもリスク軽減に有効である。

17 供用段階編

鋼床版（バルブリブ）にき裂が発生した

施設	橋梁_上部（鋼）
具体的部位・箇所など	鋼床版
不具合の原因分類	疲労に起因する損傷
発見者	点検者
発見時点	臨時点検

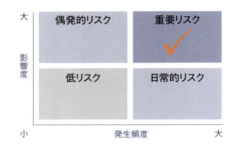

概要

バルブリブ鋼床版において、バルブリブと横リブ交差部にき裂が発生した。原因は、横リブにあるスリットの回し溶接部における活荷重に起因する応力集中や、狭隘部で回し溶接の品質確保が難しいためであると考えられる。

解説図

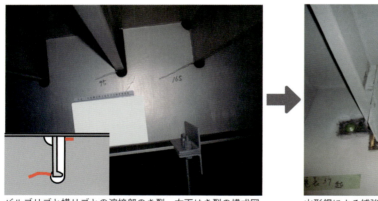

バルブリブと横リブとの溶接部のき裂。左下はき裂の模式図

山形鋼による補強

対策

き裂先端にストップホールや切削を行い、スリット回し溶接部の応力集中の緩和を目的として、バルブリブと横リブとの交差部のスリットを山形鋼で閉塞する補強を行った。

建設へフィードバックすべき事項

既設橋の補強と同様に、山形鋼によりスリットを閉塞する方法のほか、スリット部の形状を改良し応力集中を緩和する構造ディテールを採用するなどが有効である。

18 供用段階編

ボルトが折損した

施設	橋梁_上部_下部（鋼）
具体的部位・箇所など	継手
不具合の原因分類	材料特性に起因する損傷
発見者	点検者
発見時点	定期点検（上下部構造点検）

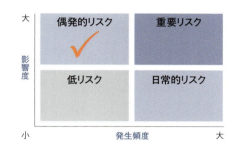

概要

鋼構造物の添接に用いられている高力ボルトにおいて折損、落下が発生した。原因は、遅れ破壊であり、F11T、F13Tと称される高強度の高力ボルトの水素脆化によるものである。

解説図

鋼製橋脚のボルト折損状況

破断した高力ボルト

対策

損傷の発生した添接板すべての高力ボルトを取り替えた。一つの構造物から10本以上の折損ボルトが確認された場合には、製造ロット単位で取り替えた。取り替えていないボルトについては落下防止ネットを張った。

建設へフィードバックすべき事項

遅れ破壊の可能性のあるF11T、F13Tの高力ボルトは使用しない。一方で、最近では耐遅れ破壊性を改善したF14T相当の高力ボルトが開発されている。

19 供用段階編

斜張橋ケーブル被覆に割れが発生した

施設	橋梁_上部（鋼）
具体的部位・箇所など	ケーブル被覆、定着部
不具合の原因分類	材料特性に起因する損傷
発見者	点検者
発見時点	定期点検（上下部構造点検）

概要

斜張橋やニールセンアーチ橋のケーブル被覆に割れが見られた。また、ケーブル定着部にて漏水や滞水を確認した。被覆の割れについては、原因が特定されていないが、定着部の漏水は、シールの損傷によるものである。

解説図

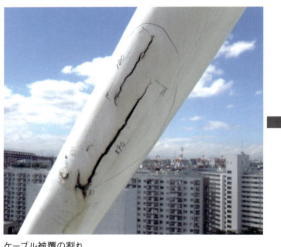

ケーブル被覆の割れ

対策完了状況

対策

ケーブル被覆の割れについては、被覆・グラウトを除去した後、素線の防錆処置を行い、被覆材を溶接にて取り付け、充填材を注入した。さらに、熱収縮チューブ、自己融着テープ、ステンレスカバーを巻き立て、上部に水切りを設置した。定着部の漏水に対してはケーブル進入口の防水を確実なものとした。

建設へフィードバックすべき事項

ケーブル被覆の割れについては、原因が特定されていない。定着部への漏水については、防水対策を行うとともに、ケーブル振動を抑制したり点検を確実に行ったりする必要がある。

20 供用段階編

PC桁にひび割れが発生した

施設	橋梁_上部（Co）
具体的部位・箇所など	PC桁
不具合の原因分類	設計に起因する損傷
発見者	点検者
発見時点	定期点検（上下部構造点検）

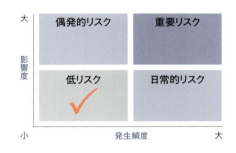

概要

PC多径間連続箱桁橋において、外ケーブル定着用隔壁でひび割れが発生した。原因は、3次元FEM解析の結果から、外ケーブル緊張プレストレス荷重の鉛直分力と硬化時の温度応力の発生と考えられる。

解説図

PC桁外ケーブル定着用隔壁のひび割れ

対策

ひび割れ注入による補修を行った。

建設へフィードバックすべき事項

応力の集中しやすい部位や構造が複雑な部位では、必要に応じて温度応力も考慮した3次元FEM解析を事前に実施することが望ましい。

21 供用段階編

有ヒンジラーメン箱桁橋の垂れ下がりが発生した

施設	橋梁_上部(Co)
具体的部位・箇所など	PC桁
不具合の原因分類	クリープに起因する損傷
発見者	点検者
発見時点	臨時点検

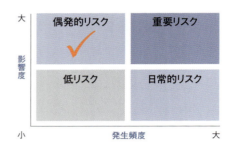

概要

有ヒンジラーメン箱桁橋の中央ヒンジ部における垂れ下がりが見られた。建設当初からの沈下量は300mmを超えた。原因は、クリープのほかアルカリ骨材反応による複合的なものと考えられる。

解説図

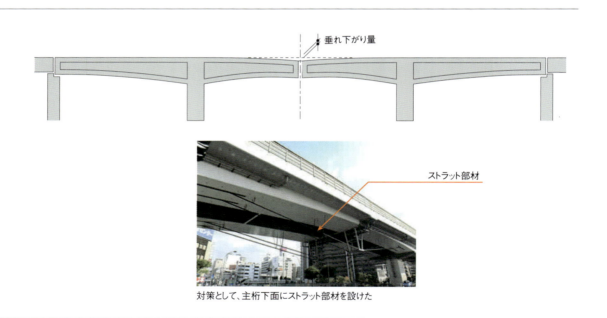

対策として、主桁下面にストラット部材を設けた

対策

合成トラス案や箱桁内外ケーブル案などの検討の結果、現地条件や当該橋梁の状況を考慮して、主桁下面にストラット部材を設け、外ケーブルを偏心配置させる構造で対応した。

建設へフィードバックすべき事項

新設は、連続形式が原則であり、長支間などの特別な条件を除き、有ヒンジラーメン箱桁橋は採用することはないため、同様の問題は生じないと考えられるが、採用する場合は、注意が必要である。

22 供用段階編

PCポステン桁にひび割れが発生した

施設	橋梁_上部(Co)
具体的部位・箇所など	PC桁
不具合の原因分類	ASRに起因する損傷
発見者	点検者
発見時点	定期点検(上下部構造点検)

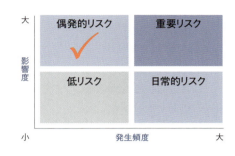

概要

PCポステンT桁橋に、遊離石灰を伴うひび割れが下フランジとウェブに多数確認された。原因は、アルカリ骨材反応(ASR)が主因と考えられ、グラウト充填不良によるシース内滞水により、ASRが促進されたと考えられる。

解説図

下フランジ側面のひび割れと変色

ウェブ面のひび割れと変色

対策

遊離石灰の場合には経過観察とするが、ひび割れや漏水が見られる場合には、床版防水、グラウト充填、クラック注入を行った。さらに必要に応じて表面被覆を行った。

建設へフィードバックすべき事項

反応性骨材を使用しないことが基本であり、水の供給をできるだけ少なくするよう床版防水を施工する。

供用段階編

PCブロック桁継目部に損傷が発生した

施設	橋梁_上部（Co）
具体的部位・箇所など	PC桁
不具合の原因分類	施工に起因する損傷
発見者	点検者
発見時点	定期点検（上下部構造点検）

概要

PC単純T桁のブロック継目の一部に縁切れ損傷が発生し、大型車両の通行時に、ひび割れの変動が認められた。原因は、①緊張力不足、②定着部の施工不良、③グラウト不足に伴うPC鋼線腐食が考えられる。

解説図

PCブロック桁の継目部の損傷

対策

ひび割れの開閉度合が大きいため、外ケーブル工法のコンクリートブラケット方式により対策を行った。コンクリートブラケットを主桁に緊結して、これにケーブルを定着させる方式である。

建設へフィードバックすべき事項

グラウトの充填不良が発生しない対策を行うことや緊張力の管理を徹底する。

24 供用段階編

PC桁下フランジの漏水により遊離石灰が発生した

施設	橋梁_上部(Co)
具体的部位・箇所など	PC桁
不具合の原因分類	漏水に起因する損傷
発見者	点検者
発見時点	日常点検(路下点検)

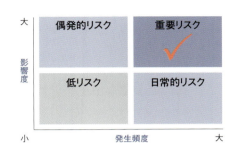

概要

ポストテンション方式PC桁の支間中央付近の下フランジ部において、遊離石灰が流出するとともにシース管およびPC鋼材に腐食が生じた。原因は、桁端部より浸透した雨水が、グラウト注入が不十分なシースを伝って漏水したためと考えられる。

解説図

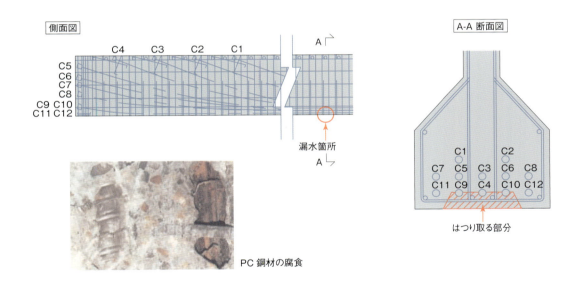

PC鋼材の腐食

対策

シース位置を確認後、グラウト材の注入確認用孔をあけ、漏水箇所付近に設けた注入孔からシース内にグラウト材を注入した。注入完了後、フランジ下面のコンクリートはつり箇所を樹脂モルタルで埋めた。

建設へフィードバックすべき事項

後硬化型PC鋼材やプレミックスタイプの超低粘性PCグラウトなどを用いて空隙や充填不良が発生しない対策を取ることが有効である。また、グラウトホース周囲のコンクリートは後処理と防水処理を実施する。

25 供用段階編

PC桁間詰めコンクリートが落下した

施設	橋梁_上部（Co）
具体的部位・箇所など	PC桁
不具合の原因分類	漏水に起因する損傷
発見者	管理者
発見時点	臨時点検

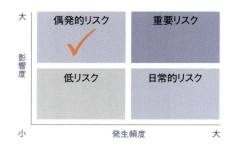

概要

PC桁の間詰め部に段差が生じ、厚さ10cm程度に層状剥離したコンクリートが路下に落下していた。原因は、床版に浸透した雨水の影響を受け、打継目が縁切れの状態となり、PC鋼線が腐食し、破断したためである。

解説図

PC桁の間詰め部の損傷

対策

緊急対策として、D13の補強鉄筋を配置し、さらに全体にエキスパンドメタル（菱形模様の金網み）を布設し、超速硬コンクリートを打設した。本復旧は、床版下面にリブ付き鋼板をあて、これを主桁からの方杖で支持する方法で対応した。

建設へフィードバックすべき事項

現在の設計基準では、間詰め部に桁と連結して鉄筋を配置するようになっている。しかし、配筋されている形式でも、損傷はひどくないが漏水や遊離石灰が生じているPC桁もある。床版防水層の設置が有効である。

26 供用段階編

PC桁の架け違い部に損傷が発生した

施設	橋梁_上部(Co)
具体的部位・箇所など	PC桁
不具合の原因分類	疲労に起因する損傷
発見者	点検者
発見時点	日常点検(路上、路下点検)

概要

PCゲルバー桁の支承位置において、舗装の盛り上がりやひび割れが生じ、桁下では遊離石灰が生じた。原因は、振動などの影響で埋設目地材が劣化し、脱落したためである。

解説図

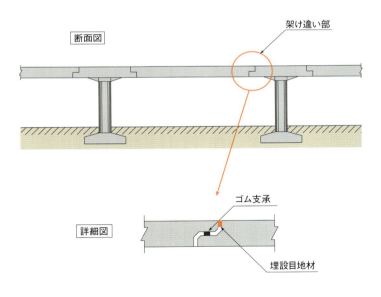

対策

切削目地や硬質グースによる改良型切削目地などで補修を行った。

建設へフィードバックすべき事項

主桁の切り欠きを必要とする構造や、切り欠き桁の架け違いが必要となるPCゲルバー桁、橋脚と桁が剛結されたピルツ構造は、できるだけ採用を避けるのが望ましい。

27 供用段階編

PC桁端部の維持管理が困難であった

施設	橋梁_上部（Co）
具体的部位・箇所など	PC桁
不具合の原因分類	維持管理性の欠如
発見者	管理者
発見時点	初期点検

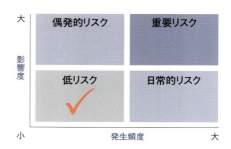

概要

隣接する主桁と端横桁がほとんど密着するとともに側面からの開口が小さく、点検時や伸縮装置の取り替え時にはつりコンクリートの撤去が困難である。原因は、維持管理への配慮不足である。

解説図

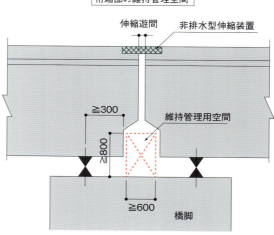

対策

既設コンクリート桁の場合、この空間を大きくすることは不可能であり、対策は行っていない。

建設へフィードバックすべき事項

桁端部には切り欠きを設け、人の出入りをできるだけ容易にする。ただし、桁端と橋脚の余裕長および切り欠き上部のコンクリートのせん断抵抗力の不足に注意しなければならない。

28 供用段階編

RC単純T桁の支承上にひび割れが発生した

施設	橋梁_上部（Co）
具体的部位・箇所など	RC桁
不具合の原因分類	支承機能喪失に起因する損傷
発見者	点検者
発見時点	定期点検（梁上点検）

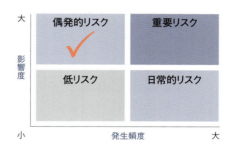

概要

前後を3径間連続RCラーメン橋に挟まれたRC単純T桁において、支承上にひび割れが発生した。原因は、可動支承が拘束され単純桁の両端が固定状態となり、温度変化に伴う水平力が作用したものと考えられる。

解説図

ひび割れ発生状況

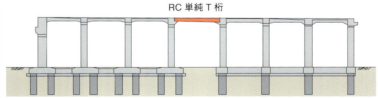

対策

部分的な打ち換えも検討したが、早期開放による新旧コンクリートの一体化の課題などもあったことから、抜本的対策として損傷桁を撤去し、新設桁を架設することとした。

建設へフィードバックすべき事項

本構造は特殊な構造であるが、原因は可動支承が機能せず両端固定となったためであり、耐久性が高く信頼性のある支承を採用するとともに、漏水や土砂の堆積が回避できるような構造細目を採用する。

29 供用段階編

床版水切り部のコンクリートが欠落した

施設	橋梁_上部（Co）
具体的部位・箇所など	RC床版
不具合の原因分類	漏水に起因する損傷
発見者	点検者
発見時点	日常点検（路下点検）

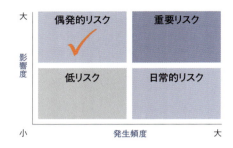

概要

床版の水切り部において、コンクリートが剥離し、欠落した。原因は、水切りのためにコンクリート切り欠き部を設けたことで、床版の主鉄筋のかぶりが少なくなっており、この影響で鉄筋が発錆・膨張したためである。

解説図

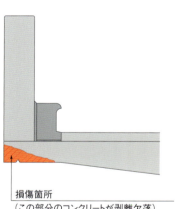

損傷箇所
（この部分のコンクリートが剥離欠落）

床版水切り部の損傷

対策

補修工法は水切りを凸形に変更し、高欄の損傷補修を兼ねて、補強シートを2層貼り付けた。また、ステンレスの山形鋼材を設ける場合もある。

建設へフィードバックすべき事項

新規に建設している高欄では、切れ目を付ける水切り構造に代わりステンレス山形鋼を採用していたが、後付けとなるボルトの欠落や山形鋼の脱落などの損傷が少なからずあり、ゴム製の水切り構造などが新しく採用されている。

30 合成床版の鋼製型枠継手部に遊離石灰が生じた

供用段階編

施設	橋梁_上部（Co）
具体的部位・箇所など	合成床版
不具合の原因分類	漏水に起因する損傷
発見者	点検者
発見時点	日常点検（路下点検）

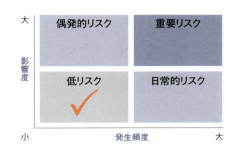

概要

床版張出部の鋼製型枠の隙間やモニタリング孔より、遊離石灰の流出が確認された。原因は、鋼製排水溝と床版・壁高欄との隙間やコンクリート打ち継ぎ目より雨水が合成床版内に浸入・滞水したためである。

解説図

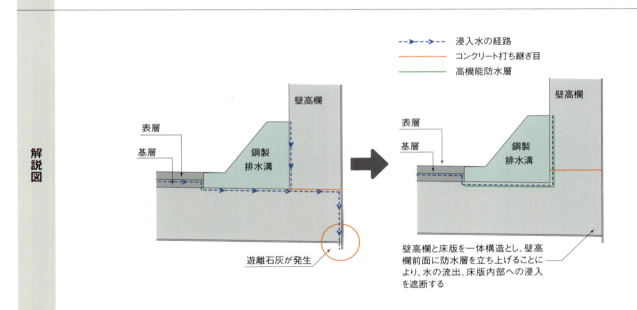

対策

既設橋梁への対策については、検討中である。

建設へフィードバックすべき事項

水の流出や床版内部への浸入を遮断するため、床版打設時に壁高欄の一部を立ち上げ施工し、鋼製排水溝を据え付ける前に防水層を床版端部に立ち上げる等の対策を行う。また、合成床版内に水が浸入した場合の対応を想定しておくことも重要である。

31 供用段階編

橋脚の支承縁端部にひび割れが生じた

施設	橋梁_下部（Co）
具体的部位・箇所など	RC橋脚
不具合の原因分類	設計に起因する損傷
発見者	点検者
発見時点	定期点検（梁上点検）

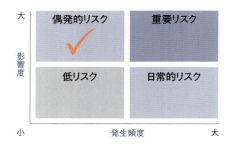

概要

段差付き橋脚のコンクリートに支承台座付近からひび割れが発生し、一部が欠落した。原因は、支承縁端距離が不足したことによるせん断強度の不足や過密配筋によるコンクリート締め固めの不良等である。

解説図

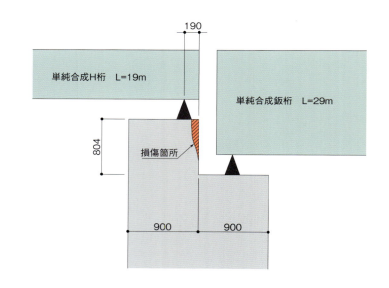

コンクリート橋脚の支承縁端部のひび割れ

対策

ジャッキアップならびに仮受け後、損傷部のコンクリートをはつり、補強鉄筋を配置し、前面補強鋼板を取り付け、プレパックドコンクリートの打設を行った。

建設へフィードバックすべき事項

支承を受ける台座の縁端距離を十分に大きくする。なお、設計基準では、段付き梁の場合、支承縁端距離は200mm以上となっており、せん断破壊に対して台座部を補強するように改善されている。

32 供用段階編

RC橋脚でコンクリートの剥離、鉄筋腐食が生じた

施設	橋梁_下部(Co)
具体的部位・箇所など	RC橋脚
不具合の原因分類	塩害、中性化に起因する損傷
発見者	点検者
発見時点	定期点検(上下部構造点検)

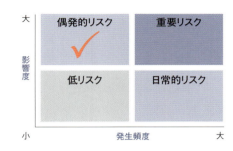

概要

RC橋脚において、コンクリートの剥離や鉄筋の腐食が見られた。コンクリートの表面保護を実施していたが、さらに不良音を確認した。原因は、コンクリートに含まれる塩化物イオン含有量が多かったことから塩害によるものと考えられ、さらに中性化も確認した。

解説図

RC橋脚梁部の浮き

コア採取後の鉄筋の腐食状況

対策

損傷の原因は、内在塩分によるものと判断されたことから、鉄筋を露出させブラストを行ったのちに防錆材を塗布した。次に、プライマー処理してコンクリートを打設し、表面保護を行った。

建設へフィードバックすべき事項

設計基準等に示されるかぶりを確保することが基本であり、コンクリートのひび割れ幅の制御や材料、配合などに十分に配慮する。また密実なコンクリート打設が重要であり、できる限り打ち継ぎ目を少なくする。

33 供用段階編

RC橋脚にひび割れが生じ鉄筋が破断した

施設	橋梁_下部（Co）
具体的部位・箇所など	RC橋脚
不具合の原因分類	ASRに起因する損傷
発見者	点検者
発見時点	臨時点検

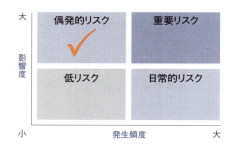

概要

RC橋脚の梁先端や中央などに大きなひび割れが確認された。また、はつりを行ったところ梁先端部の鉄筋曲げ加工部および梁中央部の主鉄筋圧接部で破断が見られた。原因は、アルカリ骨材反応（ASR）であると考えられる。

解説図

梁先端のひび割れ状況

梁先端の鉄筋曲げ加工部の破断状況

対策

コンクリートをはつった梁端部には、応急対策として、型枠兼用の鋼製カバープレートを装着し、梁中央部は、破断した主鉄筋と、主鉄筋と同径の添鉄筋（D32）をフレアー溶接で接合し、補修を行った。その後、鋼板接着による補強を行った。

建設へフィードバックすべき事項

原則として、反応性骨材を使用しない。高炉セメントやフライアッシュセメントなどの混合セメントの使用も効果があると言われている。また、水の供給をできるだけ少なくするよう防水工を施すことも有効である。

34 供用段階編

橋台天端に雨水が溜まった

施設	橋梁_下部(Co)
具体的部位・箇所など	橋台
不具合の原因分類	設計に起因する損傷
発見者	施工者
発見時点	施工後

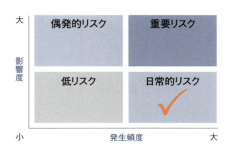

概要

橋台完成後の降雨により橋台天端に雨水が滞水することが判明した。原因は、設計時に雨水の滞水を考慮していなかったためである。

解説図

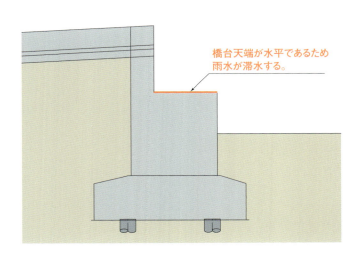

橋台天端が水平であるため雨水が滞水する。

対策

雨水の滞水をなくすため、モルタル等により排水勾配を付けて対処した。

建設へフィードバックすべき事項

水に起因する損傷が多く発生しているため、橋台に限らず、常に雨水等の流れを想定し、滞水しないように配慮した構造とすることが必要である。

35 供用段階編

橋脚鋼板巻き立て部で腐食が発生した

施設	橋梁_下部（Co）
具体的部位・箇所など	鋼板巻き立てRC橋脚
不具合の原因分類	防食劣化、腐食に起因する損傷
発見者	点検者
発見時点	日常点検（路下点検）

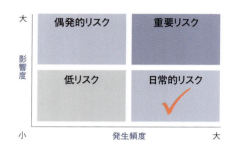

概要

RC橋脚の耐震補強として採用されている鋼板巻き立て補強の鋼板上端部、および鋼板定着アンカー部において著しい腐食が発生した。原因は、橋脚梁下面を伝ってきた雨水が滞留したためである。

解説図

鋼板巻き立てRC橋脚

拡大

対策

橋脚梁上からの漏水が鋼板上端部に伝わらないように、鋼板手前の橋脚梁下面に水切り用の山形鋼を設置した。

建設へフィードバックすべき事項

事例は耐震補強によるものであり、同様の構造が新設時から採用される可能性は低いと思われる。ただし、同じような現象が発生する構造物があるため、雨水が橋脚梁下面を伝わらないような配慮が必要である。

36 供用段階編

埋立地において橋脚が水平移動した

施設	橋梁_基礎
具体的部位・箇所など	基礎・地盤
不具合の原因分類	側方流動に起因する損傷
発見者	点検者
発見時点	臨時点検

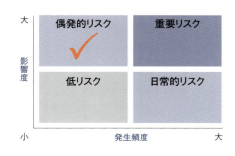

概要

軟弱地盤の埋立地において、橋脚や基礎が沈下し、水平移動した。原因は橋に隣接して築造された盛土の影響で、軟弱地盤層が側方流動したためである。

解説図

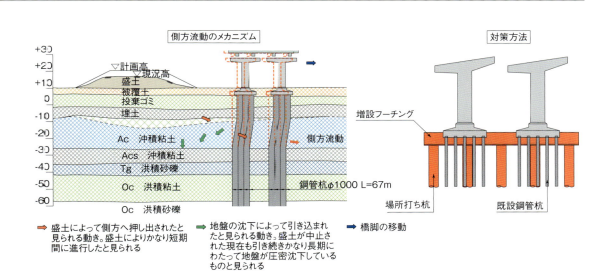

対策

橋脚梁の縁端距離を確保するブラケットの増設や基礎沈下に対するジャッキアップを行った。さらにその後、基礎の有害な変形に対して場所打ち杭を施工し、既設フーチングを巻き込む増設フーチングを施工した。

建設へフィードバックすべき事項

軟弱地盤に基礎などの下部構造を施工する際には、地盤改良などによって地盤変形が生じないように対策する。また、有害な変形を与える近接盛土などの施工を回避する。

37 供用段階編

機能分離型支承のボルトが振動で折損した

施設	橋梁付属物
具体的部位・箇所など	支承
不具合の原因分類	疲労に起因する損傷
発見者	点検者
発見時点	定期点検（梁上点検）

概要

機能分離型支承装置のボルトが、供用後に折損した。原因は、橋軸直角方向への振動でゴムのバッファが引っ張られる際、反力壁側の固定ボルトに引張応力のみでなく曲げ応力も繰り返し作用したためである。

解説図

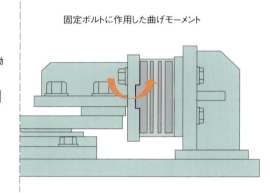

固定ボルトに作用した曲げモーメント

引張方向の主桁の移動

対策

対象ボルトは耐震上不要であることから、対応策として、①固定ボルトが繰り返し曲げによる疲労破断に至らないようにする、②固定ボルトを撤去する、③固定ボルトに落下防止の対策をする、などが考えられた。検討の結果、①による対策とし、固定ボルトを径の大きいものに交換した。

建設へフィードバックすべき事項

新設における支承は、一般的に横置きとなり、偏心作用がないようにボルト固定されることからこのような問題は生じないと考えられる。縦置きとする場合にも偏心作用がないように、ボルトを配置することで対応する。

38 供用段階編

埋立地のアーチ橋の可動支承が脱落しかけた

施設	橋梁付属物
具体的部位・箇所など	支承
不具合の原因分類	地盤変形に起因する損傷
発見者	点検者
発見時点	定期点検(梁上点検)

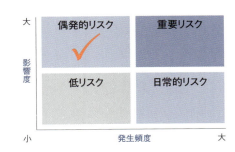

概要

埋立地のアーチ橋において、可動支承が可動限界の近傍まで達し、支承ローラーが脱落しかけであった。原因は、地盤が軟弱であるため建設後の地盤変形の影響等により橋脚移動が生じたものと推察される。

解説図

可動支承の移動状況

ローラー部の状況

対策

支承反力が大きいため支承の取り替えは行わず、また、橋脚の正規の位置への修正は困難であることから、夏季の温度上昇に伴う桁と支承の拘束開放時をねらい、下沓を移動させた。

建設へフィードバックすべき事項

軟弱な埋立地においては下部構造や基礎構造の選定に留意するとともに、橋脚の変形などに対して設計時に支承の取り替えや細部構造が移動可能な構造を採用する。

39 供用段階編

ゴム支承に損傷が発生した

施設	橋梁付属物
具体的部位・箇所など	支承
不具合の原因分類	材料特性に起因する損傷
発見者	点検者
発見時点	定期点検（上下部構造点検）

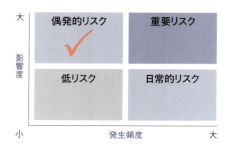

概要

鉛プラグ入りゴム支承（LRB）に水平ひび割れが発生したり、ゴム支承内部の鉛が流出したりした。原因は、ゴムの劣化や過剰な外力の影響などと考えられるが、特定には至っていない。

解説図

LRB支承の鉛プラグの飛び出し

LRB支承のゴムのき裂

対策

鉛プラグが流出した支承は取り替えた。ゴム支承にき裂が生じたものは、補修材塗布によるき裂補修を行った。

建設へフィードバックすべき事項

損傷発生原因を特定し、それに応じた対策を検討していく必要がある。

40 軽量コンクリートを用いた高欄が破損した

供用段階編

施設	橋梁付属物
具体的部位・箇所など	高欄
不具合の原因分類	材料特性に起因する損傷
発見者	管理者
発見時点	臨時点検

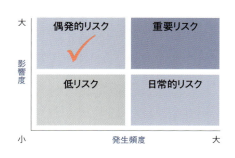

概要

軽量コンクリートを用いた高欄に車両が衝突して、コンクリート片が飛び散った。原因は、建設当時の軽量コンクリートの特性として、衝撃に弱く、飛散しやすい特性だったものと考えられている。

解説図

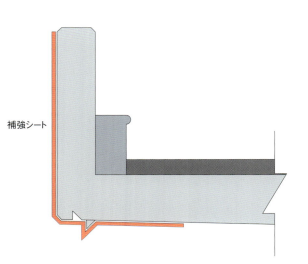

補強シート

対策

当該箇所はコンクリートの断面修復を行い、破損していない同様の高欄に対しては、車両が衝突してもコンクリートが飛散しないように高欄表面に補強シート等を張りつけた。

建設へフィードバックすべき事項

高欄には軽量コンクリートは採用しない。また、通常のコンクリートを用いる場合においても、曲線部などで車両の衝突の危険性が高い場合には、外壁部に鋼板や耐衝撃性の高いコンクリート型枠を用いる。

41 供用段階編

コンクリート高欄で鉄筋腐食と剥離が生じた

施設	橋梁付属物
具体的部位・箇所など	高欄
不具合の原因分類	施工に起因する損傷
発見者	点検者
発見時点	日常点検（路下点検）

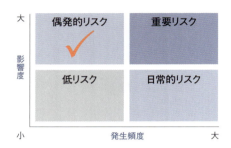

概要

コンクリート高欄において、主鉄筋に沿ってコンクリートが剥離した。原因は、かぶりが施工上の誤差等で不足し、乾燥収縮に伴う初期ひび割れに空気や雨水が浸透し、主鉄筋に錆が生じ膨張したためである。

解説図

コンクリート高欄のコンクリートの剥離と鉄筋腐食による錆

対策

断面欠損部はエポキシ樹脂モルタル、またはグラスファイバーセメントモルタルで断面修復を行った。また、高欄外面は補強シート1層、水切りを含む高欄下部では補強シート2層を施した。

建設へフィードバックすべき事項

かぶり不足に注意して設計施工を行う。特別な条件においては、建設当初から表面保護を行ったり、プレキャスト製のコンクリート型枠を用いたりする方法が考えられる。

42 供用段階編

鋼製高欄内部が漏水により腐食した

施設	橋梁付属物
具体的部位・箇所など	鋼製高欄内部
不具合の原因分類	防食劣化、腐食に起因する損傷
発見者	点検者
発見時点	定期点検

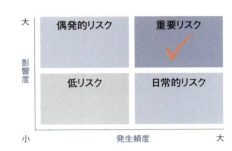

概要

軽量化を図るための鋼床版などで採用された鋼製高欄内部に著しい腐食が発生し、高欄内部支柱の機能が失われていた。原因は、密閉構造を前提として排水機構がない構造において、接合部等のわずかな隙間等から水の浸入があり、それが滞水につながり腐食が進行したものと考えられる。

解説図

不具合

鋼製高欄腐食状況

鋼製高欄支柱腐食状況

対策

鋼製高欄内部亜鉛粉末投入状況

あて板後

対策

鋼製高欄内部腐食の予防保全として亜鉛粉末投入により電気防食を実施し、腐食により耐力不足を確認した高欄に対しては支柱の当て板補強を実施した。

建設へフィードバックすべき事項

鋼製高欄は採用しないことを原則とする。やむを得ず採用する場合には止水対策を十分に行うとともに、内面の防食も重防食とすることが不可欠である。

43 供用段階編

簡易鋼製伸縮装置の鋼棒が路面上に露出した

施設	橋梁付属物
具体的部位・箇所など	伸縮装置
不具合の原因分類	防食劣化、腐食に起因する損傷
発見者	点検者
発見時点	日常点検（路上点検）

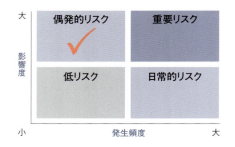

概要

RC床版内部にPC鋼棒を埋め込むタイプの簡易鋼製伸縮装置において、使用したPC鋼棒が路面上に飛び出した。原因は、コンクリートの空隙もしくは鋼棒の接触面から水が浸入し定着部が腐食してPC鋼棒が破断したと推察される。

解説図

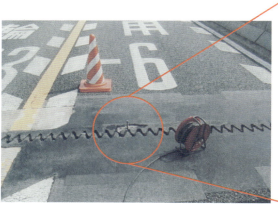

簡易鋼製伸縮装置の損傷状況

PC鋼棒の飛び出し（拡大）

対策

舗装および定着コンクリートを除去し、定着部を新たに設置し直し、PC鋼棒を用いていないタイプの伸縮装置を設置した。

建設へフィードバックすべき事項

簡易鋼製伸縮装置を採用する場合には現地の条件に留意することが必要であるが、建設当初は耐久性の高い構造を採用することが第一である。

44 供用段階編

伸縮装置のゴム部に損傷が発生した

施設	橋梁付属物
具体的部位・箇所など	伸縮装置
不具合の原因分類	摩耗に起因する損傷
発見者	点検者
発見時点	日常点検(路上点検)

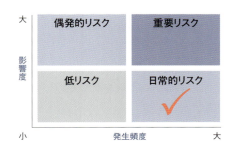

概要

伸縮装置のゴム部の表面が剥離した。原因は、車両通過に伴う磨耗と衝撃荷重の繰返し作用である。

解説図

ゴムの剥離

ゴムの剥離

対策

大型車の交通量が増加しており、耐久性を考慮して簡易鋼製伸縮装置に変更した。

建設へフィードバックすべき事項

ゴム製伸縮装置は採用を控え、相対的に耐久性の高い形式の簡易鋼製伸縮装置を用いる。

45 供用段階編

縦目地に段差が生じ雨水が溜まり走行性を悪くした

施設	橋梁付属物
具体的な部位・箇所など	伸縮装置
不具合の原因分類	水に起因する損傷
発見者	点検者
発見時点	日常点検（路上点検）

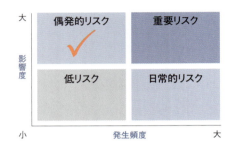

概要

拡幅部などでの縦目地で段差が吸収しきれず、二輪車などの走行に支障が生じた。原因は、定着部直下のRC床版の角欠けにより段差が生じたためである。段差が大きい場合は雨水が溜り、走行性を悪くする。

解説図

縦目地

縦目地の段差

対策

表面の凹凸を顕著にした構造に取り替え、既設部分は、ゴムにスパイクピンを設置する対策を行った。

建設へフィードバックすべき事項

新設で設計する場合には、縦目地を回避することが原則である。縦目地を設けなければならない場合には、桁構造において段差が生じないような剛性を確保することが重要となる。

46 供用段階編

検査路の取り付けボルトが振動で欠損した

施設	橋梁付属物
具体的部位・箇所など	検査路
不具合の原因分類	疲労に起因する損傷
発見者	点検者
発見時点	日常点検(検査路点検)

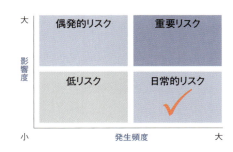

概要

桁下に設置している検査路の歩廊(グレーチング)取り付けボルトが、供用後に欠損していた。原因は、高力ボルトのように締め付け軸力で管理していない普通ボルトのナットが振動によって緩んだためである。

解説図

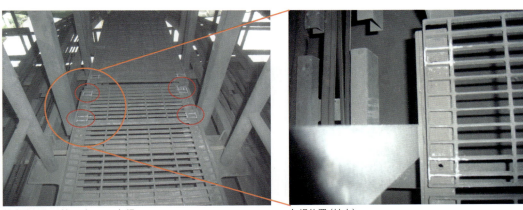

検査路の取り付けボルトの欠損 / 欠損位置(拡大)

対策

緩みが発生しにくい構造のナット(緩み止めの処置を施したナット)と、軸部に特別な加工が施されナット部が脱落しないボルト(ナットの落下防止機能付ボルト)への交換を行った。

建設へフィードバックすべき事項

既存の対策と同様に、緩み止め機能のあるナットおよび落下防止機能のあるボルトを採用する。

47 供用段階編

標識柱ブラケット内部に腐食が発生した

施設: 橋梁付属物
具体的部位・箇所など: 桁付き標識柱鋼製ブラケット
不具合の原因分類: 防食劣化、腐食に起因する損傷
発見者: 点検者
発見時点: 定期点検時

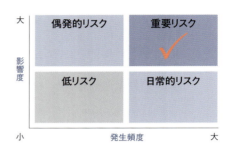

概要

鋼桁の端部に設置された標識柱鋼製ブラケットの内部に腐食損傷が発生した。原因は、門型柱上部の電気配線用の孔から浸入した水がブラケット下面に滞水して腐食損傷したものと考えられる。さらに、ブラケット下面には、排水孔が設置されていたが、ブラケット下面のリブ等によりスムーズな導水が阻害され滞水したものと考えられる。

解説図

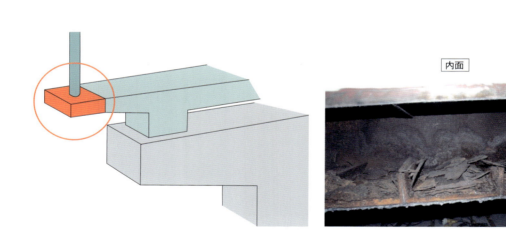

内面

対策

本線を一時通行止めして標識柱を撤去し、ブラケットの取り替えを実施した。

建設へフィードバックすべき事項

付属構造物においても排水孔への導水を考えた構造や排水孔の径の拡大など細心の構造細目とすべきである。今後は完全密閉とできない場合には、閉鎖構造(ボックスなど)をできるだけ避け、点検ができる構造、滞水しない構造が望ましい。

48 供用段階編

吊り金具溶接部にき裂が発生した

施設	橋梁付属物
具体的部位・箇所など	鋼床版の吊り金具
不具合の原因分類	疲労に起因する損傷
発見者	点検者
発見時点	定期点検

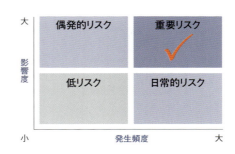

概要

鋼床版と主桁の取り合い部に設置する吊り金具として、鋼床版と主桁の両方に溶接で取り付ける構造が標準図に記載されているが、当該構造の鋼床版側の溶接部に疲労き裂が発生した。原因は、車両通行による輪荷重が当該箇所直上に載荷された際、デッキプレートのたわみ変形を吊り金具が拘束することで、その上端の鋼床版側の溶接部に局部的な応力集中が発生したためと考えられる。

解説図

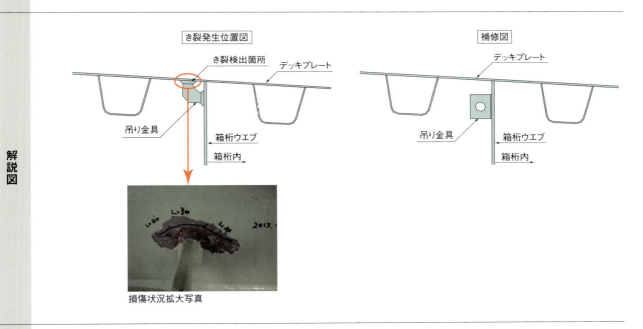

損傷状況拡大写真

対策

既設吊り金具は撤去し、鋼床版デッキプレートにストップホールを施した後に当て板による補強を実施した。なお、吊り金具は主桁ウェブにボルトにて設置した。

建設へフィードバックすべき事項

構造部材ではない部材であっても、疲労設計はもちろんのこと、鋼床版のように輪荷重の影響を受けやすいところに溶接で取り付ける場合は、特に疲労耐久性に注意する。また、標準図に記載された標準構造を採用する場合でも、疲労損傷の発生を踏まえた最新の知見に基づき構造ディテールを検討するべきである。

49 供用段階編

砕石マスチックアスファルト舗装が損傷した

施設	道路付属物
具体的部位・箇所など	舗装
不具合の原因分類	材料特性に起因する損傷
発見者	点検者
発見時点	日常点検(路上点検)

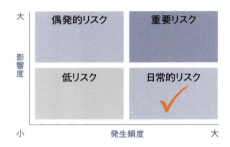

概要

鋼床版上の舗装打ち替えの材料として、従来のグースアスファルトに替え砕石マスチックアスファルト(SMA)を施工したが、損傷が早期に発生した。原因は、鋼床版との付着面の剥離や締め固め不足による空隙などから、水がまわったものと考えられる。

解説図

砕石マスチックアスファルトの損傷

対策

砕石マスチックアスファルト(SMA)の撤去を行い、グースアスファルトへの舗装打ち替えを行った。

建設へフィードバックすべき事項

鋼床版上に砕石マスチックアスファルト(SMA)は基本的には採用しない。

50 供用段階編

裏面吸音板の吸音材カバーが損傷し落下しかけた

施設	道路付属物
具体的部位・箇所など	裏面吸音板
不具合の原因分類	防食劣化、腐食に起因する損傷
発見者	管理者
発見時点	日常点検（路下点検）

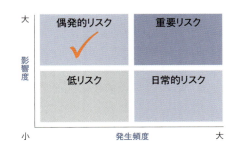

概要

裏面吸音板の吸音材カバーが損傷し落下しかけた。原因は、アルミ製の吸音材カバーとステンレス製のブラインドリベット留め部が漏水等を伴う異種金属接触により腐食したためである。

解説図

発見時の状況

撤去した部材

対策

損傷を受け撤去した部材は、ブラインドリベットに絶縁塗装を施したうえで増し打ちを行った。漏水は、旧電らん管や排水管から供給されることから、止水対策を行った。

建設へフィードバックすべき事項

漏水などの対策を十分に行うとともに異種金属接触を避ける構造や塗装を採用する。

51 供用段階編

大型標識柱の基部にき裂が発生し倒壊した

施設	道路付属物
具体的部位・箇所など	標識柱
不具合の原因分類	疲労に起因する損傷
発見者	管理者
発見時点	臨時点検

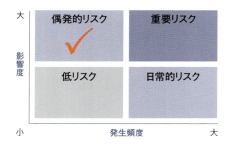

概要

ゴム支承を有する橋梁において、その上部構造に設置していた大型標識柱の基部に疲労き裂が発生し、標識柱が倒壊した。原因は、上部構造と標識柱の固有周期が近く、共振が起こったためと考えられる。

解説図

標識柱基部のき裂

［新設標識柱の基部構造］

A-A断面

B-B断面

対策

柱基部へ無収縮モルタルを充填し、基部のリブ先端溶接部の発生応力を低減させた。

建設へフィードバックすべき事項

共振しないような構造を考えるとともに設置位置も十分配慮する。また、疲労耐久性の高い基部の構造ディテールを採用する。さらに、柱を角柱として疲労耐久性の高い構造ディテールに改善する対応もある。

照明柱の基部にき裂が発生し倒壊した

施設	道路付属物
具体的部位・箇所など	照明柱
不具合の原因分類	疲労に起因する損傷
発見者	管理者
発見時点	臨時点検

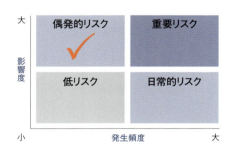

概要

斜張橋の桁上において、主塔近傍の照明柱が倒壊した。原因は、主塔の風下に照明柱が位置すると、風による振動が生じることがあり、それによって、照明柱基部に疲労損傷が発生し、照明柱が倒壊したものと考えられる。

解説図

照明柱の倒壊

照明柱の倒壊（拡大）

対策

抜本的な対策は困難なことから、主塔による風の影響を受けやすいと考えられる範囲においては、照明柱形式でなく高欄照明形式に替えた。

建設へフィードバックすべき事項

このような振動および疲労損傷は、主塔と照明柱の位置関係および架橋地点の風向とその頻度によるため、どの斜張橋でも生じるわけではないが、近接する構造物の耐風現象について事前の検討が重要である。

53 供用段階編

ポーラスコンクリート舗装にひび割れが発生し骨材が飛散した

施設	道路付属物
具体的な部位・箇所など	開削トンネル内の舗装
不具合の原因分類	設計に起因する損傷
発見者	発注者
発見時点	供用開始約1年後の路面調査時

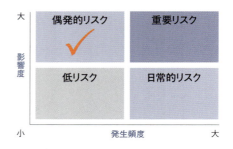

概要

トンネル函体の構造目地付近のポーラスコンクリート舗装に横断方向のひび割れ、浮き、骨材飛散が集中して発生した。原因は、トンネル函体の構造目地の伸縮に、ポーラスコンクリート舗装が追従できなかったためと考えられる。

解説図

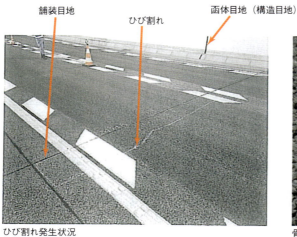

ひび割れ発生状況

骨材飛散発生状況

対策

車両走行による骨材飛散を予防するため詳細調査を実施し、浮いている部分を撤去し加熱合材で補修した。また、トンネル函体の挙動も追跡調査した。

建設へフィードバックすべき事項

トンネル函体構造目地で想定される伸縮に追従できるように、コンクリート舗装の目地の位置、構造を適切に設定すべきである。

5.2 不具合事例分析

表2-26に不具合の原因分類ごとの件数を示す。これによると鋼構造物の疲労に起因する損傷が15件と最も多く、次いで鋼構造物の防食劣化、腐食に起因する損傷が多い。阪神高速では鋼構造物の割合が多く、鋼構造物に関連する損傷が多いため、疲労対策や防食・漏水対策など鋼構造物の耐久性向上対策が重要である。

表2-26 不具合の原因分類ごとの件数

不具合の原因分類	集計	不具合の原因分類	集計
防食劣化、腐食に起因する損傷	13	摩耗に起因する損傷	1
疲労に起因する損傷	15	漏水に起因する損傷	4
材料特性に起因する損傷	5	水に起因する損傷	1
設計に起因する損傷	4	支承機能喪失に起因する損傷	1
施工に起因する損傷	2	側方流動に起因する損傷	1
クリープに起因する損傷	1	地盤変形に起因する損傷	1
ASRに起因する損傷	2	維持管理性の欠如	1
塩害、中性化に起因する損傷	1	-	-
総計			53

6 まとめ

橋梁や地下構造物、付属構造物において、設計不具合の発生段階、原因を比較分析し、対策の方向性を検討する。

図2-6に各構造物の発生段階での集計結果を示す。これによると、発生段階は、構造物により大きく異なるが、どの構造物でも複数の段階で設計不具合が発生している。地下構造物においては設計条件時が比較的多いこと、付属構造物においては圧倒的に図面作成時が多いことから、構造物に応じて照査および審査のメリハリをつけることも考えられる。

次に図2-7に不具合の原因分類ごとの集計結果を示す。これによると不具合の原因も構造物により大きく異なるが、どの構造物においても「基準適用における誤り」、「部材の干渉などに対する配慮不足」、「計算入力ミス」、「図面記載ミス」の合計が大きな割合を占める。これらを防止するためにはチェックリストの活用が効果的である。

また、どの構造物においても「情報伝達不足（組織間）」がある程度の割合を占めている。これを防止するためには、組織間での情報共有の充実を図ることが不可欠である。

橋梁や地下構造物では、「技術的判断における誤り」がある程度の割合を占めている。これを発見するためには、経験豊富な技術者が照査および審査する必要がある。そして、前述のように、設計の各段階で照査および審査を行う必要がある。限られた条件下でこれらを行うためには、設計の工程管理、効率的な照査・審査体制の確立が必要となる。

図2-6 発生段階でのまとめ

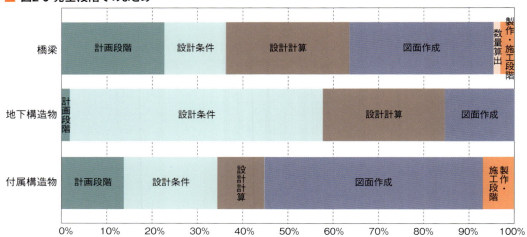

図2-7 不具合の原因分類によるまとめ

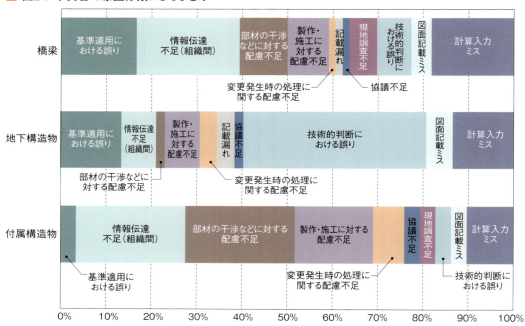

■ 発行元一覧

※本編で紹介された図書の発行元を以下に示す。

道路橋示方書：道路橋示方書・同解説、社団法人日本道路協会

設計基準：設計基準第2部、第3部、阪神高速道路株式会社

開削トンネル設計指針：阪神高速道路株式会社

マスコンクリートによる温度ひび割れ制御マニュアル：阪神高速道路株式会社

土木構造物設計マニュアル（案）：国土交通省

道路土工　のり面工　斜面安定工指針：社団法人日本道路協会

道路土工　軟弱地盤対策工指針：社団法人日本道路協会

近接施工に伴う設計・施工の手引き（開削工事編）：阪神高速道路株式会社

第3編
審査・照査制度と設計責任

1 道路施設の審査・照査制度

1.1 国土交通省

　国土交通省の設計コンサルタント業務等成果の向上に関する懇談会（座長：小澤一雅・東京大学教授、以下「懇談会」）は、「近年、第三者による成果品の点検の試行により、設計ミスが多発していることが発覚し、適切な成果品の品質確保体制の整備が急務となっている」として、対策を検討し、2007年3月に改善方策（**表3-1**）を含む中間とりまとめ[1]を発表した。これを受けて、08年度より地方整備局が改善方策の「設計成果品の品質評価」、「三者会議」を順次、実施している。

　設計成果品の品質評価は、業務完了検査後に設計エラーの有無などの評価を第三者に委託して行い、設計瑕疵と認められる場合には設計者に修補を求めるとともに、品質評価の結果に応じて、業務成績評定を変更するものである（**図3-1**）。

　三者会議は、施工着手前に、設計者から施工者への設計意図・施工上の留意事項の伝達、施工者から設計者・発注者への施工計画等に関する提案などを行うものである（**図3-2**）。

■ 表3-1 改善の基本的な方向性と改善方策[1]

	基本的な方向性	改善方法
業務成績評定と技術提案の能力を重視した好循環システムの構築	【小循環】 個々の業務等において品質の高い成果が確実に得られる仕組み	詳細設計業務等への「総合評価方式」の導入
		「プロポーザル方式」の適正な運用
		一部事業への「詳細設計付き工事発注方式」の活用
		「設計成果品の品質評価」の導入
	【中循環】 企業・技術者の実績や努力が企業選定に適切に反映される仕組み	品質評価結果の業務成績評定への反映
		業務成績評定の業者選定への反映
		「簡易公募型」契約方式の活用
	【大循環】 計画・調査・設計、施工、維持管理の各段階を通じて情報を活用できる仕組み	発注者・設計者・施工者による「三者会議」の実施
好循環システムの構築の補完方策	限られたリソースによるシステム構築の補完方策	上半期発注の徹底、発注予定情報の早期公表
		入札契約手続きの簡素化
		低入札対策の強化
		再委託の実態調査、改善方策の検討
		積算手法の見直し
		「設計VE」の積極的な活用
		調査職員の監督（調査）体制の強化

■ 図3-1 設計成果品の品質評価[1]

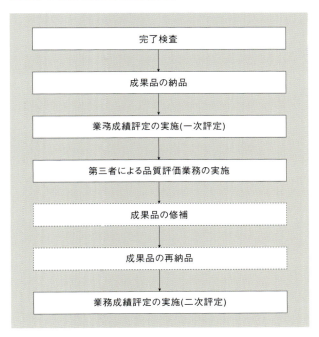

■ 図3-2 三者会議[1]

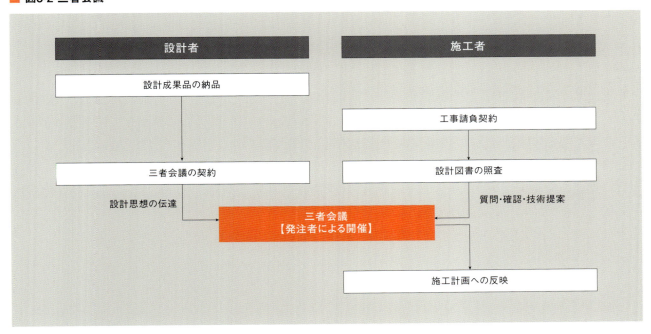

また、地方整備局は、08年度より品質確保対策の強化として、低入札業務では受注者内の照査技術者だけでなく、下記のような第三者による照査を義務付けている事例がでてきており、現在その動きは一部自治体等へも広がってきている。

> ■低入札業務における第三者照査義務付けの例
> ［対象業務］
> 土木関係コンサルタント業務、地質調査業務、測量業務において、
> ①予定価格が1000万円を超える業務で、低入札価格調査を経て契約した業務
> ②予定価格が100万円を超え1000万円以下の業務で、予定価格に10分の7を乗じて得た額を下回る価格で契約した業務
> ［品質確保対策の強化の内容］
> ・土木関係コンサルタント業務については「第三者照査」「履行体制の強化」を品質確保対策として追加する。
> ・地質調査業務については「第三者照査」を品質確保対策として追加する。
> ・測量業務については、「履行体制の強化」「成果検定の強化」を品質確保対策として追加する。
> ［適用時期］
> 上記内容については、09年2月1日以降公示する業務から適用する。

1.2 自治体の事例

　和歌山県では、県が発注した国道480号の三田1号橋の詳細設計で03年4月に20カ所以上に及ぶ大量の設計ミスが発覚した。和歌山県では、「計算式に問題はないのに、答えだけ間違っている箇所があった。こうしたミスは、建設コンサルタント会社が構造計算プログラムを使って照査しなければ、見抜けない場合が多い」として、詳細設計が終わった後に、詳細設計とは別の建設コンサルタント会社に照査だけの業務を発注するクロスチェックを開始した。落橋防止構造を設けなければならない橋長25m以上の橋などをクロスチェックの対象にしている。

　クロスチェック業務の予定価格は、詳細設計業務に含まれる照査費の半分としている[2]。

2 道路施設以外の審査・照査制度

2.1 港湾施設

(1) 概要

2006年5月に港湾法の一部改正が行われ、技術基準の性能規定化及び技術基準への適合性確認制度の導入が行われた。適合性確保については、港湾法第五十六条の二で規定されている。

港湾管理者(自治体)、もしくは民間事業者による事業において、国土交通大臣が定めた設計手法を用いない場合、国または登録確認機関による適合性確認を受けた後に、国、港湾管理者などによる基準適合性の判断を受けることになる。

(2) 登録確認機関

17年2月時点で、登録確認機関は以下の2機関である[3]。
- 一般財団法人　沿岸技術研究センター
- 一般社団法人　寒地港湾技術研究センター

登録確認機関に対して国は、確認業務規定の認可、秘密保持義務(職員は公務に従事するものとみなす)など様々な処置をとることになっている。

(3) 確認員の要件

登録確認機関において適合判定を実施するものは、「確認員」といわれ、その要件は、「国土交通省令で定める試験研究機関において十年以上港湾の施設の性能を総合的に評価する手法に関する試験研究の業務(国土交通省令で定めるものに限る)に従事した経験を有するもの」と法第五十六条の二の八(確認員)で規定されている。

(確認員)

第五十六条の二の八　確認員は、学校教育法(昭和二十二年法律第二十六号)に基づく大学若しくは高等専門学校において土木工学その他港湾の施設の建設に関して必要な課程を修めて卒業した者又は国土交通省令で定めるこれと同等以上の学力を有すると認められる者であって、国土交通省令で定める試験研究機関において十年以上港湾の施設の性能を総合的に評価する手法に関する試験研究の業務(国土交通省令で定めるものに限る)に従事した経験を有するもののうちから選任しなければならない。

(2項以下　略)

2.2 建築物

(1) 概要

2005年の耐震強度偽装問題を受けて、06年度に建築基準法が改正された。最も大きな点として、一定規模以上の建築物等では、構造計算の専門家（構造計算適合性判定員）による照査（ピアチェック）が追加された。このピアチェックは、建築主事等からの委託を受けて行われる。

構造計算適合性判定を要する物件に係る平均の総確認審査日数は近年50日程度となっている。

(2) 構造計算適合性判定員

構造計算適合性判定員は、建築に関する専門的な知識及び技術を有する者として、その要件を国土交通省令で定めている[4]。具体的な要件としては、次のとおりである。

①大学、短期大学又は高等専門学校において建築構造を担当する教授若しくは准教授
②試験研究機関において建築構造分野の試験研究の業務に従事し、高度の専門的知識を有する者
③国土交通大臣がこれらの者と同等以上の知識及び経験を有すると認める者

構造計算適合性判定員の資格審査は、構造計算書や構造設計図の審査を行い、適切な内容であるかどうかを判断する2時間の実技演習により行われる。

3 海外の審査・照査制度

3.1 米国の事例

(1) 概要

米国において「高度に組織的、洗練された制度」と評価されているカリフォルニア州交通局（California Department of Transportation）の設計照査制度を、文献[5]より整理する。そのなかで、州交通局職員のDr. Kookjoon Ahnのコメントにはイニシャル（K.A.）を付記する。

以下では、建設コンサルタント会社が自ら行う照査をチェック（check）、受注者以外の機関が行う照査をレビュー（review）という。

建設コンサルタント会社による構造物設計をレビューする専門部署が本局エンジニアリングサービス部内の特別資金事業室（Office of Special Funded Projects、OSFP）である。

橋梁の設計基準より上位に位置づけられる道路事業執行に関する技術基準であるOSFP Information and Procedures Guideにおいて、設計照査制度全体が規定されている。この基準の冒頭部において、

「交通施設の管理者および運営者として、州交通局は、建設後の運営、維持管理および不法行為に責任がある」として、特別資金事業室が事業の全ての段階において州交通局の基準を遵守するようにレビューすると明記している。

(2) 受注者のチェック

設計およびチェック関係者を表3-2に示す。設計責任者は、プロフェッショナルエンジニア（PE、技術士）であることが義務付けられている。

設計、レイアウト、ディテール、数量、仕様書など各項目別のチェッカーがチェックすることが義務付けられており、チェッカーは設計図に署名する。初回PS&E（設計図、仕様書、見積）提出時に、プロジェクトエンジニアが品質管理報告書に署名し、チェックの証拠資料を添えて提出する。

■ 表3-2 設計およびチェックの関係者[5]

関係者	職務
プロジェクトエンジニア	プロジェクト全体の責任者であり、設計責任者が兼務する場合もある
設計責任者	設計の責任を負う。PE義務付け
設計担当	設計、ディテール、数量など各項目の担当
チェック担当	各項目のチェックおよびバックチェック担当（設計担当と別人）

レイアウト、構造、床版排水など橋梁設計において必要な全ての計算について、チェッカーが独立計算を行うことが義務付けられる。重要な点は、チェッカーが設計図のみを見て行うことである。初回PS&E提出時に、独立計算書と合わせて、断面方等の設計計算書との相違点、その点に関する設計担当者との協議事項を記した文書を提出する。

「設計計算書を見ずに独立計算を行うことは、チェッカーへの信頼を前提としており、実際、よく守られている。チェッカーの資格要件は無いが、独立計算を行うチェッカーは、実際には常にPEである」（K. A.）。

なお、カリフォルニア州交通局は、設計業務時間の積算において、設計35%、ディテール30%、チェック20%、数量計算15%を標準としており、チェック費用が設計業務費の20%である。

(3) 発注者のレビュー

特別資金事業室には、30名の橋梁設計技術者がいる。特別資金事業室のリエゾンエンジニア（Liaison Engineers）という職位の技術者がレビューの責任者となる。リエゾンエンジニアの資格要件は、PEを保有し、最低2年間の州の道路橋設計の経験があることで、「実際には、10年以上の設計もしくはレビューの経験がある」（K. A.）。「リエゾンエンジニアの下で、設計のみでなく施工、維持管理に関係する本局の多くの部署がレビューに参加する。カリフォルニア州交通局のインハウスの約9割がPEであり、レビュー者は、基本的にPEである」（K. A.）。

レビューは、設計の進捗に合わせて5回行われる。その時期と標準的レビュー期間を、**表3-3**に示す。

多くのレビュー者がPS&E、設計計算書および独立計算書をレビューする。設計図に修正意見を赤色で記入するとともに、修正意見のメモを作成する。「リエゾンエンジニアが、設計計算書と独立計算書の相違点を確認する。耐力等が3～4%程度異なるのが通常であり、設計計算書から独立計算書を作成するなどの不正は見抜ける」(K. A.)。設計図、設計計算書に疑問点を見つけた際には、自ら部分的に計算を行うこともある。多くのレビュー者の修正意見をリエゾンエンジニアが整理して受注者に渡す。最終PS&Eのレビュー後に、各設計図にリエゾンエンジニアが署名し (**図3-3**)、PS&Eを承認したことを示す。

■ **表3-3 レビュー時期および期間**[5]

レビュー時期	進捗	期間
一般図（構造形式選定）	35%	4週間
未チェックディテール	65%	3週間
初回PS&E	90%	6週間
中間PS&E	95%	4週間
最終PS&E	100%	4週間

■ **図3-3 カリフォルニア州交通局の図面署名欄**[5]

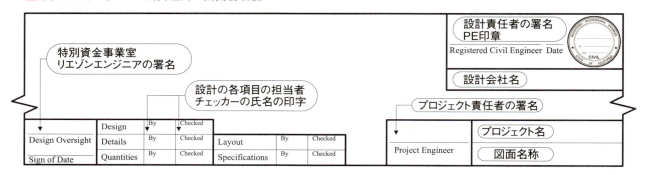

3.2 英国の事例

(1) 概要

英国のイングランドの幹線道路管理者である英国道路庁 (Highways Agency) の設計照査制度を、文献[6][7]より整理する。

英国道路庁では、1970年のMilford Haven橋の落橋事故の反省から、英国道路庁、設計者、チェッカー（照査者）の3者よりなる技術認証手続き (Technical Approval Procedure、TAP) を運用している。

英国における道路および橋梁に係る技術基準類 (Design Manual for Roads and Bridges、DMRB) の第1巻 (Highway Structures: Approval Procedures and General Design) の第1部 (Approval Procedures) のBD2/05：Technical Approval of Highway Structuresにおいて、TAPが規定されている。以下では、BD2/05を引用する箇所では条項番号を付記する。TAPは、以下に適用される (BD2/05、3.2)。

・新設構造物の設計

・構造健全性に影響を与える施工とその評価
・当初設計荷重もしくは、以前に再評価された荷重よりも大きな荷重を載荷する場合の評価
・構造物の主要部材が劣化し、安全性検討が必要な場合の評価

　設計者は、受注後、詳細設計に先立ち、許可申請書（Approval in Principle、AIP）を含む設計提案書を英国道路庁の技術認証責任者（Technical Approval Authority）に提出しなければならない。技術認証責任者は、AIPを含む設計提案書および証明書を承認する義務を有する英国道路庁の職員である。技術認証責任者、設計者、チェッカーは、公認技術者（Chartered Engineer）等であることが義務付けられている。

　詳細設計方針AIPは、使用基準、荷重、解析方法、地盤条件そして図面（予備設計成果）など詳細設計方針をまとめたものである。このAIPは、かなり詳細な資料である。例えば、解析でFEMを用いる場合には、そのモデルも含まれる。

　このAIPの末尾に技術認証責任者が承認の署名をすることで、AIPが効力を有するようになる。いわばAIPは日本の建築確認申請書のようなものであるが、最も異なる点は詳細設計の前に提出する点である。

　技術認証責任者の署名がなされたAIPの取得後、設計者は詳細設計を開始する。もちろん、AIPに準拠しての設計である。AIP取得後に、追加ボーリング結果等による詳細設計方針の変更が生じれば、AIPの変更審査を新たに受けなければならない。

　AIPの重要な項目に逸脱（Departure）がある。逸脱には二つの意味があり、一つはDMRBなどの基準類に規定されている事項と異なる設計をすることであり、もう一つはDMRBなどの基準類でカバーされていない事項の提案をいう。いわば、逸脱は、日本の性能設計の一つの形と考えられる。

　BD2/05では、設計者は逸脱によって、コスト縮減、革新技術、最新の研究知見または開発成果を模索してもよいとされている（BD2/05、2.9）。

(2) 受注者のチェック

　チェッカーは、構造物の規模、技術的な複雑さに応じて異なる（**表3-4**）。

　カテゴリー3では、AIPに示されたチェッカー案のリストから、技術認証責任者がチェッカーの経験、技術を考えて、設計者が所属する会社とは別の会社に属する技術者をチェッカーとして指名する。チェック費用は、設計会社から支払われるが、このようなシステムを採ることで、いわば、単に設計者の言うことをよく聞くチェッカーが選定されることを防止している。

■ 表3-4 橋梁のカテゴリーとチェッカー[6]

カテゴリー	1	2	3
該当橋梁	25°以下の斜角を有する20m以下の単純スパンの橋梁	カテゴリー1、3以外の橋梁	高度な解析を必要とするか、または次のような特徴を有する複雑な橋梁 (a) 高度な構造的冗長性を有する (b) 従来なかった検討要素がある (c) 50mを超えるスパン (d) 45°を超える斜角 (e) 難しい基礎条件 (f) 可動 (g) 吊り構造 (h) 直交異方性鋼床版 (i) グラウト充填シースを用いるPC
チェッカー	設計チームと同じ会社に属するが、設計チームに属さない者	設計チームと同じ会社に属するが、設計チームに属さない者からなるチーム	設計会社によって推奨され英国道路庁によって承認された、設計会社とは異なる会社のチーム

チェッカーは、設計の内容、また、設計が正確に図面に反映されていることをチェックしなければならないとされ、また、チェッカーの設計計算は、設計者のそれとは独立していなければならず、計算結果の交換を行ってはならないとされている（BD2/05、2.23）。

一方、設計者とチェッカーは、彼らの結果が比較できるようにその作業中に互いに協議すべきである（BD2/05、2.25）とも定められている。なお、チェックの開始は設計の終了を待っている必要はなく、双方の活動は実務的である限り並行作業であってよいとの記載もある（BD2/05、2.26）。

設計、チェックが完了すると、設計者およびチェッカーは、「専門家としての技術と注意を払った」ことの証明書（**表3-5**）を提出する。これにより、チェッカーの責任が明確化されている。

■ 表3-5 設計およびチェック証明書[7]

```
Annex C1        プロジェクト名：
                橋梁名    ：
                構造物番号 ：
1. 本構造物の設計/評価/チェックにおいて、下記が保障
   されるように専門家としての技術と注意を用いたことを
   証明する
   i.  承認AIP（日付）に準拠している
   ii. 本構造物の評価耐荷力は下記であるA
       （評価耐荷力）
   iii. 下記の設計図、鉄筋加工表は正確であるD
       （図面番号、加工表番号の一覧を添付）

署名        _____
氏名（責任者） _____
                チーム長
資格1
署名        _____
氏名（組織の代表）_____
役職        _____
組織名       _____
日付        _____

2. 本証明書は認証責任者により受理された
   （認証責任者の署名欄、備考はAIP（付録）に同じ）
```

コンサルタントによる既設耐荷力評価業務について、カテゴリー2の8橋の平均内訳時間を**表3-6**に示す。これによれば、1) AIPの作成および修正、2) チェックおよび評価者とチェッカーの協議、という技術認証関連時間が全体の31％を占め、2)のみでは、22％である。

(3) 発注者のレビュー

英国道路庁の安全・基準・研究局（Safety、Standards and Research、SSR）のアセットパフォーマンス部の職員が技術認証責任者となる。部には3つのグループがあり、アセットマネジメントパフォーマンス構造グループ（AMP Structure）とアセット認証構造グループ（AAG Structure）が構造物を担当

し、アセット認証地盤グループ（AAG Geotechnics）が地盤を担当する。

技術認証責任者の職務が**表3-7**のように明確化されており、中心はAIPの審査である。責任を明確にするために、設計計算書は受領せず、設計図および特記の受領にあたっては、確認することをしない。

逸脱の審査は、特別に関係者、手順が規定されている（**図3-4**）。

①事業の計画段階で逸脱につき、提出者、交通管理部門（TO/MP）、安全・基準・研究局（SSR）が事前協議する。

②設計者が逸脱を含むAIPを提出し、逸脱が逸脱電子審査システム（Electric Departures Approval System、DAS）に入力され、まずアセット認証グループ（AAG）の担当者が審査する。

③Level 1では、AAGの技術認証責任者に回され、Level 2では、AMPの技術専門家に回され、その後、技術認証責任者に回される。

④Route 1では、AAGの技術認証責任者から提案者に回答され、Route 2では交通管理部門（TO/MP）が最終判断のうえ、提案者に回答される。技術認証責任者は、逸脱を含むAIPの審査が終わると承認（条件付き含む）、もしくは却下の判断をAIPの末尾に記し、署名する。

■ 表3-6 既設耐荷力評価業務時間内訳

項目	時間
計画・準備	24.9
点検	59.9
AIP作成	20.1
AIP修正（HA審査後）	8.0
評価	70.6
チェック	54.2
評価者とチェッカーの協議	10.3
評価報告書作成	41.3
システム入力	8.1
合　計	297.4
技術認証関連時間小計（網掛け箇所）	92.6 / 31%

英国道路庁のMr.Sibdas Chakrabarti作成資料

■ 図3-4 逸脱の審査手順[6]

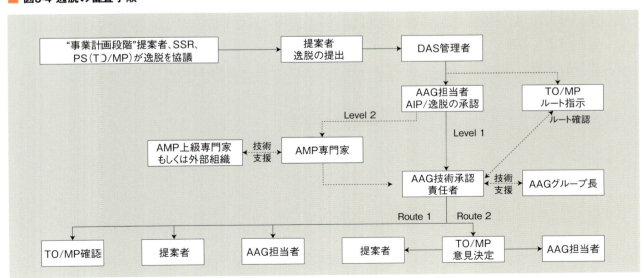

■ **表3-7 技術認証責任者の職務**[7]

（共通）
2.14 認証責任者は、以下の該当する項目を実施しなければならない
① 設計等の条件、原理、手法の評価
② カテゴリー案の承認
③ 承認されるAIPが安全性に関する特別の調査およびリスクマネジメントを必要としないかの確認
④ 安全性、持続的発展性、施工性、交通管理、環境影響、景観、ロバストネス、耐久性、維持管理性、アクセスおよび点検、将来の改築性、ライフサイクルコストおよび他の管理者の要求事項に対して適切な考慮がなされているかの確認
⑤ 使用技術基準等および逸脱の承認
⑥ 地盤条件の確認
⑦ 既存調査資料の適切性の評価およびさらなる調査の必要性の評価
⑧ 他機関との協議の適切性の評価
⑨ 経験、能力を評価し、カテゴリー3のチェッカーの承認
⑩ 基準もしくはガイドラインの解釈についての設計者等およびチェッカーからの質問への回答
⑪ 設計者等とチェッカーの見解の相違の解消

（橋梁）
3.5 認証責任者は、2.14に加えて、以下の該当する項目を確認しなければならない
① 幅員構成および建築限界
② 荷重および他の条件
③ 特車荷重に対する追加的検討
④ 補修、補強、モニタリング、部分的な改築もしくは撤去の施工法については、全ての施工段階における安定性の検討
⑤ 工場製品が妥当な場合におけるその使用

3.3 ドイツの事例

(1) 概要

ドイツでは、構造照査技師（Prüfingenieur für Bautechnik）の資格者が、土木、建築における構造設計の照査を行っている。

ドイツでは1900年代に入り、構造設計が複雑な建築物が増加し、自治体による建築確認が困難となる例もあり、建築確認を支援するために1926年に法令により構造照査技師制度が創設された。

構造照査技師資格を取得するためには、州の建築規制当局が行う試験に合格しなければならない。受験資格は、構造業務の経験年数が10年以上に加えて、個人事業主として行った構造業務の経験年数が2年以上である。構造照査技師の専門分野は、コンクリート・石積、鋼、木の3分野である。ちなみに、2008年における構造照査技師の総数は、約700名である。

(2) 構造照査技師制度による照査

チェック項目は以下の通りである。
- 構造安全性（構造計算書）
- 使用性および耐久性
- 防火設備および構造の防火仕様（建築物）
- 設計図
- 工事検査（部分的）

設計図は、工事現場で使用される唯一の文書であるので、その詳細な照査が照査全体のなかで最も重要としている。構造計算書の照査は、設計図の前提条件が正しいかどうかという位置づけである。設計図の照査が終わるとその証しとして、構造照査技師が全ての設計図に署名し、印章を押す。設計図以外の照査項目については、照査報告書を作成し、署名して提出する。

連邦構造照査技師協会が発行するガイドラインは、構造計算書の照査は、構造照査技師による独自の構造計算もしくは実験によることとしている。一般的には、独自の構造計算が行われる。照査は、詳細設計の進捗に合わせて段階的に行われる。

3.4 韓国の事例

(1) 概要

韓国における事例として仁川大橋（Incheon Bridge）を取り上げる。この橋は、韓国の仁川国際空港のあるヨンヂョン島と、対岸の仁川ソンド国際都市とを結ぶものであり、中央部には橋長1480mの斜張橋を有する。

この事業では、Samsung Construction JV（SCJV）が設計・施工一括で受注し、SCJVは、設計者として、Seoyong（高架部）、㈱長大（斜張橋）と契約した。そして、SCJVは、チェッカー（照査者、CCE）として、Halcrow（英国）、Arup（英国）およびDasan（韓国）と契約した。

(2)受注者のチェック

チェッカーであるCCEは、以下の業務を実施している。

本体構造物については、図面のみ受け取り、完全な独自の設計計算を行い、チェックを実施している。例えば、斜張橋の主塔では、図面の受け取りからチェック証明書の発行まで12週間であった。

一方、仮設のチェックについては、図面と設計計算書を受け取り、独自の設計計算を行うことなくチェックを実施している。しかし、本設に大きな荷重を作用させる、もしくは大きな安全性のリスクを有する仮設は、主要仮設と呼ばれ、本設と同様のチェックが行われた。主要仮設の例として、以下がある。

- 高架部の2kmの仮桟橋
- 高架部の送り出しクレーン

4 設計に係る法的責任

4.1 概要

道路構造物の設計業務の委託を受けた受注者は、発注者に対する瑕疵担保責任と不法行為責任を負っている。不法行為責任は、前述の民法第717条（土地の工作物等の占有者及び所有者の責任）の3項に規定されている。

建設コンサルタント会社およびその従業員の責任は以下の通りである。

（会社の責任）
1) 民間道路事業者に対する契約上の責任：瑕疵担保責任
2) 民間道路事業者に対する民法第717条3項（前述）による責任
3) 負傷者に対する民法第709条（不法行為による損害賠償）による責任

（業務責任者の責任）
4) 負傷者に対する民法第709条（不法行為による損害賠償）による責任
5) 刑法第211条（業務上過失致死傷等）による責任

> （土地の工作物等の占有者及び所有者の責任）
> 第七百十七条　土地の工作物の設置又は保存に瑕疵があることによって他人に損害を生じたときは、その工作物の占有者は、被害者に対してその損害を賠償する責任を負う。ただし、占有者が損害の発生を防止するのに必要な注意をしたときは、所有者がその損害を賠償しなければならない。
> 2　前項の規定は、竹木の栽植又は支持に瑕疵がある場合について準用する。
> 3　前二項の場合において、損害の原因について他にその責任を負う者があるときは、占有者又は所有者に、その者に対して求償権を行使することができる。

> （不法行為による損害賠償）
> 第七百九条　故意又は過失によって他人の権利又は法律上保護される利益を侵害した者は、これによって生じた損害を賠償する責任を負う。

> （業務上過失致死傷等）
> 第二百十一条　業務上必要な注意を怠り、よって人を死傷させた者は、五年以下の懲役若しくは禁錮又は百万円以下の罰金に処する。重大な過失により人を死傷させた者も、同様とする。
> 2　自動車の運転上必要な注意を怠り、よって人を死傷させた者は、七年以下の懲役若しくは禁錮又は百万円以下の罰金に処する。ただし、その傷害が軽いときは、情状により、その刑を免除することができる。

4.2 瑕疵担保責任

　1995年5月に建設コンサルタント業務に関して初めて「公共土木設計業務等標準委託契約約款」（以下「標準約款」）が制定され、発注者と受注者の間の権利・義務及び責任が明確になった。この標準約款を受けて、当時の建設省は「土木設計業務等委託契約書」、「設計業務共通仕様書」等を改定し、95年10月から施行した。99年度までに、ほとんどの都道府県でも標準約款が適用されるようになった。

　この標準約款では、民法の請負契約における瑕疵担保責任規定（第634条～第638条）を基本的に踏襲している。民法は、責任を負う根拠について過失責任主義を取っているが、瑕疵担保責任は例外的に、請負人の過失の有無に関係なく問われる[8]。

　瑕疵担保の責任期間は、国土交通省では3年、ただし、故意又は重大な過失により生じた場合には、10年としている[9]。

　瑕疵は、広辞苑では、「行為・物・権利などに本来あるべき要件や性質が欠けていること」とされてい

る。民法の請負契約における瑕疵の解釈の学説として、「目的物が通常有している品質や性能、あるいは、請負契約において特に示された品質や性能を基準にして判断される」とある[10]。

> 標準約款 （かし担保）
> 第三九条　甲は、成果物の引渡しを受けた後において、当該成果物にかしがあることが発見されたときは、乙に対して相当の期間を定めてそのかしの修補を請求し、又は修補に代え、若しくは修補とともに損害の賠償を請求することができる。
> 2　前項の規定によるかしの修補又は損害賠償の請求は、第三〇条第三項又は第四項（第三六条第一項又は第二項においてこれらの規定を準用する場合を含む。）の規定による引渡しを受けた日から〇年以内に行わなければならない。ただし、そのかしが乙の故意又は重大な過失により生じた場合には、請求を行うことのできる期間は〇年とする。
> 3　甲は、成果物の引渡しの際にかしがあることを知ったときは、第一項の規定にかかわらず、その旨を直ちに乙に通知しなければ、当該かしの修補又は損害賠償を請求することはできない。ただし、乙がそのかしがあることを知っていたときは、この限りでない。
> 4　第一項の規定は、成果物のかしが設計図書の記載内容、甲の指示又は貸与品等の性状により生じたものであるときは、適用しない。ただし、乙がその記載内容、指示又は貸与品等が不適当であることを知りながらこれを通知しなかったときは、この限りでない。

4.3 発注者による賠償請求の動向

　建設コンサルタント会社の設計ミスに対し、発注者が損害賠償を求める事例が増えている。成果物の瑕疵修補はもちろん、瑕疵に起因する補修工事の費用を請求するケースが増えている。

　建設コンサルタンツ協会をはじめとする土木系4協会の建設コンサルタント賠償責任保険の契約を取り扱う保険代理店がまとめた保険金支払い状況が明らかにされている。2008年度は7月の時点で、保険金が支払われた件数が既に17件、支払い金額も過去最高の約3億8000万円に達している。これらは、2008年度以前に発覚した瑕疵に対して、保険金が2008年度に支払われた案件である。設計成果品の引き渡しから3年以上経過した案件が多いとのことであり、これらは、「重大な瑕疵」とされていることになる。

　この保険代理店は、「自治体は最近、瑕疵への責任を明確にしないと議会やオンブズマンなどへの説明が付かないと考えているようだ」と述べている[11]。

4.4 米国における設計責任

(1) カリフォルニア州内自治体の業務委託契約書における賠償責任規定

カリフォルニア州内の自治体（郡、市等）が標準的に使用している業務委託契約書（engineering services agreement）における賠償責任（liability）規定を以下に示す[12]。主な点としては、

- 発注者がレビューするが、設計成果品を正確そして完全とする義務は、受注者のみにある（F1項）。
- 受注者の過失もしくは怠慢による損害は、工事目的物の損害のみでなく、その結果生じた第三者の損害についても受注者に賠償責任がある（F6項）。
- 契約書に、賠償責任の期間に関する規定はない。

である。

F. 賠償責任および発注者の免責

1. 受注者は、本プロジェクトのための全てのデータ、図面、仕様書、見積を正確そして完全とする義務があり、これらをチェックしなければならない。データおよび図面は、発注者によりレビューされるが、これらを正確そして完全とする義務は、受注者のみにある。

2. 本プロジェクトの仕様書にしたがって作成された図面、設計、見積、計算、報告書および他の文書は、納品基準を満足し、良く整理され、技術上および文法上において正確であり、作成者およびチェッカーの氏名が明記されていなければならない。外形、整理および内容の最低基準は、発注者により作成された類似文書でなければならない。

3. 技術文書（報告書等）の作成者氏名欄があるページ、仕様書の表紙および全ての図面には、作成の責任を有するプロフェッショナルエンジニア（PE）の印章（シール）、登録番号、登録区分、有効期限および署名がなければならない。

4. 最終でなく、PEの署名および印章がない図面および他の文書を使用することは許可しない。

5. 発注者の標準使用（exclusive use）のための最終の図面および他の文書を本プロジェクトに使用することを許可することがある。

6. 受注者、その社員、代理人もしくは本契約の業務遂行のための関係者の過失（negligence）もしくは怠慢（omission）による、あるいは、よると主張される申立て、訴訟、被害および死亡、負傷、物的被害に対する賠償責任から発注者、その職員、代理人を受注者は免責にしなければならない。これは、発注者、その職員もしくは代理人に故意の過失（active negligence）がある場合を除いて、発注者および職員の過失の程度に関係しない。前述の免責に関して、発注者、その職員および代理人を訴訟から守ることを弁護士報酬を含め受注者の費用で行うことに同意するものとする。

M．保険

受注者は、以下の保険を購入し、維持しなければならない
（略）
4.補償額が1クレーム当り100万ドル以上の専門家賠償責任保険。受注者により提出される文書は、完全でなければならず、提出前に注意深くチェックされなければならない。発注者のチェックは、任意であることを受注者は理解し、および発注者がエラーもしくは怠慢を発見すると期待してはならない。受注者の専門家賠償責任保険証券は、カリフォルニア州内の営業許可を受けた会社により発行されなければならない。

(2) 過失の解釈

国立工学財団の資料[13]より、構造技術者の過失についての解釈を以下に示す。

- 過失とは、標準的注意、それは能力ある技術者が類似の状況において実際にしていることを行わなかったことである。

人的もしくは物的被害の原因であるミスをある技術者が犯したという事実は、技術者に賠償責任があるとするには不十分である。賠償責任を問うためには、そのサービスに過失、すなわち、専門家の標準的注意（the standard of care of the profession）を払わなかったことが証明されなければならない。ある者が技術者に業務を委託した場合には、技術者のミス、それが他の標準的能力のある技術者（normally competent engineers）が適切な注意を払い、最善の判断をしても犯すミスに類似する場合には、そのミスのリスクと賠償責任を委託者が受け入れるのである。

標準的注意とは、技術者が個々の事例でなすべきだったことでなく、他の者が技術者がなしただろうと言うことでもなく、彼ら自身がなしたであろうと言うことでもなく、能力ある技術者が類似の状況において実際にしたことである。

(3) 発注者の照査義務

　米国では、州際高速道路などの幹線道路の管理者は、州交通局である。州交通局が連邦補助事業を実施する場合には、連邦交通省長官にPS&E（図面、仕様書および見積）の承認を得なければならないこと、この長官の権限を部分的に州交通局が引き受ける協定を結ぶことが可能であることが、連邦道路法の「第106条事業の承認および監督」で規定されている[5]。州交通局がPS&E承認権限を引き受けると、州交通局には、設計をレビューする義務が生じる。これは、連邦と州との協定において以下のように明確に示される。

> 設計段階におけるカリフォルニア州交通局の主な職務は、州際高速道路に関するランプ等の追加変更および設計特例使用（設計速度、橋梁の耐荷力等の基本的項目）のレビューおよび承認、詳細設計全般のレビューおよびPS&Eの承認である。

　連邦道路庁（FHWA）がPS&E承認権限を有する場合は、FHWAと州交通局の両者に設計をレビューする義務がある。FHWAは資金提供者として、州交通局は施設の管理者としてである。FHWAは、各州における出先事務所が基本的項目のみレビューする。米国交通安全委員会（NTSB）のヒアリングを受けた15の州交通局の全てが、FHWAによるレビューを期待せず州のみで完全なレビューを行っていると回答している。

4.5 英国における設計責任

　英国のイングランドの幹線道路を管理している英国道路庁（Highways Agency）は、ある一定規模以上の工事は、設計・施工一括発注方式で行っている。その標準約款[14]より、請負者（Contactor）の賠償責任、過失の解釈、専門家賠償責任に関する規定を以下に示す。主な点としては、
- 発注者が工事目的物を受領しても請負者の設計についての賠償責任を減じない（14.1項）。
- 米国と同じ定義の標準的注意を請負者に求めている（21.1項）。
- 設計に起因する瑕疵の賠償責任は、期間、額とも無制限（21.8項）。

である。

> 1　一般
> （略）
> 14.1 請負者からの文書もしくは工事目的物の監督職員による受領は、請負者の工事目的物を提供する義務もしくは設計についての賠償責任を変更しない。

2　請負者の主な義務
(略)
21.1　請負者は、仕様書で規定された設計を行う。能力ある設計者が規模、範囲および複雑さの点で類似の設計を行う場合に用いると期待される注意および技術を請負者は用いる。
(略)
21.4　設計者とは別人の適切な資格および経験がある技術者により署名された設計チェック証明書を提出する。証明する技術者は、請負者の社員もしくは下請けの社員である。
(略)
21.8　瑕疵証明（引渡しから1年後に監督職員が検査を行い瑕疵の有無を記載）に記載されていない設計に起因する瑕疵についての請負者の賠償責任は無制限である。

8　リスクおよび保険
84.3　請負者は、補償額が1クレーム当り1000万ポンド以上の専門家賠償責任保険に、業務開始時から引渡しの12年後まで加入する。

4.6　ドイツにおける設計責任

　ドイツにおける設計者はエラーのない設計を行なう義務があり、自らチェックを行う義務もあるとしている。一方、構造照査技師はエラーの無い照査のみを行う義務があるとしている。義務を果たさなかった場合の責任（賠償等）については、建築確認検査業務では、過失があった場合を除き構造照査技師には責任がなく、州が国家賠償法に基づき賠償責任を負っている。道路橋設計の照査など建築確認検査業務以外では、構造照査技師は建設コンサルタントとしての標準的な責任を負う。

5 発注者、受注者、照査者の責任事例

5.1 朱鷺メッセ連絡デッキの事例

(1) 事故の概要

2003年8月26日、新潟市万代島にある朱鷺メッセ内の連絡デッキの一部が突然落下した。

この事故の概要および推定事故原因を、施設設置者である新潟県が設置した「朱鷺メッセ連絡デッキ落下事故調査委員会（委員長：丸山久一・長岡技術科学大学教授）」の委員会報告書の概要版[15]より以下に示す。

> 03年3月からの供用開始から5カ月しか経たない時に、朱鷺メッセと佐渡汽船をつなぐ連絡デッキ全長約220mのうち、立体駐車場脇から朱鷺メッセの間の48mと立体駐車場連結部15mが落下した。幸いなことに、人身事故には至らなかった。
>
> 構造は、プレキャスト（PCa）床版と鉄骨の上弦材および鉛直材を骨格として、高張力棒鋼（斜材ロッド）で対角線方向にプレストレスを導入するものである。床版は、プレキャスト版を現地で組み立て、橋軸方向にPC鋼材でプレストレスを導入したPC構造となっている。PCa床版の端部に設けられている斜材ロッド定着部は、R20、R21、R22およびR26の箇所で床版の両サイドで破壊が認められた。鞘管の周囲に配置されているはずの補強筋はR22入江側では認められない。
>
> 連絡デッキのこの区間は、実は、施工時に不具合を生じ手直しがなされている。支保工をはずす（ジャッキダウン）際、斜材ロッドにプレストレスを導入しておらず、手順も不適切であったため、過大なたわみを生じた。そこで、作業を元に戻し、上弦材は形状を整えるために切断・溶接をしている。ただし、上弦材の破断箇所はこの時の溶接箇所ではなかった。

(2) 推定事故原因

1) 調査委員会

前述の調査委員会は、崩壊の起点となった斜材ロッド定着部（入江側R21）の破壊の主因は、設計耐力の不足と判断した。また、破壊が供用開始後の短期間で生じた原因は、耐力不足の一因でもある斜材定着部のU字形補強筋の配筋不具合であり、さらに初期損傷を与えた第1回目の不適切なジャッキダウンと判断した[15]。

2) 建築有識者の見解

神田順東京大学教授は、「調査報告書の中で、鉄骨溶接部にしても、定着部にしても調査の過程で実験することなく、鉄骨は無実、PC定着部の設計に問題ありと結論していることは理解しづらい」と指摘している[16]。

(3) 発注者による損害賠償請求

　新潟県が04年9月に約9億円の損害賠償を求め、設計や施工に関わった6者を提訴した。そして12年3月26日に、新潟地裁は県の訴えを棄却する判決を下した。判決文のポイントを以下に示す[17]。

　なお、敗訴した県側は同年4月9日に、県と直接契約を締結した3者を相手に控訴の申し立てを行った。最終的に、13年12月、3者が県に計8000万円を支払うことで和解した。

- (事故調査委員会)調査報告書の論証過程は疑問が残るものと言わざるを得ない。
- 民事訴訟では原告の請求を根拠づける主張が認められるか、あるいはそうでないかが審理の対象とされ、当事者双方が立証し、裁判所が判断すべきとされている。
- 7年以上経過しても原因を立証できない以上、さらなる審理をするまでもなく、棄却は免れない。

---

(4) 改善点

　事故の課題を独自に整理した國島、三浦は、以下のように発注者の問題点を指摘している[18]。

---

1. 構造設計者は、施工経験の少ない特殊な構造形式を有する構造物の設計において、完成後の状態での安全性を確保するのは当然として、完成に至るまでの施工段階を考慮した検討も行うべきである。
2. 施工者は、施工する構造物の構造的特徴(構造上の重要な点、施工上の注意点)をよく知っておく必要がある。また不具合を生じさせずに構造物を完成させるためには、どのようにして施工を進めていくかも十分に検討する必要がある。
3. 設計変更、指示、品質管理等に関する情報は、その内容だけでなく、作成者、承認・承諾者、日時を含め、関係者間で食い違いのないように共有して管理するとともに、責任等の所在が明確になるようにすべきである。
4. 発注者は、設計、工事監理、施工の適切な遂行に必要な期間や資源を確保し、さらに、設計者、工事監理者、施工者間の協同体制の構築が容易であるような発注形態を取るべきである。
5. 発注者は、設計・施工の早い段階から、構造計算書や構造設計図書等の再検討が構造設計担当者、デザインレビューする設計者、工事監理者および施工者間でなされるような仕組みを導入すべきである。
6. 発注者である県は、十分な技術力を持った設計者や施工者に発注するとともに、必要であれば専門家の意見等を聴取する等により、その発注の成果の妥当性を確認すべきである。

5.2 竹崎橋の事例

(1) 事案の概要

　設計上のたった一つの数値の間違いが、受注額の10倍を超える損害賠償に発展した。高知県いの町に建設された竹崎橋で、設計コンサルタントが犯したミスによって下部工に変状が生じた。これに対処するため、杭を増し打ちするなど1億円をかけて補修工事を実施。設計コンサルタントは、その工費全額の負担を求められることになった。この事案の概要を、日経コンストラクション2015年9月28日号の記事より以下に示す。

　竹崎橋は、国道33号高知西バイパスへの接続道路となる橋長39.1mのPC（プレストレスト・コンクリート）2径間連結プレテンション方式T桁橋。橋台と橋脚の発注は別で、2010年7月に橋台、12年5月に橋脚が完成した。設計は、国土交通省四国地方整備局がほかの業務と合わせて約1700万円で発注した。竹崎橋関係の業務は、そのうちの半分程度。

　橋台完成時の計測で、既に両橋台の間に31mmの変位を確認していた。2年後の橋脚完成時に再度、計測したところ橋台間の変位は78mmに拡大。A1橋台が47mm、A2橋台が31mmそれぞれ橋軸方向で川側に動いていた。背面の土圧に耐えられず、内側に倒れ込んだ形だ。

　ある程度大きな数値だが、工事を発注した四国地整土佐国道事務所は、通常の変位の範囲内と捉えていた。翌年の13年2月に計測したところ、橋台間の変位は71mm。若干、減っていた。当初は設計ミスと分からなかったので、施工ミスの可能性も視野に入れて調査した。設計ミスの可能性を指摘したのは、当事者ではなく、第三者の建設コンサルタント会社だった。

　指摘を受けて詳しく調べたところ、設計コンサルタントが変形係数の数値を間違えていたことが分かった。実際よりも硬い地盤として設計したために、杭の支持力が不足していた。

　調査結果を受け、補修工事としてA1橋台では直径1.2mの杭を5本増し打ちし、フーチングを拡大することにした。A2橋台では背面に軽量盛り土を施工。P1橋脚には直径約18cmの高耐力マイクロパイルを打設することにした。1億100万円に上る見込みの工事費は全額、設計者が負担する。

■ 図3-5 補修工事の概要（橋梁側面図）

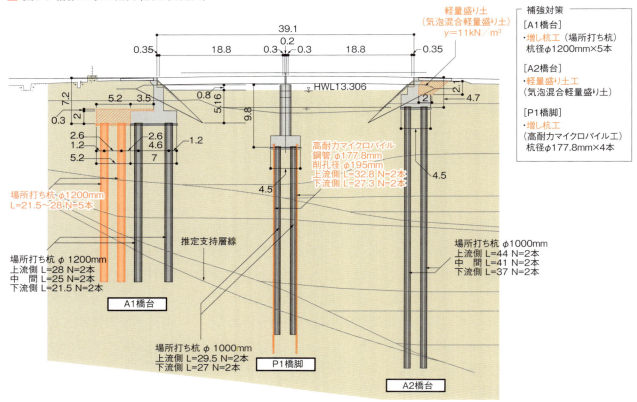

(2) 費用負担の問題

　竹崎橋に関して、100％設計コンサルタント側のミスならば、設計コンサルタントが費用を全額負担するのはやむを得ないだろう。では、設計ミス発生の一因が、発注者から提供された調査データの誤りにあったとしたらどうか。費用負担の問題について、同じ記事より以下に示す。

> 　竹崎橋の設計ミスは、発注者から受け取った地質調査報告書の変形係数を、間違えて使用したことが原因だ。1.35MN/m²の値を採用すべきところ、誤って2.457MN/m²を使ってしまった。
> 　「2.457」と間違えたことには、理由がある。報告書の付属データのページに、変形係数（弾性係数）として「2.457」と記載されていたのだ。一方、報告書の本編に載っている値は「1.35」。報告書の内容に不整合があった。
> 　竹崎橋を含む高知西バイパスの地質調査は、別の建設コンサルタント会社が担当し、03年3月に報告書を納品している。土佐国道事務所によると、報告書をまとめる途中でデータの修正があったらしい。本編のデータは正しく直したものの、付属データは修正し忘れたとみられる。
> 　本編の中で3カ所ほど出てくる変形係数は、いずれも正しい値が記載されている。間違っているのは付属データの1カ所だけだ。本編のデータが全て正しいのだから、設計の途中で不整合に気付く機会はあったはずだ。

設計コンサルタント側の照査担当者も、数値の不整合を見落としたとして、ミスであることを認めている。補修工事の費用についても、設計コンサルタントが全額負担することで同意している。

(3) 発注者の責任

設計者は責任を免れないとしても、100％設計者の落ち度かどうかは議論の余地があるだろう。この記事では以下のように指摘している。

本来の設計業務に、発注者提供のデータをチェックする作業が含まれているわけではない。提供されたデータに誤りはないという前提で業務を進める。竹崎橋の設計担当者も、不整合があるとは思いもせず、付属データだけを見て設計を進めていたという。

発注者のデータに誤りがあった場合、それに起因するミスの責任はどこにあるのか。補修費用は、誰が負うべきなのか。そういった肝心な議論が一切なされず、明確なルールも作られないまま、設計コンサルタントが費用を100％負担するという前例だけができてしまった。

5.3 大阪府道高速大和川線の事例

(1) 事案の概要

シールドトンネル設計のパイオニアとして知られる設計コンサルタント会社に対して詳細設計業務でのミスを理由に、発注者の大阪府は受注額の300倍を超える約86億円もの賠償を求めた。同社は「設計に瑕疵はなかった」と反論し、徹底抗戦の構えを崩さない。この事案の概要を、日経コンストラクション2016年6月13日号の記事より以下に示す。

争いの舞台は、大阪府が整備を進める大阪府道高速大和川線のうち、常磐東ランプが本線と合流する区間だ。この区間では、シールド機の発進・到達基地となる深さ40m超のたて坑2基をニューマチックケーソン工法で沈設した後、たて坑に挟まれた延長200mを深さ40mまで掘削。トンネル躯体を構築して埋め戻す手はずだった。

設計コンサルタント会社Aは2006年12月、府から本線シールドトンネルやたて坑などの詳細設計を約2800万円で受注。同時期に、開削区間の詳細設計を別の設計コンサルタント会社Bが約1950万円で受注した。

その後、たて坑の建設と開削トンネル区間の土留め・掘削工事は建設会社のC社JVが約166億円で、開削トンネルの躯体工事はD社JVが約76億円で、それぞれ請け負った。

工事は順調に進んでいるはずだった。しかし、たて坑の沈設が終わり、C社JVが開削区間を

20mほど掘り下げた時点で、たて坑の安定性が問題となった。そのまま側面を掘削し続けると、支えを失ったたて坑が背面の土圧と水圧に押されて内側に滑動・転倒する恐れが出てきたというのだ。

府は12年8月、掘削工事を一時休止した。そのうえで、周囲の地下水位を下げてたて坑背面に掛かる水圧を小さくし、延長200mもの仮設スラブを構築して2基のたて坑を支える「安定対策」を、技術検討会での議論を踏まえて決定。対策に伴う工事費の増額案を議会にかけ、承認を取り付けた。

合計約242億円だった開削区間の工事費は約284億円に増えた。府は、たて坑の詳細設計を担当したA社のミスが原因で増額を余儀なくされたと非難。14年6月、約7億5000万円の賠償を求めて大阪地裁に訴えを起こした（16年2月に請求額を約86億円に増額）。

■ 図3-6 度重なる工法変更で膨れ上がった工事費（解説図）

(1) たて坑が滑動・転倒する恐れがあるとして開削工事を中止（2012年8月）

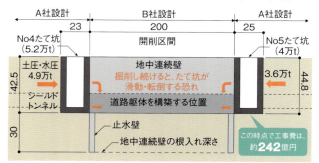

(2) 仮設スラブと地下水位低下による安定対策を採用（2013年12月）、工事を再開。A社に約7.5億円を請求

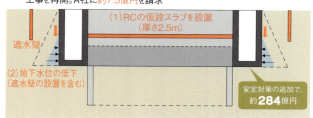

(3) 地下水位低下工法を中止し、凍結工法などを追加（2015年12月）。A社に約86.4億円を請求

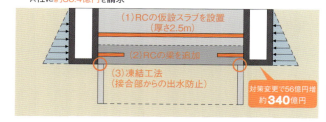

(2) 損害額算定の根拠

大阪府が当初、A社に請求した損害賠償額は約7億5000万円。ところが、裁判を通じて問題は収束に向かうどころか、さらに迷走を続けた。16年2月末には、府が請求額を約86億円に増額した。その算定根拠について、同じ記事より以下に示す。

> 14年6月、大阪地裁に提訴した時点の請求額は、増額後の工事費約284億円と、「連続ケーソン工法」に要する費用約278億円との差額である約5億7000万円に、年利5％の遅延損害金を加えて弾いた。連続ケーソン工法は、「設計ミスがなければ本来取り得た」と府が主張する工法。たて坑間に5基のケーソンを設置し、つないでトンネルとする方法だ。

府の主張に大きく以下の2点。(1) A社には、開削区間を掘削しても自立するたて坑を設計する義務があった、(2)側面を掘削すると、たて坑が滑動・転倒する恐れがあることを府に指摘する義務もあったがこれを怠った。

対するA社は、(1)について「自立するたて坑を設計する契約ではなかった」と主張。(2)についても「成果品の納入後、府と施工者、設計者による会議で『大火打ち構造』によるたて坑の安定対策を検討・合意した。にもかかわらず、府が対策を実施せずに工事を進めた点に問題がある」などと真っ向から反論した。

問題は収束に向かうどころか、さらに迷走を続ける。大阪府が15年の議会で約56億円の増額を伴う安定対策の工法変更を提案し、同年12月に可決されたのだ。

大和川線の現場は地下水位が高く、数メートル掘ると水が出るほど。そこで、地下水位を下げてたて坑に掛かる水圧を下げる安定対策を採用したはずだった。

ところが、本線シールド機の発進時に地下水位を6mほど下げたところ、約800m離れた地点で地下水位が約1.5m下がってしまった。検討の結果、そのまま地下水位を低下させると、周辺の住宅地に地盤沈下を引き起こす恐れがあると判断し、府はこの対策を取りやめることにした。

代わりに選んだのは、開削区間への梁の追加と凍結工法だ。梁は、たて坑を支えるための補強策。凍結工法は、たて坑とその下部に設置した止水壁との接合部を凍らせて、掘削時の出水を防止するために採用した。地下水位を低下できなくなったため、たて坑の変位が大きくなり、止水壁にクラックが生じて出水する恐れがあるからだ。

安定対策の変更に伴い、工事費はさらに約56億円も増加。ついに約340億円まで膨れ上がった。府は工法の再変更に伴い、16年2月にA社への請求額を約7億5000万円から約86億円に拡大した。上述の「連続ケーソン工法」と工事費の差額である約62億円に、遅延損害金を加えた額だ。

5.4 英国における事例

英国において、発注者、設計者、チェッカーの責任についての判例として一般的に引用されているラムズゲート港乗船ブリッジ事故の経緯と判決の概要を以下に示す[7]。事故は、設計者の単純ミスが原因であったが、設計者、チェッカーのみならず発注者も有罪とされた。

> フェリーを運航するラムズゲート港会社(Port Ramsgate Ltd.)の乗船ブリッジが、1994年9月に乗客が通行中に突然、崩壊し乗客6名が死亡した。この乗船ブリッジは、ラムズゲート港会社からの設計・施工一括契約の下で建設コンサルタント会社が設計し、その設計をロイドレジスター(Lloyds Register)がチェックした。
>
> 作業等安全衛生法違反の刑事裁判において、事故の主な原因は、ブリッジ支承部の単純な設計ミスとされた。検察は、「人は、ミスをするものであり、人がミスをすることを避けることに役立つシステムを運用することが品質保証に含まれる。ラムズゲート港会社は、契約書において適切な品質保証の実施を要求しなかった」と公判で述べた。陪審団は、評決において、「港の管理者は、他者がいかに専門家であっても、他者に頼り何もせず単に座っていることはできない」とした。判決では、設計者である建設コンサルタント会社と施工者、設計をチェックしたロイドレジスターに加えて、ラムズゲート港会社も有罪とされ、以下の罰金が科せられた。
> ・コンサルタントと施工者：£1,000,000（共同で）・ロイドレジスター：£500,000
> ・ラムズゲート港会社：£200,000

5.5 米国における事例

07年8月に発生したI-35Wミシシッピ川橋落橋事故の原因および安全勧告、裁判等を、文献[19]より以下に示す。

(1) 事故原因および安全勧告

NTSBは、ミネソタ州ミネアポリス市内のI-35W橋落橋の原因として、格点U10ガセットプレートに関するSverdrup & Parcel and Associates, Inc.の設計エラーによる不適切な耐荷力の可能性が高いと08年11月に決定した。そのガセットプレートは、橋梁改築による橋自重の大幅な増加、落橋当日の交通荷重および集中施工荷重の組合せにより破壊した。これは、主構トラスガセットプレートの適切な計算を確実に行うための品質管理をSverdrup & Parcelが怠ったこと、そして連邦および州の交通局職員による不適切な設計照査によるとしている。また、点検において、ガセットプレートに対する注意が不十分で曲がりなどの劣化が見過ごされたこと、および許容活荷重計算において、ガセットプレートを除

外するという連邦および州の交通局職員の間で一般的に受け入れられていた慣行が事故の原因である。

事故報告書に含まれていた安全勧告を、NTSBは11月21日に正式にFHWAおよび全米州道路・交通職員協会（AASHTO）に対して行った。FHWAに対する三つの勧告H-08-17~19は、橋梁全般を対象とする設計照査制度の改善、およびトラス橋の点検技術および訓練の改善に関するものである。なかでも、設計照査制度の改善を筆頭に示しているが、これはNTSBによる比較的限定されたサンプリングにより不適切な橋梁設計が確認されたことから、橋梁設計における設計エラーが、特定の橋種、特定の州、あるいは特定の時期に限定されてはおらず、設計を照査し承認するプロセスの欠陥があると判断されたことによる。

(2) 裁判等

08年5月に総額$0.38億の賠償金を支払うことでミネソタ州政府と被害者は合意した。この合意により、被害者は、州に対する事故関連の賠償請求権を放棄した。また、ミネアポリス市および01年にI-35Wミシシッピ川橋を架替える必要はないとの調査報告書を作成したミネソタ大学に対する賠償請求権も放棄した。NTSBによる調査が終了したことを受けて、08年11月13日に一部の被害者が、落橋前の数年間、橋の評価業務をミネソタ州交通局（Mn/DOT）から委託されたURS Corp.と落橋時に橋上で床版更新を行っていたProgressive Contractors Inc.を訴訟した。

なお、08年11月、I-35Wミシシッピ川橋落橋事故調査最終報告の公表にあたり、NTSBの委員であるHersman（09年7月に委員長に就任）は、「税金を使う者として、（連邦、州）政府は、（受注者を）信頼するだけでなく確かめる義務がある。責任を負わなくてはならないのは、橋を設計した人々、そして、その設計を受け入れた人々である」と述べている。

6 まとめ

表3-8に国内外の照査制度を示す。日本においては、最近の傾向として、道路分野に限らず、設計会社以外の照査者が独立計算（設計者とは独立的に設計計算を行うこと）を行う方式が増えている。

米国や英国では一般の橋においても、独立計算を義務付けている。また、複雑な橋では、照査者を設計会社以外としている。ドイツでは、構造設計の照査専門家が独立計算を行い照査している。

設計業務受注者の発注者に対する契約上の責任および関連事項について、日本、米国、英国を比較すると、日本では、発注者の指示、照査についての責任が米国、英国に比較して不明確である。また、米国、英国では、発注者の指示、照査についての免責を明示しておりまた、賠償責任保険を義務付けている。

■ 表3-8 国内外の照査制度の比較

項目	対象業務	照査者[*1]	区分	条件	計算	図面	独立計算[*2] 有無	費用
国土交通省（道路）	低入札業務	設計会社と契約した会社	発注者	○	×	○	無し	不明
			照査者	○	○	○		
特定の県（道路）	橋長25m以上	県と契約した会社	発注者	○	×	○	有り（但し簡便）	詳細設計業務の照査費の半分
			照査者	○	○	○		
港湾	自治体、民間事業の性能設計	登録確認機関(2機関)の確認員	発注者	不明	不明	不明	有り	動的解析有りで336万円（200m以下の橋）
			照査者	○	○	○		
建築	一定規模以上（高さ20m以上のRC造等）	構造計算適合性判定員（建築主事等から委託）	自治体	△	×	△	有り	5万m²以上で32万円
			照査者	○	○	○		
米国カリフォルニア州交通局	a)一般の橋 b)大規模、複雑な橋	i)設計会社内のチェッカー ii)他の会社（設計会社と契約）	発注者	○	○	○	a)、b)とも有り	a)で設計費合計の約20%
			照査者	○	○	○		
英国道路庁	a)一般の橋 b)大規模、複雑な橋	i)設計会社内のチェッカー ii)他の会社（設計会社と契約）	発注者	○	×	×	a)、b)とも有り	a)で設計費合計の約20%
			照査者	○	○	○		
ドイツ	土木、建築全般	構造照査技師	発注者	○	×	不明	有り	不明
			照査者	○	○	○		

＊1 米国、英国については、設計会社内の照査者も加えた
＊2 設計者とは独立的に設計計算を行うこと

■ 表3-9 受注者の契約上の責任の比較

契約上の項目	日本	米国	英国
過失と責任	過失無しでも責任あり	過失有りで責任あり	不明確（記載なし）
発注者の指示、照査についての責任	不明確（記載なし）	発注者に故意の過失がある場合を除いて免責	基本的に免責（過失のある場合について不明確）
責任期間	3年、故意の過失の場合は10年	記載なし	無期限
賠償責任保険の義務付け	義務付けなし	義務付け	義務付け

参考文献

1) 国土交通省設計コンサルタント業務等成果の向上に関する懇談会：設計コンサルタント業務等成果の向上に関する懇談会中間とりまとめ、2007
2) 日経BP社：照査だけを別の会社に発注、NIKKEI CONSTRUCTION、2006.5.12
3) 国土交通省港湾局技術管理課：港湾の施設の技術上の基準について～登録確認機関～、2010
4) 国土交通省住宅局：構造計算適合性判定の概要について、2007
5) 井上 雅夫、藤野 陽三：米国における道路橋設計照査制度に関する調査、土木学会論文集F、Vol. 66、No. 1、2010.
6) 井上 雅夫：設計の認証、土木技術と国際標準・認証制度、土木学会、2008
7) 福井次郎、白戸真大、松井謙二、井上雅夫：英国道路庁における設計認証システム、橋梁と基礎、VOL.38、NO.9、2004
8) 辻岡信也、本城勇介、吉田郁政：建設技術者が把握すべき民法上の責任概念に関する一考察、第61回土木学会年次学術講演会講演概要集、2006
9) 国土交通省近畿地方整備局：土木設計業務等委託必携、2010
10) 松本克美：建築請負契約の目的物の主観的瑕疵と請負人の瑕疵担保責任、立命館法学2004年6号（298号）、2004
11) 日経BP社：見過ごされた欠陥の代償、NIKKEI CONSTRUCTION、2008.9.26
12) Riverside County、California: Consulting Services Manual、1999
13) Joshua E. Kardon: The Structural Engineer's Standard of Care、the OEC International Conference on Ethics in Engineering and Computer Science、March 1999
14) Highways Agency: Conditions of Contract、ECI Model Contract、2004
15) 丸山久一：朱鷺メッセ連絡橋デッキの事故調査について、土木学会誌、Vol. 89、No. 4、2004
16) 神田順：法律・司法の理不尽な構造技術の扱い、http://www.csa2z.jp/jp/column/column052-1.htm
17) 日経BP社：朱鷺メッセ事故訴訟、新潟県の訴えを棄却、http://kenplatz.nikkeibp.co.jp/article/building/news/20120329/563340/
18) 國島正彦、三浦倫秀：朱鷺メッセ連絡デッキ落下事故、http://shippai.jst.go.jp/fkd/Detail?fn=2&id=CD0000143
19) 井上 雅夫、藤野 陽三：米国ミネソタ州での落橋事故の社会的影響、土木学会論文集F、Vol. 66、No. 1、2010

第4編
設計品質向上の実践例

1 対策の概要

1.1 対策の方向性

前編までの設計不具合の分析結果や照査・審査の実態などを踏まえ、以下に対策の方向性を述べる。

❶ 設計エラー、なかでも単純ミスが多い。また、重要リスクおよび日常的リスクに属する類の発生頻度の高い不具合も少なからず発生している。

> 不具合事例を網羅した各設計段階のチェックリストを作成し、照査または審査を行う。さらに、可能であれば、過去の設計データを分析しマクロチェックを行う。

❷ 設計作業が分業化しており、関係者間での情報伝達・共有がうまく図れていない。特に橋梁上下部構造の取り合い部や工区境など、上下部構造工事の受注者あるいは同一工事であっても共同企業体構成会社が混在する箇所で不具合が生じやすい。

> 適切な打ち合わせはもとより、工事情報を相互に共有できるシステムを導入することにより、設計・施工段階における設計図書を発注者および受注者間でリアルタイムに情報共有する。

❸ 設計条件、設計計算書、設計図面、数量計算書などの照査または審査を適切に行うための十分な時間が確保されない場合が多い。

> 設計構造物ごとに各設計段階が把握できる設計管理工程を作成し、設計の工程管理を徹底する。これにより、工程どおりに設計が進捗していない構造物を認識して、設計課題の把握や課題解決方法の検討をスムーズに行う。

❹ 限られた人材で、設計審査を効率的に行うための審査体制ならびに組織体制の構築において改善の余地がある。

> 効率的に監理（マネジメント）を行うための組織体制および設計審査体制を確立する。

1.2 不具合事例の把握とチェックリストの活用

> 不具合事例を網羅した各設計段階のチェックリストを作成し、照査または審査を行う。さらに、可能であれば、過去の設計データを分析しマクロチェックを行う。

各設計段階別のチェックリストの体系を**図4-1**に示す。なお、図中No.X-YのXは工種を表し、Yは設計段階を表す。チェックリストは工種別になっており、例えば、橋梁設計において鋼桁＋RC橋脚＋杭基礎の組み合わせであれば、No.1、No.4、No.5シリーズのチェックリストを用いて、各段階別審査を行う。

チェックリストについては、例えば詳細設計照査要領（国土交通省1999年4月）の項目をベースに、その組織に応じたチェック項目を追加する。さらに、第2編で収集した過去の不具合事例をチェックリストの関連項目に記載することにより、担当者が具体的な不具合のイメージをもって照査または審査することができる。

チェックリストを用いることで、必要最低限の時間で一定の設計品質を確保することができる。また、チェックリストには、技術的知見の蓄積が反映されており、この活用はいまだ技術的知見の少ない担当者に特に有益であると考えられる。

■ **図4-1 橋梁工事のチェックリストの体系**

	上部構造		橋脚		基礎	
	鋼桁	Co桁	鋼製橋脚	RC橋脚	杭基礎	ケーソン
設計条件	No.1-1	No.2-1	No.3-1	No.4-1	No.5-1	No.6-1
設計計算	No.1-2	No.2-2	No.3-2	No.4-2	No.5-2	No.6-2
図面作成	No.1-3	No.2-3	No.3-3	No.4-3	No.5-3	No.6-3
数量計算	No.1-4	No.2-4	No.3-4	No.4-4	No.5-4	No.6-4

図中No.X-YのXは工種を表し、Yは設計段階を表す

また、設計図面作成および数量計算書作成後に不具合が発見された場合には、設計の手戻りが大きいため、設計の初期段階で不具合を発見する必要がある。設計条件決定時、設計計算完了時、設計図面作成完了時、数量計算完了時の4つの段階における重要なチェックポイントを**表4-1**と**表4-2**に示す。

なお、このチェックポイントは、設計における不具合が異なる作業の境界部分で多発していることを考慮している。

さらに、過去の設計データを分析し、橋梁であれば、例えば、構造形式ごとに支間長と桁高、単位鋼重などの関係をグラフ化し、同種の構造があればその結果をチェックすることで概ねの設計妥当性を確認することは有用である。過去のデータと乖離した場合には、その理由をまず考え、それでも妥当性を見いだせなければ、設計の中身を再検討することが必要である。ただし、十分な量の正確なデータが必要なことは言うまでもなく、即座に実施することが不可能な場合もある。このため、できるだけ各機関において共同してデータを蓄積することも重要である。

■ 表4-1 橋梁設計のチェックポイント

段階	チェックポイント（確認事項）	
	上部構造	下部構造
1.設計条件	・線形計画における線形条件との整合 ・現地測量との整合 ・幅員構成 ・建築限界 ・下部構造位置との整合 ・支承位置および形状 ・荷重項目と組合せ ・活荷重	・施工要領 ・地下埋設物 ・支持層 ・建築限界 ・荷重項目と組合せ ・上部構造設計の荷重強度 ・動解のモデル化（設計振動単位）、慣性力、入力地震波
2.設計計算	・単位鋼重 ・解析入力条件（構造寸法、荷重条件） ・下部構造設計荷重との整合	・単位鋼重 ・解析入力条件（構造寸法、荷重条件）
3.図面作成	・支承位置の下部構造図面との整合 ・支承座標の下部構造実測値との整合 ・支承部アンカーホールと下部構造側主鉄筋の干渉有無 ・伸縮位置の隣接工区との整合	・支承位置の上部構造図面との整合 ・支承座標の上部構造実測値との整合
4.数量計算	・図面との整合 ・必要な数量項目	・図面との整合 ・必要な数量項目

下部構造工事・上部構造工事同時発注について示す

■ 表4-2 開削トンネル設計のチェックポイント

段階	チェックポイント（確認事項）	
	本体構造	仮設構造
1.設計条件	・線形計画における線形条件との整合 ・現地測量との整合 ・内空断面（幅員、建築限界） ・地盤定数、水位 ・設計断面（位置） ・防水工法 ・荷重項目と組合せ ・活荷重 ・施工時荷重（切梁反力）	・施工条件 ・地下埋設物 ・工法選定 ・地盤定数、水位 ・設計断面（位置） ・本体構造との離隔 ・荷重項目と組合せ ・活荷重 ・非対称性 ・構造変化部対応
2.設計計算	・仮設時応力 ・応力計算断面（有効高さ）	・たわみ
3.図面作成	・配筋（重ね継手長、箱抜き補強筋） ・箱抜き位置・形状	・部材の干渉
4.数量計算	・図面との整合 ・必要な数量項目	・図面との整合 ・必要な数量項目

1.3 工事情報共有システムの導入による情報共有

> 適切な打ち合わせはもとより、工事情報を相互に共有できるシステムを導入することにより、設計施工段階における設計図書を発注者および受注者間でリアルタイムに情報共有する。

　発注者と受注者間、あるいは受注者間の情報共有不足によって設計不具合が発生する場合がある。例えば、互いに異なる図面を最新と思いこんで実際に製作、施工してしまった不具合事例があった。これはメールや一時的なデータストレージサービス等を用いた図面のやりとりの中でなんらかのヒューマンエラーがあったものと考えられる。

　これを防ぐためには、各者が利用できる共有サーバーに最新の図面を保管しておくことが有効と考えられる。最新の図面を一元管理していれば、共有サーバーにアクセスすることで、常時最新の図面を確認することができる。しかしながら、一般に、発注者の社内サーバーには受注者がアクセスすることはできない。そこで、発注者側の設計課、建設事務所および関連する各受注者が常に最新の情報を共有できるようにインターネットを用いた外部の共有サーバーを活用することが考えられる。なお、外部共有サーバーは工事別に設け、受注者は各々の共有サーバーにしかアクセスできないようセキュリティーにも十分に配慮する。

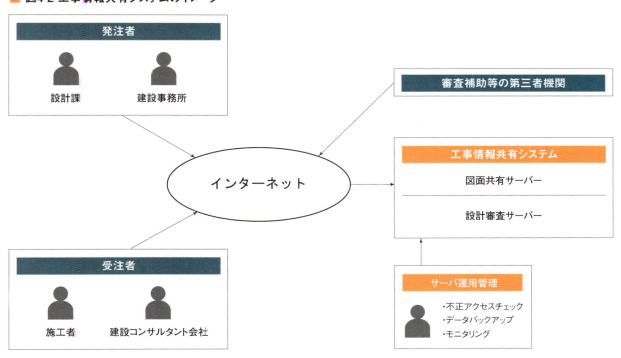

■ 図4-2 工事情報共有システムのイメージ

設計不具合の防ぎ方

1.4 設計の工程管理

> 設計構造物ごとに各設計段階が把握できる設計管理工程を作成し、設計の工程管理を徹底する。これにより、工程どおりに設計が進捗していない構造物を認識して、設計課題の把握や課題解決方法の検討をスムーズに行う。

　従来、設計工程は設計開始から設計終了まで1本のバーチャートで表現されていたため、工程の進捗管理が難しかった。また、具体的な期日ではなく、〇月上旬や〇月中旬といった表現であったため、たとえ設計工程が遅れていたとしても問題認識に遅れが生じていた。これを改善するためには、以下の特徴を有する設計管理工程を作成することが有効である。

　各構造物の設計工程バーチャートを設計条件、設計計算、図面作成、数量計算、審査の5つの期間に分け、開始予定日と終了予定日を記入することで、発注者と受注者の共通の目標日を具体的に設定する。例えば、発注者の検討事項となっている設計条件関係については、条件整理の終了予定日までに受注者に回答しなければならないと発注者が認識できる。また、工程通りに設計が進捗していない構造物が分かるため、設計課題の把握、課題解決方法の検討もスムーズに行うことができる。また、材料発注のリミットなどの現場工程上の設計期限を記載し、設計工程のクリティカルパスが常に分かるようにしておく。ただし、設計管理工程を見直すタイミングは現場工程を見直したタイミングとし、あまり頻繁に見直さない方が望ましい。

　作成した設計管理工程は、工程会議などの場で設計担当者が説明し、発注者の建設事務所担当者、関係工事の詳細設計担当者、現場施工管理担当者が共有し、関係者が詳細設計の進捗状況を把握できるようにする。

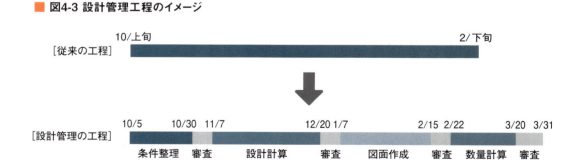

■ 図4-3 設計管理工程のイメージ

1.5 審査体制の確立

> 効率的に監理(マネジメント)を行うための組織体制および設計審査体制を確立する。

(1) 組織体制

　一般に、発注者における詳細設計は、図4-4の左に示すように対象工事を所掌する建設部の設計課が担当する場合が多い。これは各課の役割分担が明確になる一方、情報共有不足を招く恐れがある。例えば、ある工事の詳細設計において技術的問題が発生した場合、同じ建設部内の他の工事の設計担当者に相談すると、建設部内ではその問題の情報共有がなされる。一方、その建設部内で問題が解決された場合、他の建設部に同じ問題が情報共有される可能性は低い。また、ある工事の詳細設計の担当者が本来、問題として気が付かなければいけない事項を、気付かなかった場合、同じ建設部内の他の工事の設計担当者にも情報共有がなされることはない。このように、従来の一般的な組織体制では各工事の詳細設計担当者の経験や技術レベル、各建設部の人員によって、設計思想や設計品質のバラツキが生じる懸念がある。

　これらの課題を解決する組織体制として、複数の工事の共通的な詳細設計を一つの課に集約し、総括する方法が考えられる。具体的な組織体制としては図4-4の右に示すように一つの課内に事業ラインと機能ライン(技術サポート担当)を構成する。事業ラインは設計打ち合せはもとより事業の工程管理を含めた総合的な設計業務に従事し、各建設部の建設事務所、積算担当課などの関係部署および他の道路管理者、河川管理者などの関係機関との円滑な業務運営にあたる。機能ライン(技術サポート担当)は、全工事の設計打ち合せに参加し、設計思想、条件の統一ならびに特異な設計課題を解決することで、設計業務の無駄を省き品質確保と審査スピードの向上を目指す。このマトリクス組織によって監理(マネジメント)を行うことにより、設計スピードの向上、各工事の整合性の確保、労務縮減を図ることが可能となる。

■ 図4-4 組織体制の効率化

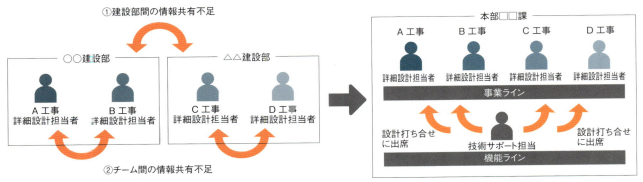

(2) 設計審査体制

設計審査は、①設計条件決定時、②設計計算完了時、③図面作成完了時、④数量計算完了時の4段階において実施すべきである。従来、一連の設計が終了した後に審査を行っていたが、設計条件の項目で不具合が発見された場合、手戻りの影響が極めて大きい。段階別の審査を実施することで、手戻りが発生した場合の影響を最小限に抑えることができると考えられる。また、設計審査品質の確保、審査スピードを向上させることを目的に、審査コンサルタントなどの第三者機関による設計審査体制を構築することも有効であると考えられる。

2　審査および設計品質向上の取り組み事例

2.1 第三者機関による設計審査体制

ここでは、対策の具体的事例として、発注者のインハウスエンジニアに加え第三者機関を利用した設計審査体制を示す。**図4-5**に設計審査の流れを示す。

①設計条件

受注者が照査を行った設計条件書を、主にチェックリストを用いて発注者の設計審査担当（各工事の事業ライン担当者および機能ライン担当者）および建設コンサルタント会社などの第三者機関（以下、審査コンサルタント）が審査を行う。また、チェックリスト以外の項目についても審査を行う。なお、審査に関する受注者とのやりとりは、審査報告（準備）書を用いる。まず、受注者が照査した設計条件書について、審査コンサルタントが審査準備書に指摘事項を記入する。指摘事項は重大な指摘と軽微な指摘、意見の3段階に分類する。発注者は審査コンサルタントが作成する審査準備書を基に、指摘事項を追加し、審査報告書を作成する。審査報告書を受注者に返却し、指摘事項に対する設計条件書の修正の有無、コメントを記入したものを、審査コンサルタント、発注者に確認し、問題がなければ審査完了とする。問題がある場合は上記と同様の流れを繰り返す。

②設計計算

受注者が照査を行った設計計算書を、審査コンサルタントが審査する。なお、設計計算については、発注者は打ち合せ等で問題が発生した場合を除き審査を行わないが、審査コンサルタントの審査結果を確認したうえで、受注者への指導を行う。また、橋梁工事の詳細設計に動的解析を含む場合については、各工事の代表橋梁（1～2橋）を対象に、審査コンサルタントが独立して動的解析を行う。受注者が行う動的解析の応答値と比較し、乖離が大きい場合は、原因調査を行い、応答値を収束させていく。第三者機関である審査コンサルタントが独立して動的解析を行うことにより、解析プログラムのブラックボックス部分で発生する不具合のリスクを低減することができる。詳しくは2.2で述べる。

③図面作成

受注者が照査を行った図面を、発注者と審査コンサルタントが全数審査を行う。ここで、発注者は設計計算と図面の整合が図れているかという観点で、設計計算の審査を適宜部分的に行う。

④数量計算

受注者が照査を行った数量計算書を、審査コンサルタントが全数審査を行う。また、発注者は既往の実績との比較のために、マクロチェックツールを用いた審査を行う。

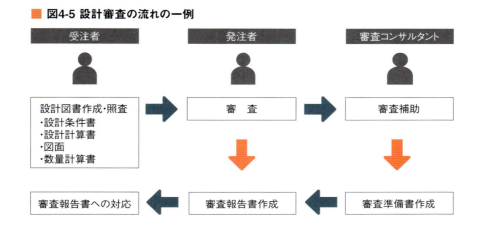

図4-5 設計審査の流れの一例

2.2 動的解析の審査

土木構造物の耐震設計に関する基準は、阪神・淡路大震災以降、レベル1、レベル2の設計地震動や耐震性能といった新たな考え方が導入されるなど、その内容が大きく改訂された。それに伴い耐震設計は、動的解析を主体とした非常に複雑なものとなった一方で、数値計算技術の発展に伴い高度な汎用解析プログラムが広く普及し、比較的容易に耐震設計業務が行えるという状況にある。しかしながら、解析プログラムの中身は複雑でブラックボックス化しており、解析の精度にばらつきが生じている可能性も否定できない。また、モデル化の方法や計算結果の妥当性が十分検証されていない場合もある。

ここでは、動的解析の実施過程や解析プログラムのブラックボックス部分で発生する不具合のリスクを低減することを目的に、受注者が実施した動的解析の結果に対して、受注者以外によって再度、動的解析を実施し、両者の結果を比較することで解析手法やモデル化、計算結果の妥当性を検証した4つの事例を紹介する。ここで事例1～3は、第三者機関としての審査コンサルタントによる審査事例で、詳細設計と工事とを一括で発注した橋梁上部または下部工事において、受注者が詳細設計を実施し、別途、審査コンサルタントが審査解析を行ったものである。事例4は、橋梁拡幅工事の詳細設計を設計コンサルタントが実施し、インハウスエンジニアにて構造検討段階において審査解析を行ったものである。

なお受注者が詳細設計の過程で実施した動的解析を設計解析、審査コンサルタントが設計審査の過程で実施した動的解析を審査解析と区別して呼ぶ。

(1)事例1

　対象橋梁は、**図4-6**に示す鋼5径間連続鋼床版箱桁橋で1基の橋台、4基のRC橋脚および1基の鋼RC複合橋脚を有している。**図4-7**に動的解析の審査フローを示す。第1回目の審査解析を実施した結果、橋軸直角方向で設計解析と審査解析との結果の比率において、各RC橋脚の曲率で0.61〜1.75と大きな誤差が確認された。この原因として、フーチング回転慣性重量の考慮の有無やP−Δ効果の考慮の有無、RC橋脚基部の塑性ヒンジ部の要素分割の差異、隣接桁のモデル化の差異などが考えられたが、フーチング回転慣性重量およびP−Δ効果の考慮の有無の影響が支配的と判断し、これらを考慮し第2回目の審査解析を実施した。第2回目の審査解析では、第1回目とほとんど変化がなかった。

　次に、隣接桁のモデル化の差異により、隣接桁の慣性力作用位置が異なることの影響が大きいと判断し、隣接桁のモデルを整合させ、第3回目の審査解析を実施した。第3回目の審査解析では、設計解析と審査解析との結果の比率が上部構造のひずみやRC橋脚のせん断力では約10％以下まで低減されたが、RC橋脚の曲率は、0.68〜1.29と大きな誤差がみられた。この原因を検討したところ、RC橋脚塑性ヒンジ部の要素分割が異なるため、つまり、曲率算出位置が異なるため、差が生じたものと考えられる。そこで、**図4-8**に示すような曲率分布図を作成し両者を比較したが、概ね審査解析と設計解析とでは同程度であることが確認されたことから、設計解析は妥当であると判断した。

■ 図4-6 対象橋梁（鋼5径間連続鋼床版箱桁橋）（支間長:39.200m＋55.700m＋87.400m＋74.000m＋34.158m）

■ 図4-7 事例1における動的解析の審査フロー

第1回　審査解析

解析結果の比較（橋軸直角方向）
比率（審査解析結果／設計解析結果）
- 上部構造のひずみ　　　　0.73 ～ 1.14
- RC橋脚の曲率　　　　　　0.61 ～ 1.75　← RC橋脚の曲率で誤差大
- RC橋脚のせん断力　　　　0.81 ～ 1.03
- 複合橋脚鋼製部のひずみ　0.95 ～ 1.00

→ **原因究明**
- フーチング回転慣性量の有無
- P−Δ効果の有無

→ **協議**
- フーチング回転慣性質量、P−Δ効果を両方考慮したうえで、2回目の審査解析を実施

第2回　審査解析

解析結果の比較（橋軸直角方向）　　ほとんど変化なし
対比率（審査解析結果／設計解析結果）
- 上部構造のひずみ　　　　0.74 ～ 1.14
- RC橋脚の曲率　　　　　　0.61 ～ 1.80
- RC橋脚のせん断力　　　　0.80 ～ 1.04
- 複合橋脚鋼製部のひずみ　0.95 ～ 1.01

→ **原因究明**
- RC橋脚基部の塑性ヒンジ部の要素分割の差異
- 隣接桁のモデル化の差異

→ **協議**
- 隣接桁のモデルを整合させ、3回目の審査解析を実施

第3回　審査解析

解析結果の比較（橋軸直角方向）　　RC橋脚の曲率で誤差が残る
対比率（審査解析結果／設計解析結果）
- 上部構造のひずみ　　　　0.97 ～ 1.02
- RC橋脚の曲率　　　　　　0.68 ～ 1.29
- RC橋脚のせん断力　　　　0.90 ～ 1.03
- 複合橋脚鋼製部のひずみ　0.97 ～ 1.01

→ **原因究明**
- RC橋脚基部の塑性ヒンジ部の要素分割が異なり、曲率算出位置が異なる
- 曲率分布ではほぼ同等

→ **協議**
- 応答値が許容値に比べ、小さいことも加味し、動的解析はほぼ収束したものと判断

■ 図4-8 RC橋脚塑性ヒンジ部の応答値比較

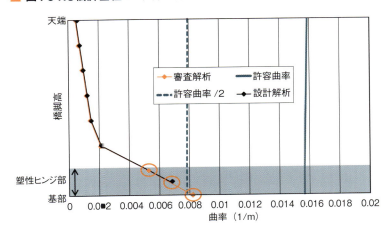

設計不具合の防ぎ方　293

（2）事例2

対象橋梁は、**図4-9**に示す鋼3径間連続鋼床版箱桁橋で1基のRC橋脚および3基の鋼製橋脚を有している。**図4-10**に動的解析の審査フローを示す。第1回目の審査解析を実施した結果、橋軸方向で審査解析と設計解析との結果の比率において、各項目で大きな誤差が確認された。考えられる原因としては、Rayleigh減衰の設定、免震支承バネ値、上部構造重量の設定、ファイバーモデルでのセル分割数が挙げられた。設計解析ではRayleigh減衰は卓越するモードすべてにおいて安全側となるよう設定していたが、審査解析では刺激係数の大きな2つのモードを基準に設定しており、その違いによる影響が大きいと判断し、Rayleigh減衰の設定方法を設計解析と同様にし、また、免震支承バネ値も併せて修正し、第2回目の審査解析を実施した。

第2回目の審査解析では、第1回目と比べ、誤差は小さくなったが、まだ大きな誤差が確認された。原因を究明したところ、上部構造重量の設定において、設計解析では上部構造の橋軸方向の幅員変化を考慮した重量としていたが、審査解析では一定幅員と仮定した重量としていた。そこで、この差異による影響であると考え、上部構造重量を再精査したうえで、第3回目の審査解析を実施した。

第3回目の審査解析では、審査解析と設計解析との結果の比率が上部構造のひずみを除き約5％以下まで低減したが、上部構造のひずみでは0.88〜1.23と大きな差が確認された。この原因を検討したところ、ファイバーモデルのセル分割数が異なるため、つまり、ひずみ算出位置が異なるため、差が生じたものと考えられた。しかし、応答値が許容値に比べ、十分小さいことから、設計解析結果は妥当であると判断した。

■ **図4-9 対象橋梁（鋼3径間連続鋼床版箱桁橋）（支間長：75.079m+131.500m+69.467m）**

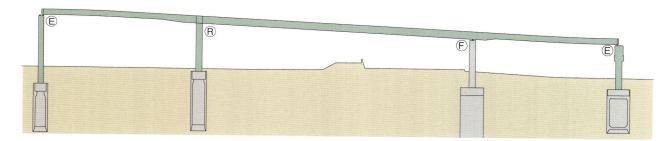

■ 図4-10 事例2における動的解析の審査フロー

(3) 事例3

対象橋梁は、図4-11に示す鋼5径間連続非合成箱桁橋で4基のRC橋脚および2基の鋼製橋脚を有している。図4-12に動的解析の審査フローを示す。第1回目の審査解析を実施した結果、橋軸方向で審査解析と設計解析との結果の比率において、各項目で大きな誤差が確認された。考えられる原因としては、Rayleigh減衰の設定、フーチング回転慣性重量の考慮の有無、P-Δ効果の考慮の有無が挙げられた。前述の事例2と同様に設計解析ではRaleigh減衰は卓越するモードすべてにおいて安全側となるよう設定していたが、審査解析では刺激係数の大きな2つのモードを基準に設定しており、その違いによる影響が大きいと判断し、Rayleigh減衰の設定方法を設計解析と同様にし、第2回目の審査解析を実施した。

第2回目の審査解析では、第1回目と比べ、誤差は小さくなったが、まだ大きな誤差が確認された。次に考えられる原因として、フーチング回転慣性重量の考慮の有無の影響が大きいと判断し、フーチング回転慣性重量を考慮し、第3回目の審査解析を実施した。

第3回目の審査解析では、第2回目の審査解析とほぼ同じであった。そこで、残された原因であるP-Δ効果を考慮し、第4回目の審査解析を実施した。第4回目の審査解析では、設計解析とほぼ同様の値となり、設計解析結果は妥当であると判断した。

■ 図4-11 対象橋梁（鋼5径間連続非合成箱桁橋）（支間長:47.150m+51.000m+63.570m+71.850m+60.565m）

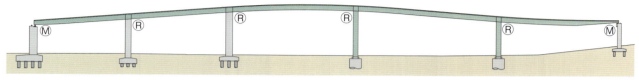

■ 図4-12 事例3における動的解析の審査フロー

（4）事例4

　対象構造物は、**図4-13**に示す拡幅桁を有する鋼2径間連続鈑桁橋でP1橋脚は**図4-14**に示すような門型でP1L柱と梁が鋼製、P1R柱がRC製であり、橋軸直角方向が可動の支承を介して鋼製梁とRC橋脚が連結している構造である。P2橋脚およびP3橋脚はRC橋脚である。

　発注者のインハウスエンジニアにて審査解析を実施するにあたり、事前に設計コンサルタントが解析入力データを所定のテンプレートに記入して提出し、それに基づいて審査解析を実施した。審査解析は、死荷重解析、プッシュオーバー解析、固有値解析、動的解析とし、解析結果の比較により審査を行った。なお、審査解析においては、設計コンサルタントと異なる解析プログラムを使用した。解析モデルは、設計解析ではRC柱および鋼製橋脚ともM－φモデル、審査解析では、RC柱は塑性ヒンジ部でM－θモデル、その他部位で線形はり要素、鋼製橋脚はファイバー要素でモデル化している。

■ 図4-13 対象橋梁（鋼2径間連続箱桁橋）（支間長:42.500m+42.500m）

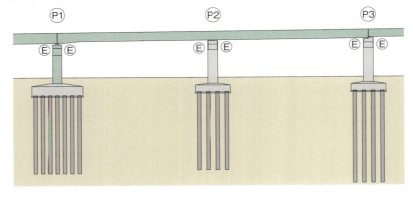

■ 図4-14 P1橋脚

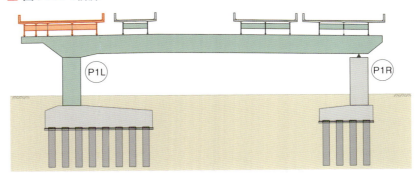

　解析モデルを**図4-15**に、死荷重解析による面内方向の曲げモーメント図を**図4-16**に示す。これによると、P1R橋脚では、鋼製梁とRC柱の間に橋軸直角方向に可動支承があるが、本来発生することのない死荷重による曲げモーメントが柱基部に発生していることが確認できる。そこで、設計コンサルタントに確認したところ、橋軸方向と橋軸直角方向で支承の拘束条件を誤っていたことが判明した。ここで、橋梁全体におけるP1R柱上の支承の拘束条件が地震時の応答にどの程度影響を与えるか検証を行った。拘束条件の違いによってP1R柱は振動単位から外れるため、地盤粘性減衰がひずみエネルギー比

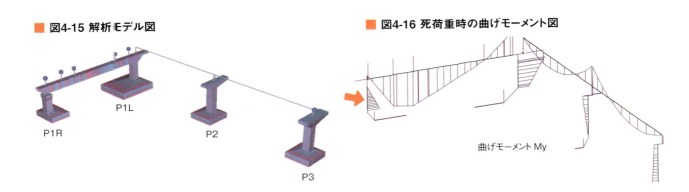

■ 図4-15 解析モデル図　　　　■ 図4-16 死荷重時の曲げモーメント図

例減衰に加味されなくなる影響で、**図4-17**に示すようにRayleigh減衰の曲線が下側に変化した。その結果、上部構造位置での最大変位は、**図4-18**に示すように大きくなっている。特にもっとも大きな変位となったP3橋脚では200mm程度の差となり、Rayleigh減衰の設定によっては、減衰を過大に評価するおそれがあった。このように、着目する橋脚から離れた橋脚の支承条件であっても、それが異なることによって、Rayleigh減衰が異なり、橋梁全体の応答に大きく影響を与えることがある。従って、支承条件の設定のように基本的事項の確認はもちろんのこと、Rayleigh減衰の設定には十分注意する必要がある。

■ **図4-17 Rayleigh減衰の比較**

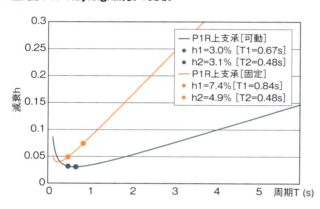

■ **図4-18 上部構造位置の最大変位**

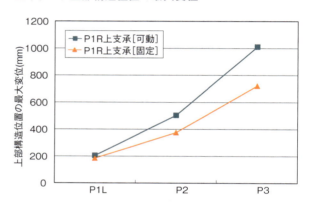

上述に示したP1R橋脚の支承条件を正しく修正し、固有値解析及び動的解析を実施した。

表4-3に固有値解析の結果を示し、**図4-19**に動的解析の上部構造位置の最大変位の結果を示す。固有値解析結果および上部構造位置の最大変位とも、設計解析による結果と審査解析はほぼ一致し、妥当であると判断できる。

続いてプッシュオーバー解析による載荷方向の検証を示す。設計コンサルタントで検討している載荷方向はY（＋）方向であるが、構造が非対称であるため、プッシュオーバー解析における載荷方向の違いが降伏震度に与える影響を検証するため、＋、－方向の載荷解析を行った。その結果を**図4-20**に示す。これによると、橋軸方向入力は＋、－方向の載荷で降伏震度に差はほとんどなかったが、直角方向は非対称性が強いため、降伏震度に差が生じた。もっとも降伏震度が低いP3橋脚は設計コンサルタントが載荷方向としていたY＋方向の降伏震度の方が低いため、検討している載荷方向で問題ないと判断できる。

■ 表4-3 固有値解析結果

(a) 設計解析

モード次数 n	振動数 f Hz	周期 T sec	有効重量比			ひずみエネルギー比例減衰
			X	Y	Z	
1	0.931	1.074	30%	0%	0%	4.0%
2	1.121	0.892	17%	0%	0%	4.6%
3	1.200	0.834	0%	27%	0%	7.2%
4	1.488	0.672	0%	8%	6%	3.0%
5	1.819	0.550	0%	0%	1%	2.0%
6	1.837	0.545	0%	0%	0%	3.4%
7	1.841	0.543	0%	2%	0%	2.5%
8	2.066	0.484	0%	14%	7%	3.1%
9	2.120	0.472	2%	0%	0%	6.4%
10	2.371	0.422	0%	0%	0%	2.4%

(b) 審査解析

モード次数 n	振動数 f Hz	周期 T sec	有効重量比			ひずみエネルギー比例減衰
			X	Y	Z	
1	0.944	1.059	32%	0%	0%	4.0%
2	1.096	0.912	15%	0%	0%	4.9%
3	1.283	0.779	0%	30%	0%	8.4%
4	1.541	0.649	0%	11%	5%	3.5%
5	1.876	0.533	1%	0%	0%	3.6%
6	2.039	0.490	0%	11%	8%	2.8%
7	2.199	0.455	1%	0%	0%	4.5%
8	2.260	0.442	2%	0%	0%	5.1%
9	3.048	0.328	0%	2%	2%	4.0%
10	3.177	0.315	2%	0%	0%	4.5%

■ 図4-19 上部構造位置の最大変位

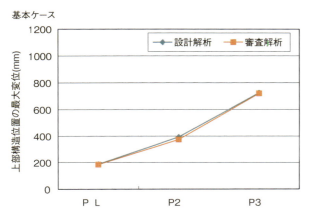

設計不具合の防ぎ方

■ 図4-20 載荷方向による降伏震度の違い

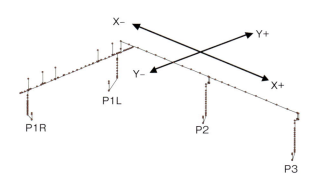

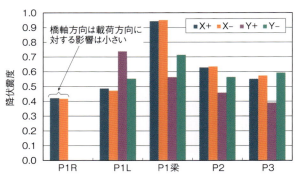

[降伏震度の決定方向]

	P1R	P1L	P2	P3
橋軸	載荷方向の影響は小さい			
直角	—	Y−	Y+	Y+

また、動的解析におけるRayleigh減衰の妥当性を定量的に判断するために、動的解析の応答変位波形から卓越振動数を算定し、選択モードとの比較を行った。図4-21に示す直角方向入力時のP3橋脚上部構造変位の応答変位波形のうち、弾性範囲の7秒付近までを対象にパワースペクトルを算定したところ、卓越周期は表4-3に示す固有値解析の結果における4次の固有モードと同じであった。この結果より、Rayleigh減衰の対象としたモードは妥当であると判断できる。

■ 図4-21 上部構造変位（橋軸直角方向）の応答波形とパワースペクトル

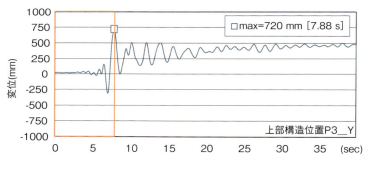

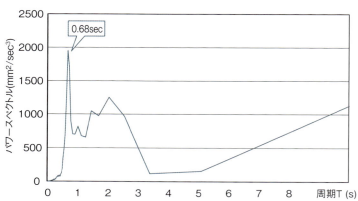

(5) まとめ

　事例1〜3の審査コンサルタントによる動的解析の審査によって、両者の結果の比較や審査コンサルタントおよび受注者との協議を重ねるなかで、Rayleigh減衰の設定方法や要素の分割数の差、バネ値や上部構造重量等の入力値の違い、P−Δ効果の考慮の有無などで考え方の相違を確認することができた。どちらの考えを採用するかは発注者が判断し、最終的な解析結果はほぼ同じ値に収束したため、設計解析結果の妥当性が確認できた。また、大きな差が生じたRayleigh減衰の設定の違いは橋梁全体の減衰効果の度合いに差が生じ、応答に大きな差が生じてしまうことから、Rayleigh減衰の設定方法を慎重に審査し、その妥当性を検証することが重要である。また、隣接する橋梁のモデル化の差異やバネ値の設定方法、P−Δ効果の考慮の有無などでも大きな差が生じた例もあったことから、それらの設定にあたっても十分に留意する必要がある。

　事例4のインハウスエンジニアによる動的解析の審査では、死荷重解析の結果から、支承条件の違い等の基本的なモデルの不具合が確認されたことから、死荷重解析など基本的特性を確認する検討も重要である。また、Rayleigh減衰の設定にあたっては、橋梁全体に対する応答の影響が大きいため、その設定方法を慎重に審査し、その妥当性を検証することが重要である。

　このように設計者が実施した動的解析に対して、第三者機関もしくはインハウスエンジニアによる動的解析を実施し、それぞれの結果を比較することで設計に用いられる動的解析結果の審査を行った。その結果、影響の大小を含め、様々な不整合や設計不具合を確認することができた。このような動的解析では、使用するモデルや入力値の桁数設定など、今まで受注者の判断で実施されておりブラックボックス化していたが、審査解析を実施することで動的解析の実施過程や解析プログラムのブラックボックス部分で発生する不具合のリスクを低減したり、結果の信頼性を向上させることが可能となる。また、受注者の判断で決定してきた解析における細かな条件をこれまで以上に見える化し、審査精度も向上させることが可能となる。

2.3 橋梁設計値のマクロデータ分析

(1)はじめに

　橋梁の計画では一般に、道路や河川などと計画する橋梁との交差条件、用地取得上の制約条件、構造上のバランスなどから、橋台や橋脚位置から決まる橋長、支間長など橋梁のプロポーションを決定する。さらに、予備設計によって構造規模を算定し、概算工事費等を比較検討することによって構造形式を決定する。ここで、上部構造の規模は橋脚位置から決まる支間長によって決まる傾向にあり、支間長は橋梁における建設費の支配的な要因といえる。よって、支間長のような橋梁諸元である指標を用いて、構造規模を推定できれば、予備設計における概算工事費の算出精度が向上する。また、このような指標と、設計によって算出される構造規模を表す主要な数量(以下、設計値)との関係を用いることによって、設計審査におけるマクロチェックが可能となる。本章では、阪神高速道路株式会社(以下、阪神高速)の橋梁について、指標と設計値の関係を分析することによって、指標による設計値の推定や設計審査のための知見を提供する。

(2)指標と設計値に関する既往資料

　指標と設計値を整理したものとしては、デザインデータブック[1]やPC道路橋計画マニュアル[2]がある。しかし、デザインデータブックにおいては、鋼床版橋などデータ数が少なく、対象とする構造形式が少ない部分もある。鋼製橋脚については、鋼重に対する明確な指標を見いだすことが難しく、指標と設計値の検討は、ほとんど行われていないのが実状である。

　また、これら既往資料は本線橋を対象としており、ジャンクションやランプにおける橋梁(以下、JCT橋)については対象とされていないことが多い。JCT橋は、本線橋に比べて幅員が小さく上部構造は曲線橋であることが多く、橋脚や基礎についても本線橋に比べ近接構造物等による制約が多いことが特徴といえる。

(3)橋梁設計値の統計分析

　阪神高速の工事においては、工事受注者は工事の竣工時に竣工図と合わせて、工事の構造形式や使用した鋼種、鋼重などの諸元をデータテーブルに記入し、納入することになっている。これらのデータは「保全情報システム」でデータベースとして一元管理され、随時最新のデータに更新されている。また、近年、阪神高速では複数のジャンクションを建設しておりJCT橋の設計結果としてデータが蓄積されている。橋梁設計値の統計分析を実施するにあたり、保全情報システムのデータベースおよびJCT橋の設計結果を利用し、鋼上部構造、鋼製橋脚、コンクリート上部構造およびコンクリート橋脚の設計値を抽出し、各種の指標との関係を整理した。

a) 分析対象

設計値の分析対象は阪神高速における橋梁を対象とした。本線橋については、阪神高速の全線を対象として保全情報システムよりデータを抽出した。JCT橋については、阪神高速における最近の4つのジャンクションにおける詳細設計からデータを抽出した。

分析対象とした橋梁を**表4-4**に示す。鋼上部構造は本線橋およびJCT橋における鋼桁、床版形式はRC床版、合成床版もしくは鋼床版の1400橋を対象とした。なお、少数主桁および板継溶接や材片数を減らした合理化桁は、母数が少なく対象としていない。コンクリート上部構造はJCT橋におけるRC桁およびPC桁の22橋を対象とした。鋼製橋脚は、本線橋およびJCT橋を支持する単柱およびラーメン構造の572基を対象とした。コンクリート橋脚は、JCT橋を支持する単柱およびラーメン構造の106基を対象とした。

表4-4 分析対象とした橋梁

対象構造物			分析数		
			本線橋	JCT橋	合計
鋼上部構造	単純桁	鋼床版桁	68	−	68
		鈑桁・箱桁〔合成桁〕	74	17	91
		鈑桁・箱桁〔非合成桁〕	3	1	4
	連続桁	鋼床版桁	529	6	535
		鈑桁・箱桁〔合成桁〕	14	2	16
		鈑桁・箱桁〔非合成桁〕	679	7	686
	合　計（橋）		1367	33	1400
コンクリート上部構造	連続桁	RC桁	−	19	19
		PC桁	−	3	3
	合　計（橋）		−	22	22
下部構造	鋼製橋脚　　（基）		547	25	572
	コンクリート橋脚（基）		−	106	106

b) 統計分析と評価

設計の結果、算出される鋼重などの設計値ごとに、既往資料を参考に支間長や橋面積など、複数の指標を設定し、抽出したデータを整理したうえで統計分析した。統計分析は、指標を横軸、設計値を縦軸としたグラフに抽出したデータをプロットし、そのデータから算出される近似曲線（近似式）を算定した。また、指標と設計値の相関度合いは、近似曲線の決定係数である相関係数の二乗（R^2）を用いて評価した。これらの検討をふまえ、指標と設計値について、設計値の推定や設計審査のマクロチェックに使用する目安となるデータを得た。

なお、各設計値の指標の評価については、本線橋とJCT橋を分けて行った。これは、JCT橋は本線橋と比べ、曲線橋が多く幅員変化も大きく、用地制約の影響も受けるため、桁高や部材寸法など設計値は本線橋と異なった傾向となることが予想されたためである。鋼上部構造および鋼製橋脚の鋼重については、本線橋とJCT橋の比較を示し、その他設計値についてはJCT橋のみの分析結果を示すこととした。

(4)統計分析の結果および評価

a)鋼上部構造

①鋼重

鋼上部構造(本線橋、JCT橋)における鋼重に関する分析結果として、鋼単純鈑桁(合成桁)の支間長と単位幅員当たり鋼重の関係を図4-22の左に示す。本線橋の決定係数は0.91と高くなっている。

一方、JCT橋の決定係数は0.61であるが、支間長30m付近で単位幅員当たりの鋼重にばらつきがみられる。これは、JCT橋が本線橋に合流する部分のデータであり、同支間長でも幅員が変化していることによる。また、鋼鈑桁の場合、幅員が小さくなっても主桁本数は2本のため、橋梁あたりの全鋼重は変化せず単位幅員当たり鋼重とすると、同様の支間長に対して見かけ上ばらつきが生じている。

橋面積と鋼重の関係を図4-22の右に示す。橋面積を指標とすると、幅員変化に起因するばらつきがなくなり、目安となるデータが得られた。

■ 図4-22 鋼単純鈑桁(合成桁)の鋼重に関する分析結果

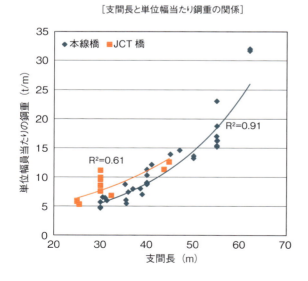
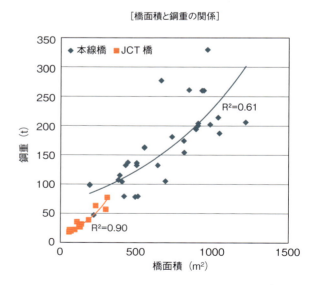

鋼単純箱桁（合成桁）の鋼重に関する分析結果として、支間長と単位幅員当たりの鋼重の関係を**図4-23**の左に示す。本線橋は決定係数が0.77と高くなっている。一方、JCT橋の決定係数は0.87であるが、支間長60m付近の同支間長において、ばらつきが大きくなっている。これは、鈑桁の場合と同様に、幅員変化の影響から見かけ上ばらつきが大きくなっているといえる。そのため、**図4-23**の右に示す橋面積を指標とすることによって目安となる鋼重データになる。

■ 図4-23 鋼単純箱桁（合成桁）の鋼重に関する分析結果

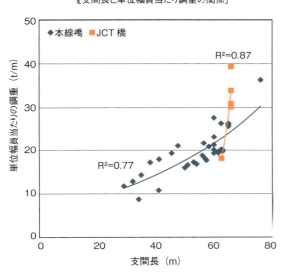
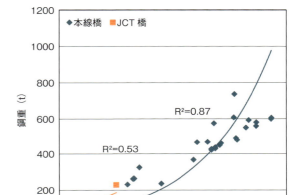

②桁高

　鋼上部構造（JCT橋）の桁高に関する分析結果として、支間長と桁高の関係を**図4-24**の左に示す。全構造形式の桁高に対する近似曲線の決定係数は0.78であった。一般的に桁高は、構造形式によって異なるため、**図4-24**の右に母数の多い3つの桁形式について分析した結果を示す。構造形式によって、支間長に対する桁高や近似曲線の勾配が異なる結果となった。

■ 図4-24 桁高に関する分析結果（JCT橋）

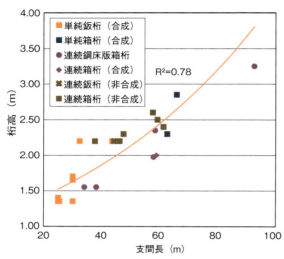
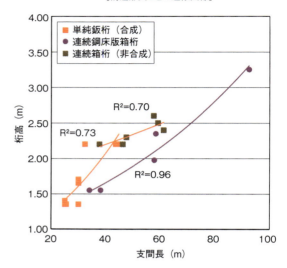

③大型材片重量および小型材片重量

鋼上部構造（JCT橋）の支間長と大型・小型材片重量に関する分析結果を図4-25に示す。それぞれ、単純桁と連続桁に分けて近似曲線を設定した。母数が少ないため、近似曲線に対して構造形式ごとに着目するとばらつきはあるが決定係数は高くなることが分かった。

■ 図4-25 鋼橋の大型材片重量および小型材片重量に関する分析結果（JCT橋）

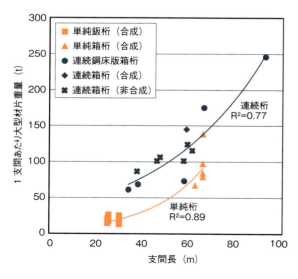
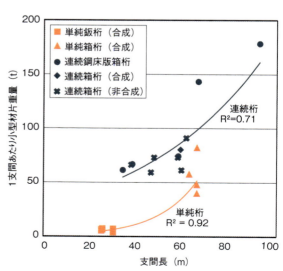

④工場塗装面積

鋼上部構造（JCT橋）の橋面積と工場塗装面積に関する分析結果を**図4-26**に示す。全構造形式の塗装面積に対する近似曲線の決定係数は0.79であった。鈑桁の決定係数は0.76であり、箱桁の決定係数は0.42であった。箱桁の決定係数が低くなったのは、JCT橋は拡幅部でない部分においても幅員変化が大きいが、本線橋に相対して全幅員が小さいため、幅員が変化しても箱本数が変化しない場合が多く橋面積と箱桁本数の相関が低いためと考えられる。鈑桁の場合は幅員変化に対して桁本数を設定するため橋面積と塗装面積の決定係数が高くなっていると考えられる。

また、**図4-26**の左の全構造形式の近似曲線と比較して、**図4-26**の右の構造形式ごとの場合は箱桁に関する近似曲線の勾配が異なっている。これは、塗装面積は桁構造の形状によって決まるためといえる。

■ 図4-26 鋼橋の工場塗装面積に関する分析結果（JCT橋）

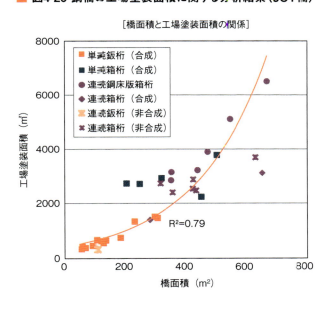
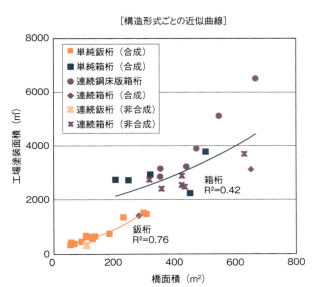

b）鋼製橋脚

①鋼重

鋼製橋脚の軸線長と鋼重の関係を**図4-27**の左に示す。ここで軸線長は橋脚高と梁長さを足した値である。本線橋については、プロットしているデータの中央付近を通る近似曲線となっているが、データにばらつきがあり決定係数は0.44と低くなっている。これは同じ形状の橋脚でも、支間長や幅員より決まる橋脚が負担する上部構造重量によって、板厚や補剛部材等に差異があり、それによって鋼重が増減するためと考えられる。

また、JCT橋における軸線長と鋼重の関係を、橋脚の構造形式（梁拡幅、単柱、ラーメン構造）で分析した結果を**図4-27**の右に示す。いずれも前述の通り分析対象の母数は少ないが、決定ケースは0.72〜0.94と高い結果であり、近似曲線の勾配は**図4-27**の左の全構造形式の場合と同様の結果であった。

■ 図4-27 鋼製橋脚の鋼重に関する分析結果

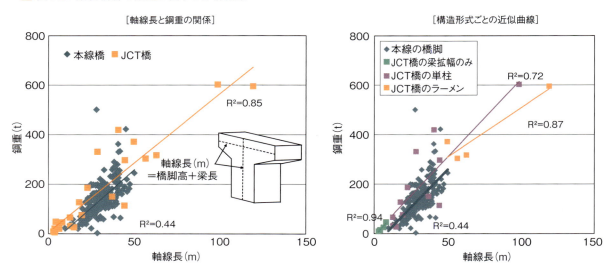

②大型材片重量および小型材片重量

鋼製橋脚（JCT橋）の軸線長と大型・小型材片重量に関する分析結果を**図4-28**に示す。決定係数は0.81、0.84と高くなっており、軸線長にほぼ比例する近似曲線となることが分かった。

■ 図4-28 鋼製橋脚の大型材片重量および小型材片重量に関する分析結果（JCT橋）

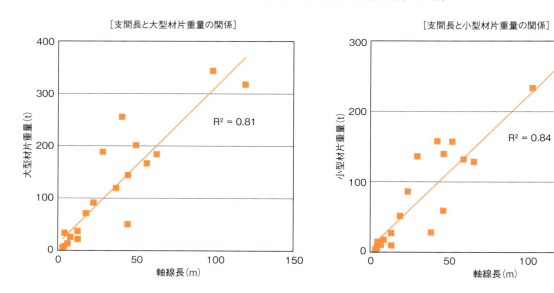

③工場塗装面積

鋼製橋脚(JCT橋)の軸線長と工場塗装面積に関する分析結果を図4-29に示す。全構造形式の軸線長に対する近似曲線の決定係数は0.90であった。構造形式ごとに分けた場合も決定係数は0.78〜0.91と高く、曲線の勾配については、曲線を示す全構造形式の場合と同様の結果であった。

■ 図4-29 鋼製橋脚の工場塗装面積に関する分析結果（JCT橋）

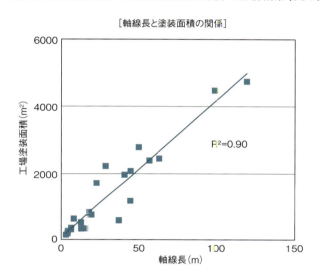
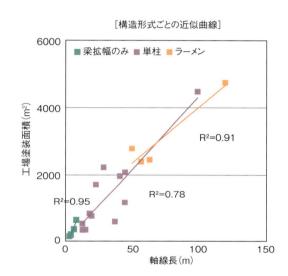

c) コンクリート上部構造

①コンクリート体積

コンクリート上部構造(JCT橋)に関する分析結果として、図4-30の左に橋面積とコンクリート体積の関係を示す。決定係数は0.92と高くなっている。グラフにはRC桁、PC桁、RC桁とPC桁の混合橋のすべてのデータに対する近似曲線としているが、データのばらつきは小さくなっており、支間長に対する、桁形式の違いによるコンクリート体積の違いは小さい結果であった。

②鉄筋量

図4-30の右に支間長と単位体積当たり鉄筋量の関係を示す。対象としたJCT橋にはRC桁とPC桁の混合橋があるため、支間長がRC桁よりも大きい20m付近の鉄筋量が小さくなっている。PC桁については鉄筋量が100kg/m³付近に分布しており近似曲線も支間長に対して右下がりの勾配となっている。図4-30の左のコンリート体積と異なり、桁形式によって異なる傾向にあり、PC桁や混合橋は、PC鋼材によるプレストレスによって鉄筋量がRC桁に比べ低減されるためと考えられる。

■ 図4-30 コンクリート上部構造に関する分析結果（JCT橋）

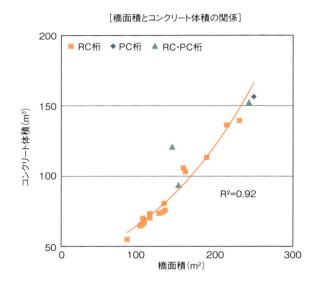
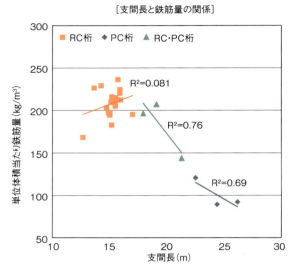

d）コンクリート橋脚（JCT橋）
①コンクリート体積

コンクリート橋脚（JCT橋）に関する分析結果として、**図4-31**の左に橋脚高とはり長を足した軸線長とコンクリート体積の関係を示す。決定係数は0.83と高くなっている。データのばらつきについては、橋脚高の違いによって橋脚基部の断面寸法が異なることや、用地制約等から柱や梁の寸法を縮小する場合があるためといえる。

②鉄筋量

図4-31の右に軸線長と単位体積当たり鉄筋量の関係を示す。RC上部構造を支持する橋脚については、50～250 kg/m³に分布している。鋼上部構造を支持する橋脚については、150～350kg/m³付近に分布している。それぞれ、ばらつきが大きい分布となっているが、軸線長に対しては増減があまり無いといえる。ばらつきの要因としては、JCT橋であることから分岐部など上部構造の幅員が大きくなっている場合や、掛け違い部において可動支承で支持する橋脚において反力が小さくなっている等が考えられる。

対象としたJCT橋のRC上部構造を支持する橋脚は、景観上の配慮から橋上部構造の形状から橋脚寸法を決定しており、柱の主鉄筋はD19～D25程度と橋脚としては細径となっているため、鋼上部構造を支持する橋脚よりは単位鉄筋量が小さくなっている。鋼上部構造を支持する橋脚については、プロットしている母数は少ないが、主鉄筋としてはD38～D51程度の鉄筋を配置しており、単位鉄筋量については**図4-31**の右に示す程度の鉄筋量となっている。

図4-31 コンクリート橋脚に関する分析結果（JCT橋）

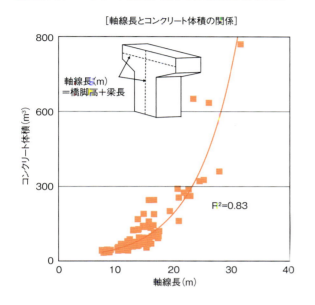
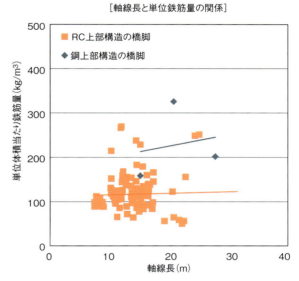

(5) まとめ

　阪神高速の橋梁を対象に橋梁設計値を統計分析することによって、設計の結果算出される鋼重などの設計値と推定する支間長などの関係を検討した。検討については、鋼上部構造、鋼製橋脚、コンクリート上部構造、コンクリート橋脚について行った。これらの指標を用いた設計値の推定によって予備設計等の比較検討における概算数量および工費の算出、設計審査における目安となるデータが得られた。今後も、橋梁設計値を蓄積し推定式を更新するとともに、分析を進め精度よく設計値を推定できる指標を模索してくことが重要といえる。

2.4 開削トンネル設計値のマクロデータ分析

(1) はじめに

都市内の高速道路トンネルに用いられる開削トンネルは、大規模な地下構造物であるため高度な「技術的判断」の要求が多く、これらの多くは熟練技術者の豊富な経験と知識に頼らざるを得ないのが現状である。加えて、開削トンネルの設計は、本体構造物の設計や仮設構造物の設計、設計照査に多くの労力を要し、アウトプットとなる設計図書は膨大な量となる。そのため、ヒューマンエラーや計算書と図面の不整合といったミスが発生しやすい。

そこで、熟練技術者の経験や知識（技術、ノウハウ）が蓄積されている設計・施工実績データを集約し、これらのデータを統計的手法で分析を行うことにより技術の可視化を行い、得られた結果を設計のマクロチェックの指標とするチェックシステムの構築することで設計審査の精度向上を目指す。

ここでは、阪神高速における代表的な開削トンネル（神戸山手線、淀川左岸線、大和川線）の設計・施工実績データを集約し、構築した設計のマクロチェック指標を示す。

(2) 統計分析を用いた技術の可視化

a) 既往設計データの利活用

開削トンネルに代表されるカルバートボックスの設計・施工実績は、横断道路など小規模なものが多く、阪神高速等が建設しているような大規模な道路トンネルの事例は多くない。また、その設計・施工実績の活用を目的としたデータ整理や統計的な指標作成は行われていない。

これまでに蓄積された設計データを利活用し、統計分析を行うことで、設計に係る統計的指標を得ることができれば、設計値の妥当性評価（マクロチェック）が可能になると考えられる。

そこで、**図4-32**に示すように目的変数（設計値）に対する説明変数を設計に係る因子（パラメータ）で整理し、相関性の高いパラメータを抽出することで、例えば、土被り厚から部材厚の"あたり"をつけるといった暗黙知を、形式知化（技術の可視化）できるものと考えた。

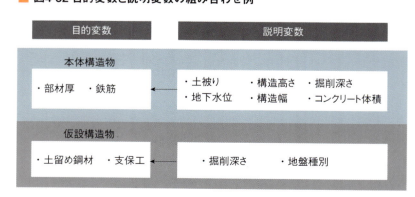

■ 図4-32 目的変数と説明変数の組み合わせ例

目的変数と説明変数の相関性の評価は、一般的には、**表4-5**のように、相関係数の大きさにより考えられている。本検討では、相関係数が0.7以上となり、強い相関があると考えられる組み合わせに着目して整理を行った。

　本検討によって抽出された相関の高いパラメータおよび回帰曲線は、設計値のマクロチェックとして活用できると考えられる。なお設計値の評価指標として、統計学上の信頼区間として用いられる95％（2σ）信頼区間と、68％（1σ）信頼区間を示すことでチェックレベルの目安とした（**表4-6**）。

表4-5 相関係数と相関性の評価

相関係数	評　価
±0.7〜±1.0	相関が高い
±0.4〜±0.7	相関が中程度ある
±0.2〜±0.4	相関が低い
±0.0〜±0.2	ほとんど相関がない

表4-6 信頼区間とチェック目安

信頼区間	チェック目安
1σ範囲内	実績値より妥当である
1σ〜2σ	設計条件の確認、入力値を照査する。
2σ範囲外	設計ミスの可能性が高いため、細部チェックにより妥当性を確認

b）統計分析に用いるデータ
①本体構造物で用いるデータ
　本検討では、阪神高速の3路線（神戸山手線、大和川線、淀川左岸線）において収集した設計資料をデータベース化した。阪神高速の開削トンネルでは、片側2車線の上下線を分離した1層2連構造のほかに、ランプ分合流で適用される1層3連、換気ダクトを配置した2層構造、中壁・頂版のない掘割構造等の様々な形状が用いられている。本検討では、その中で、阪神高速の開削トンネルの標準構造として、最も多くの断面を占めている、1層2連構造の98断面を対象として統計分析を実施した。
②仮設構造物で用いるデータ
　仮設工法は、遮水の必要性や土水圧に対抗できる土留め剛性等により選定されており、矢板式土留め壁、柱列式土留め壁、壁式土留め壁等がある。阪神高速の開削トンネルでは、柱列式土留め壁が、最も多くの割合を占めている。
　土留め工法は、開削トンネル本体のみならず、シールドトンネル部における立坑や工区境における妻部、非常階段部など、用途は様々である。また、支保工形式については、切梁式、アンカー式が採用されている。本検討では、土留め工法については、最も採用されている柱列式土留め工法と、比較的多く用いられている鋼矢板工法、壁式土留め壁工法を対象とし、支保工形式については、本体工構築土留めとして利用されている切梁式を対象とした377断面について統計分析を実施した。

(3) 統計分析結果および評価

a) 本体構造物の統計分析

① コンクリート体積と鉄筋重量の相関

まずコンクリート体積と鉄筋重量の関係について統計分析を行った結果を示す。

図4-33は各ブロックにおける単位コンクリート体積あたりの鉄筋重量の頻度分布を、図4-34はブロックごとのコンクリート体積と鉄筋重量の関係を示したものである。図4-33より、単位コンクリート体積あたりの鉄筋重量は、全線を通じて154kg/m^{3}を平均値として、概ね100〜200kg/m^{3}の範囲に分布している。また、図4-34よりブロックごとのコンクリート体積と鉄筋重量の相関係数は0.903と高い相関性が得られた。

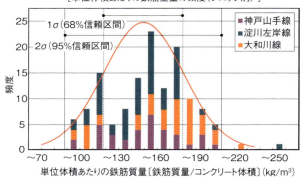

■ 図4-33 単位体積あたりの鉄筋重量の頻度

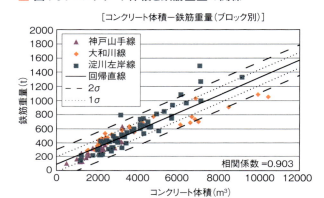

■ 図4-34 コンクリート体積と鉄筋重量の関係

② 部材厚に着目した統計分析

ⅰ) 部材厚と外的要因との相関

頂(底)版厚と、構造諸元を決める外力等の要因(以下、外的要因)との関係は、土被りや函体全幅が大きくなるにつれ、部材が厚くなることが想定できるため、部材厚と土被り、函体幅の関係について統計分析を行った。その結果、拡幅部(内空幅が大きい)や橋脚が頂板と一体化されている断面や偏載荷重といった特殊条件をもつ断面が、大きなばらつきの原因となることが分かった。そのため、これらのばらつきの原因となる断面を特異値として控除し、統計分析を行なった。

表4-6に、頂版厚と各種指標との相関係数を示

■ 表4-6 頂版厚と各指標における相関係数

	土被り	全幅	土被り×全幅
神戸山手線	0.836	0.334	0.857
大和川線	0.535	0.714	0.753
淀川左岸線	0.661	0.625	0.807
全線	0.648	0.568	0.772

す。この結果から、相関性が見られる指標は、路線ごとで異なることがわかる。例えば、神戸山手線は土被りに対する相関性が高く、函体全幅に対する相関性が低いのに対し、大和川線ではその逆の傾向が見られる。

そこで、新たに鉛直荷重に関係する土被りと函体全幅を掛け合わせたパラメータを加えて分析を行なった。分析の結果、図4-35に示すとおり頂版厚との相関係数は0.772と、相関性が高い傾向が見られた。よって、頂版厚は「土被り×函体全幅」を支配要因とみなしてよいと考えられる。

また、図4-36に示すように、底版も同様の傾向が見られた。これは、「鉛直荷重」に函体重量を足し合わせた「地盤反力」が底版厚の支配要因であり、函体重量が鉛直荷重に比べ影響が小さいため、「鉛直荷重∝地盤反力」という関係から同様の傾向となったと考えられる。

一方、側壁厚と外的要因（荷重など）との関係においては、高い相関性は得られなかった。これは、通常の1層2連の横長形状のラーメン構造では、側壁に引張力が生じにくいこと、頂版厚との関係や最小部材厚から側壁厚が決定することが要因であると考えられる。

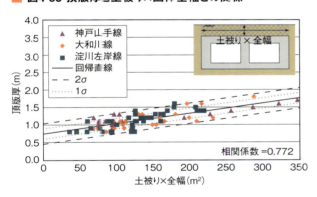

■ 図4-35 頂版厚と土被り×函体全幅との関係

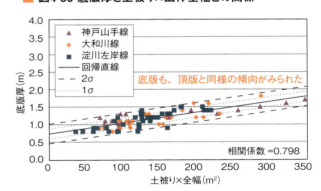

■ 図4-36 底版厚と土被り×函体全幅との関係

ⅱ) 部材間の相関

図4-37に、「頂版厚－底版厚」の頻度分布を示す。この図より、頂版と底版の部材厚はほぼ等しく、全断面のうち91%が±0.1mに分布していることがわかる。

図4-38に頂版厚と底版厚の関係を示す。頂版厚と底版厚の差が±0.1mを超える断面について要因分析を実施した結果、4つのグループに分類できた。

BグループやDグループのように構造計算で決められていない断面を特異値として控除し、統計分析を実施した結果、相関係数0.990と高い相関性が得られ、95%信頼区間で±0.1m程度となった。

以上より、頂版厚を推定することで底版厚の推定が可能であり、頂版と底版の部材厚差が0.1mを超える場合は、何らかの特殊条件の下での断面である可能性が高いことが分かった。

■ 図4-37 頂版厚と底版厚の差分

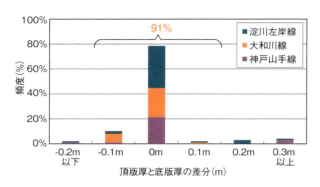

■ 図4-38 頂版厚と底版厚の関係

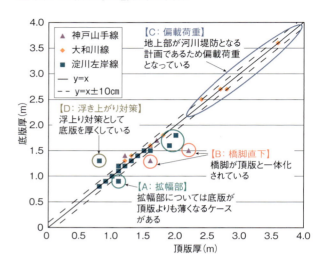

　図4-39、図4-40に頂版厚および底版厚と側壁厚の関係を示す。側壁厚が最小部材厚もしくは側壁合成構造（土留めH鋼の本体利用）によるケースについては、側壁厚と外的要因との間に関連がないため、それらを除外して統計分析を実施した。側壁厚の傾向を見ると、「頂(底)版厚≧側壁厚」となっており、両者の差は約85％の割合で0.3m以内に分布していた。

　「頂(底)版厚－側壁厚≦0.3m」に収まらない断面は、図中に示したBとCの特殊条件が要因であると確認できた。これらの特殊条件にある断面以外は、概ね「頂(底)版厚－側壁厚≦0.3m」に収まる傾向が見られる。以上より、頂(底)版厚が決定すれば、側壁厚を推定することが可能であることが分かった。

■ 図4-39 頂版厚と側壁厚の関係

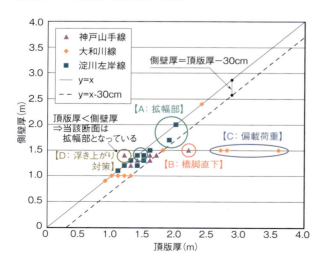

■ 図4-40 底版厚と側壁厚の関係

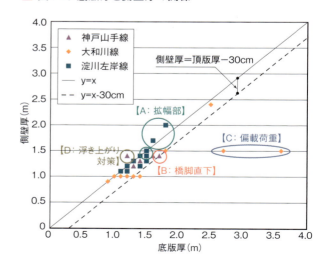

③鉄筋量・鉄筋比の統計分析

開削トンネルはラーメン構造であるため、部位の端部・径間部において応力および鉄筋量が異なる。そのため、鉄筋に関する相関性は図4-41に示すように、開削トンネル設計における主鉄筋照査位置に着目した統計分析を実施した。

主鉄筋量や主鉄筋比に着目し、土被りや函体全幅等を目的変数として統計分析を実施した。その結果、いずれの関係についても大きなばらつきが認められ、明確な相関関係は得られなかった。これは、鉄筋量は、最大・最小鉄筋量など、RC部材としての構造細目からの制約を受けるためと考えられる。そのため、各照査位置における主鉄筋比の割合に着目して統計分析を実施した。

図4-42～図4-44に、頂版、側壁、中壁それぞれの照査位置における主鉄筋比の割合を示す。頂版については、①側壁側→②径間部→③中壁側の順に主鉄筋比が上がる傾向がみられ、底版についても同様の傾向がみられる。また、側壁については①上側→③下側の順に主鉄筋比が上がる傾向が見られる。これは、図4-41に示したように、一般に、頂底版においては側壁側よりも中壁側に大きな断面力が発生し、側壁に関しては上側よりも下側に大きな断面力が発生するためと考えられる。

また、側壁②(径間部)と中壁に着目すると、側壁②では70%以上、中壁は40%以上が主鉄筋比0.2～0.3%で配筋されており、これらの鉄筋は最小鉄筋量で決定されていることを示している。

以上のように、各部材の主鉄筋比の割合から各照査位置で鉄筋量の傾向を確認できることが分かった。

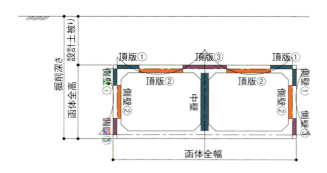

■ 図4-41 断面概要図

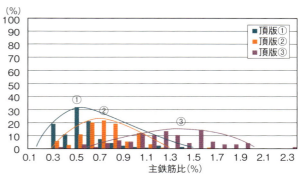

■ 図4-42 頂版の主鉄筋比の割合

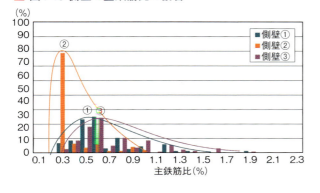

■ 図4-43 側壁の主鉄筋比の割合

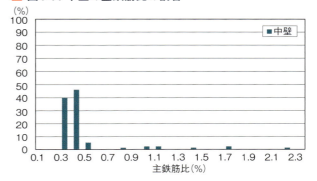

■ 図4-44 中壁の主鉄筋比の割合

(b)仮設構造物の統計分析
①土留め鋼材に着目した統計分析
ⅰ)土留め工法と掘削深度の関係

図4-45に、土留め工法と掘削深度の関係を示す。鋼矢板式土留め壁は、掘削深度5m～10m程度の範囲で適用されており、柱列式土留め壁は5m～25m程度の範囲で適用されている。また、壁式土留め壁は、25m以深で適用されている。

一般に、掘削深度が深いほど、剛性の高い土留め壁が適用されることから、本統計分析による傾向は概ねこの傾向に合致する。

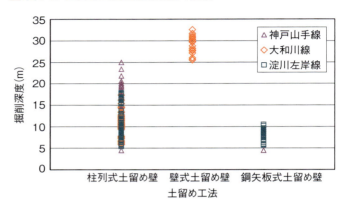
図4-45 土留め工法と掘削深度の関係

ⅱ)掘削深度と土留め鋼材重量の関係

柱列式土留め壁、壁式土留め壁は、いずれの工法も芯材により壁体の剛性を高め、土圧に抵抗する工法である。そのため、掘削深度と土留め芯材の鋼材重量には、高い相関があると想定される。統計分析の結果、掘削深度が大きいほど鋼材重量が大きくなる傾向であったが、比較的ばらつきが大きく、高い相関性は得られなかった。分析の結果、その要因として水平方向の切梁間隔があげられた。「開削トンネル設計指針」には、水平方向の切梁間隔5m以下で配置することが標準とされているが、桟橋の支持杭配列(6m間隔)に合わせて、切梁間隔を広げ、6mを採用している事例もあった。

切梁間隔6mを用いている断面は、掘削深さが比較的浅い深度6m～10mに集中しており、鋼材重量は、同じ掘削深度で切梁間隔5m以下の鋼材重量より大きい傾向にあった。そのため、**図4-46**に、切梁水平間隔6mを控除して掘削深度と鋼材重量の関係を整理した結果、相関係数は0.787と比較的高い相関性を示すことが分かった。

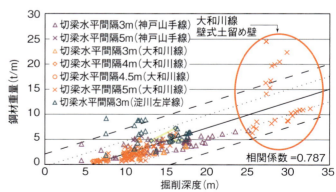
図4-46 掘削深さと鋼材重量の関係
（支保工水平間隔5m以下）

②支保工鋼材に着目した統計分析

支保工鋼材質量(切梁、火打ち、腹起し)を目的変数に、掘削深度、支保工段数、掘削土量を説明変数として統計分析を実施した。その結果、**表4-7**に示すように各指標に対して高い相関性が確認された。各指標の代表として、**図4-47**に掘削土量と支保工鋼材重量の関係を示す。

土留め鋼材重量と異なり、相関関係は切梁水平間隔6mの影響を受けていなかった。なお、壁式土留め壁にばらつきが認められたことから、控除したケースについても統計分析を実施した結果、各指標に対して0.884程度の相関となった。

■ 表4-7 各指標と支保工鋼材重量との関係

	掘削深度	支保工段数	掘削土量
支保工重量	0.883	0.800	0.884
支保工重量 (壁式土留め壁除く)	0.716	0.726	0.715

■ 図4-47 掘削土量と支保工鋼材重量の関係

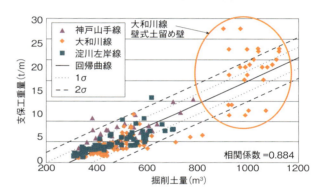

③根入れ長に着目した統計分析

ⅰ)土留め根入れ長の決定要因

土留め芯材根入れ長の決定要因を**図4-48**に示す。この図より、芯材の根入れ長は、釣合深さおよび最小根入れで約85%が決定されていることがわかる。土留め根入れに関する統計分析は、芯材根入れ長の主要因である釣合深さおよび最小根入れに着目して実施することとした。

ⅱ)芯材延長に着目した統計分析

図4-49に掘削深度と芯材延長の関係を示す。芯材延長は、掘削深さと芯材根入れ長の和から決定されているため、図中に示した掘削床からの乖離が、芯材根入れ長を表している。

最小根入れ長は、基準により3.0mと定められており、設計における芯材長のラウンド値を考慮すると、根入れ長3.5m程度が釣合深さと最小根入れの境界と考えられる。一方、釣合深さについて個別に整理を行ったところ、概ね根入れ長10mの範囲に収まっており、上限値として捉えることができた。

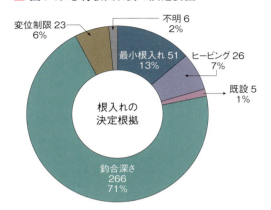

図4-48 芯材根入れ長の決定要因

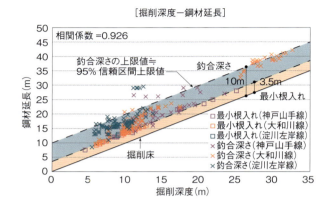

図4-49 芯材根入長の決定要因（釣合深さ）

(4) 統計分析結果の活用

　以上の統計分析の結果を活用するために、開削トンネルの設計照査ツールとして、設計調書をもちいた設計照査システムを構築した。設計照査システムは、「設計調書」と「マクロチェックシステム」で構成し、「マクロチェックシステム」は、本検討で実施した既往の設計・施工データを用いた統計分析から得られた知見を設計のマクロチェックの指標とするもので、実績に基づいた経験値からの照査を可能とし、照査の多層化を期待できる。

　「設計調書」は、設計条件確定時や設計計算終了時、図面作成時、数量計算作成時の各段階で結果を入力し、各段階相互の整合性を自動的に確認できる仕組みを考えた。

　また「マクロチェックシステム」は、前述した統計分析で得られた相関性の高い評価指標を活用し、設計値の妥当性をグラフ上で評価できるようにした。調書に入力した設計値は、マクロチェックシステムにより統計分析結果との整合が確認できる。

　事例の一つとして示した図4-50は、部材厚について、統計分析結果との整合確認を行ったものである。設計で決定した部材厚は、統計学上の信頼区間として用いられる95％（2σ）信頼区間と、68％（1σ）信頼区間に含まれるかどうかが、図上で判読できる。これにより、設計結果の信頼性が経験的な視点から判定され、信頼性に応じて、再チェックのレベルを決定できるようにした。

■ 図4-50 統計分析結果との整合確認例（支保工水平間隔5m以下）

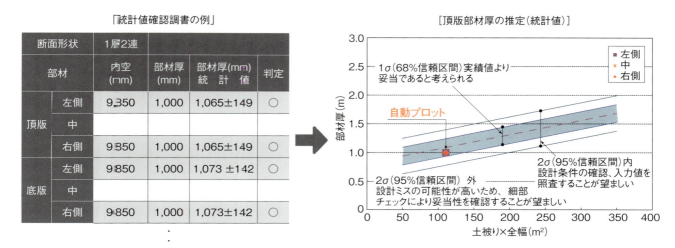

2.5 長寿命化に向けた設計改善

(1)設計コンセプト

最近の橋梁設計において設定した設計コンセプトを図4-51に示す。阪神高速設計基準[3]（以下、設計基準）では、橋梁全体に要求される性能、橋を設計するうえで常に留意しなければならない基本的な事項を設計の基本理念として、使用目的との適合性、構造物の安全性、耐久性、施工品質の確保、維持管理の容易さ、環境との調和、経済性を考慮しなければならないとされている。この中から「1.耐久性の向上」、「2.維持管理性の向上」について概要を述べる。

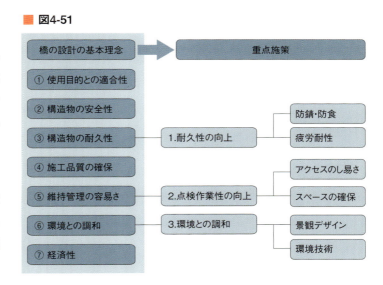

■ 図4-51

a)耐久性の向上

供用後の鋼構造物の損傷は局部的に発生する「錆・腐食」「き裂」および、耐荷力に直接影響する恐れが少ない「塗膜劣化（塗装のはがれ）」が支配的である。「錆・腐食」「塗膜劣化」の発生要因としては、経年劣化、あるいは損傷を誘発する要因（漏水等）によるものと考えられる。経年劣化への対応としては、

土木工事共通仕様書に従いフッ素系を用いた重防食塗装を行う他、防錆ボルトの採用、供用後、路下条件等の理由によりメンテナンスが難しい場所については、金属溶射を採用する。金属溶射を用いた耐久性向上策については、文献4)を参考にされたい。また、損傷を誘発する漏水等の誘因をできる限り排除するよう構造ディテールに配慮する。

一方、「き裂」の発生要因としては、「疲労」によるものが考えられる。特に鋼床版については、近年、重交通路線を中心に過去からの大型車の累積や、過積載車両の影響により、疲労損傷が多数発見されている。バルブリブ鋼床版の疲労損傷は、特定の構造ディテールを有する縦リブと横リブの交差部においてのみ発生しているが、Uリブの鋼床版疲労損傷はそのタイプは多岐にわたり、損傷発生メカニズムも複雑である。鋼床版を採用せざるを得ない橋梁については、バルブリブ鋼床版を採用し、縦リブと横リブの交差部やデッキと垂直補剛材の取り合い部については、疲労に対する配慮が必要である。

b）点検作業性の向上

設計では、構造物の耐久性を向上するためにできる限りの配慮を行うが、全くのメンテナンスフリーで構造物は維持できない。今回採用した耐久性向上策が何らかの要因により期待された機能を発揮しなかった場合や環境条件の変化等による不可抗力によって、損傷を受ける可能性も否定できない。よって、設計では、耐久性の向上だけではなく、点検作業性を向上させる。具体的には点検時のアクセスのし易さを向上させ、点検者の体力的負担を軽減するため、鋼箱桁ダイアフラムの開口を、ダイアフラムの機能を損なわない範囲で大きく、かつ設置位置を下フランジに近づける。また、供用後に開かなくなるといった損傷の多い鋼製のマンホール扉を軽量の透明アクリル板やFRP製へ変更する。また、点検・補修スペースを確保するために、橋脚天端幅、支承や付属構造物の配置に配慮する。

（2）耐久性向上策

a）コンクリート製高欄型枠

設計基準5)では路下に人、または車両の通行があり、R≦150mの範囲や分・合流部では、車両衝突時にコンクリート高欄の破片が飛散することを防止するために高欄外側に鋼製型枠を設けることを基本としている（**図4-52**）。しかしながら、鋼製型枠は**写真4-1**に示すように腐食が懸念される。そこで、鋼製型枠の代わりにコンクリート製型枠（**写真4-2**）を採用することとした。

このコンクリート製型枠は、ビニロン繊維が混入されており、車両衝突時の飛散防止に効果を発揮するほか、高強度であるため耐久性も高い。

なお、**図4-53**に示すように壁高欄の幅は250mm幅であり、当初、

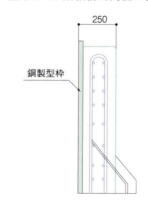

■ 図4-52 鋼板併用高欄の構造 6)

コンクリート製型枠の厚み30mmを250mm内に収めるように検討したが、壁高欄内に収める必要がある電気用配管と鉄筋が干渉する問題が生じたことから、250mmの壁高欄幅の外側にコンクリート製型枠を設置した。

■ 写真4-1 鋼製型枠の腐食事例[7]

■ 写真4-2 コンクリート製型枠の試作品（くの字型）

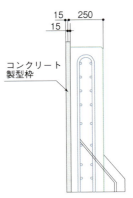
■ 図4-53 コンクリート製型枠の配置

b）鋼製橋脚根巻き構造

鋼製橋脚の基部には腐食対策として、根巻きコンクリートを施工する。近年、**写真4-3**に示すようにこの根巻きコンクリートと鋼材の隙間に水が浸入・滞水し、鋼材の腐食が発生している。そこで、**図4-54**に示すように、根巻きコンクリート上面に、水勾配をもたせ、さらに鋼材側に同じ勾配で水平プレートを設けることとした。本構造によって根巻きコンクリートと鋼材の隙間に水が浸入することを防ぐことができる。

■ 写真4-3 鋼製橋脚と根巻きコンクリート境界部の腐食状況[8]

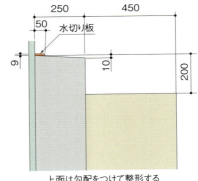
■ 図4-54 鋼製橋脚基部の根巻き部の止水対策[8]

c）鋼製橋脚天端排水

橋脚天端に滞水した雨水などが、橋脚側面に垂れて汚れることにより美観を損なう事例がある。**図4-55**に示すように橋脚天端の周囲に止水板を立ち上げ、天端面に樹脂モルタルなどによる勾配を設け、雨水による泥水、錆汁などを天端面の排水孔に導き、橋脚側面を汚さないような排水処理する構造が提案されている。しかしながら、**写真4-4**に示すように止水板により橋脚天端に滞水したり、設けた排水孔に水が流れていない事例がある。

そこで、梁上面を流れる水の方向を考え、**図4-56**に示すように添接板部に水を集約して、梁側面に誘導し、側面の水切りによって、梁側面に水跡をつけることなく路下に落とすように配慮した。梁上面の水を誘導するために、梁上面のビードの高さを利用し、添接板近傍のみをビード仕上げしている。

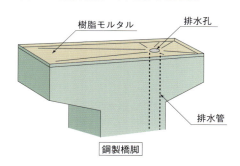
■ 図4-55 鋼製橋脚の天端排水処理例

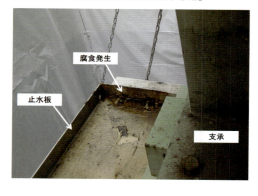
■ 写真4-4 鋼製橋脚の天端滞水状況

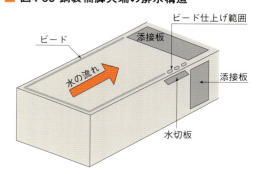
■ 図4-56 鋼製橋脚天端の排水構造

d）RC床版張り出し部の水切り構造

設計基準[5]では、RC床版張り出し部の水切り構造として、山形鋼をあと施工アンカーで固定する構造が標準とされている。一方、この構造はこれまで、山形鋼の欠損で100件、ボルトの欠損で348件の損傷が発生している。そこで、耐久性の高い水切り構造として、**図4-57**に示すように、新たにゴム製の埋込型水切り構造を開発した。

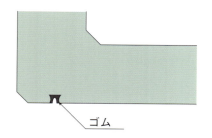
■ 図4-57 ゴム製の埋め込み型水切り構造

(3) 点検作業性向上策

a) 透明マンホール扉・FRPマンホール扉

鋼桁や鋼製橋脚の内部を点検するために設けられるマンホールには、従来、鋼製のマンホール扉が設置されていた。鋼製マンホールは漏水等による腐食が懸念されるほか、腐食が発生した場合、扉の開閉が困難になることが想定される。鋼製橋脚マンホールの腐食事例を**写真4-5**に示す。また、鋼製マンホールは重いため、開閉時に点検作業員の負担になるほか、取り換え時のハンドリングも悪くなる。さらに、通常、鋼桁や鋼製橋脚内には、照明設備がなく、暗闇に近い状況のため、点検作業時にはヘッドライト等の明かりを頼りに点検を行う必要がある。

そこで、新たにアクリル製の透明マンホール扉を採用することとしている。**写真4-6**に試作品を、**写真4-7**に鋼箱桁の桁端部に設置した場合の、桁内部の状況を示す。アクリル製の透明マンホール扉を用いることで、鋼桁や鋼製橋脚内に採光することが可能となり点検作業性の向上が期待される。また、アクリル製であることから、腐食の問題も発生しない。ただし、外見上、視認できる位置に透明マンホールがあると、見え方によっては開口があいているように見える可能性があることから、鋼桁や鋼製橋脚の側面のマンホール扉はFRPマンホール扉を塗装仕様で採用することとした。また、鋼桁の桁端部や鋼製橋脚の天端のように人目に触れない箇所については透明マンホールを採用することとした。

b) ダイアフラム開口形状

鋼箱桁橋の桁内ダイアフラムには、製作、架設、点検などのためにマンホールが設けられる。マンホール開口の最小寸法は設計基準において、高さ600mm×幅400mmとされている。**写真4-8**にダイアフラムに設けたマンホールの事例を示す。マンホールはダイアフラムの剛性低下による箱桁の断面変形を抑えるために、できるだけダイアフラムの中心に近い位置に設けられる場合が多いが、箱桁の下フ

写真4-5 腐食により開かなくなったマンホール扉

写真4-6 透明マンホール扉

写真4-7 箱桁内部の状況

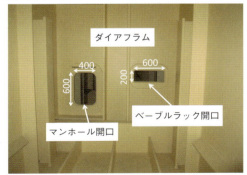
写真4-8 ダイアフラムに設けたマンホールの事例

ランジから高さがあり、かつ点検員が通行できる最小寸法であるため、点検員が通行する際、足腰への負担が大きくなる。例えば橋長180mの橋梁を点検する場合、ダイアフラムが6m程度の間隔で設けられているとすると、点検員は点検用の機材を装備した状態で、マンホールを30回通過する必要があり、点検員の負担は非常に大きいものとなる。

そこで、ダイアフラムの機能を維持しながら点検作業性を向上させるために、ダイアフラムに設けるマンホール下端の位置をできる限り下フランジに近づけ、かつマンホール寸法を大きくするための検討を行った。検討内容については文献[6]を参照されたい。FEM解析により検討の結果、**写真4-9**に示すように通行しやすい開口形状とすることが可能となった。

■ 写真4-9 通行しやすいダイアフラム開口形状

c) 桁端部のウェブ切り欠き開口形状

鋼桁端部のウェブには、橋脚梁上から鋼桁内部に入るためのウェブ切り欠き開口が設けられている。従来、その高さは**図4-58**に示すように600mmであったが、ダイアフラムのマンホール同様、通行性に劣ることから、これを最大1500mmまで拡大することとした。また、桁端部は伸縮装置からの漏水により、湿気が滞留し、腐食性環境が助長されることが懸念されるが、桁端部のウェブの切り欠き開口を拡大することにより、風通しがよくなり環境が改善されると考えられる。

また、RC桁やPC桁のようなコンクリート桁では、**図4-59**に示すように桁端部に点検スペースを設けない場合があった。しかしながら、桁端部には伸縮装置があり、点検、補修頻度は高いと考えられるため、500mm幅の点検スペースを設けることとした。

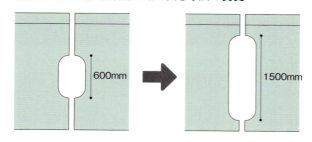
■ 図4-58 鋼桁 桁端部の切り欠き寸法の変更

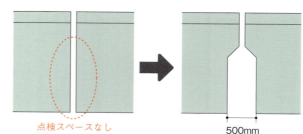
■ 図4-59 コンクリート桁 桁端部の構造変更

d) 剛結部の充填コンクリート内の点検通路

鋼箱桁とRC橋脚を隅角部位置で剛結する場合、一般に隅角部内はコンクリートで充填されるため、鋼箱桁内部の点検通路は遮られる。対応策としては、箱桁の外側に検査路を設ける案や検査路を設けず反対側からアクセスする案が考えられるが、充填されたコンクリートの中に通路を設けるものとした。

e) 鋼製橋脚内踊場スペース

鋼製橋脚内には梯子が設けられ、ダイアフラムがその踊り場として利用される。踊場には手すりが設けられるが、従来、製作性からダイアフラム開口カラーの外側に手すりが定着されていた。点検作業性を考慮すると、踊場のスペースは少しでも広いことが望ましいことから、ダイアフラム開口カラーの外側に手すりを定着することとした。

(4) その他

a) 皿型高力ボルト

■ 写真4-10 皿型高力ボルト

鋼床版デッキの接合は、溶接接合を基本としているが、やむを得ず、高力ボルトによる接合を行う場合がある。その際、添接板および高力ボルトの頭部がデッキ上面に現れ、その厚みによりグースアスファルトが非常に薄くなる。それにより、鋼床版デッキに対する防水機能が損なわれ、デッキの腐食の原因となるとともに、舗装の耐久性も低下する。そこで、ボルト頭部が添接板と面一になるよう写真4-10に示す皿型高力ボルトを開発[7]し、採用している。また、鋼部材のボルト添接部では凹凸により塗膜が薄くなりやすく、それに起因した腐食損傷が見られるが、皿型高力ボルトによりボルト頭部における凹凸が解消され、防食性能の向上も期待できる。

b) 鋼床版の疲労対策

鋼床版は、近年、疲労損傷が多く発生しているが、バルブリブ鋼床版の疲労き裂発生箇所は限定的である[8]こと、鋼道路橋の疲労設計指針に示される構造では現時点で疲労き裂が発生していないことから、やむを得ず、鋼床版を採用する場合は、バルブリブ鋼床版を基本としている。なお、バルブリブ鋼床版において疲労き裂の発生が懸念される箇所は図4-60のように溶接部の仕上げを行い、疲労に対する配慮をしている。

■ 図4-60 鋼床版の横リブ取合い部

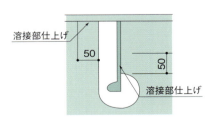

■ **参考文献**

1) 社団法人日本橋梁建設協会：デザインデータブック、2011.5
2) 社団法人プレストレスト・コンクリート建設業協会：PC道路橋計画マニュアル、2007.10
3) 阪神高速道路株式会社：設計基準第2部構造物設計基準（橋梁編）第1部共通、2011.11.
4) 小坂崇、篠原聖二、金治英貞：耐久性および維持管理性の向上を目指した橋梁への金属溶射の適用、阪神高速道路第44回技術研究発表会論文集、2012.5.
5) 阪神高速道路株式会社：設計基準第2部構造物設計基準（橋梁編）第2部鋼橋、2011.11.
6) 石井博典, 篠原聖二, 杉山裕樹, 金治英貞, 金澤宏明, 長井正嗣：維持管理作業性に配慮した鋼箱桁ダイアフラム開口形状の設計と解析的検証, 鋼構造論文集第21巻第83号, pp.31-42, 2014.9
7) 田畑晶子、金治英貞、黒野佳秀、山口隆司：皿型高力ボルトを用いた摩擦接合の継手特性に関する研究、構造工学論文集、Vol.59A、pp.808-819、2013
8) 阪神高速道路株式会社：阪神高速道路における鋼橋の疲労対策、2012.3

あとがき

　まえがきでは3つの柱として、①不具合事例の調査分析、②照査と審査の体制と方法の再検討、③技術力の強化（人材育成）について述べた。①、②については詳述したつもりである。③については、地道に進めていくしかなく、本書に具体的に記載することは割愛させていただいた。少し乱暴かもしれないが、育成すべき人材は「マニュアル技術者」でなく、基本原理・本質を理解するとともに現地条件を斟酌し判断できる者と言えるかもしれない。

　今回、不具合事例を形式知化するにあたっては、最新のリアリティのある内容を盛り込むため、インハウスエンジニアによる検討会を組織した。ここでは、メンバー自らの体験を踏まえ事例を抽出し、他メンバーに説明することにより、事例の共有化を図り、さらに本書にまとめ上げる作業過程において再度内容を吟味することで、不具合事例などの貴重な知見を血肉化してきた。このような活動も人材育成の一環であろう。

　残念ながら、初版の最終校正に近い時期に、鋼桁の鉄筋コンクリート床版において鉄筋径とその間隔を間違える不具合や、鋼製橋脚の基部において鋼板の材質を間違える不具合が発生した。どちらも再構築や補強が生じた影響度の大きな事象であった。関係者が精神的に大きな負担を感じたことは想像に難くない。何よりこれまで不具合を防止することに精力を注いできた自分たちにとっても大いに反省すべき事象となった。

　不具合やこうすれば良かったという事例の発生は、実際にはエンドレスの可能性があり、まえがきに述べたように今後も不具合の事例収集やその軽減策について更新を続けるつもりである。大事なことは、同じ過ちを犯さないことである。失敗学を提唱した畑村洋太郎氏は、著書において、「失敗情報は伝わりにくく時間が経つと減衰する」と言う。それ故、発注者・受注者が協力して設計品質の向上を継続して目指すことが重要であり、本書が少しでも参考になるならばうれしい限りである。

　なお、本書は下記の検討会を設置して議論した内容が中心になっており、メンバー各位の努力によって出版物として仕上げることができたものである。ここに深く感謝する次第である。検討会メンバーのほか、データ整理・基本図作成等には西澤周二氏に、設計審査・照査制度の調査に関しては株式会社建設技術研究所の井上雅夫氏に、橋梁設計値のマクロデータ分析に関しては株式会社建設技術研究所の光川直宏氏および東洋技研コンサルタント株式会社の田代信雄氏に、開削トンネル設計値のマクロデータ分析に関しては株式会社建設技術研究所の大野政雄氏に多大なるご協力をいただいた。さらに、本書がここまでわかりやすくなったのは、修正に次ぐ修正にも快く受諾してデザイン校正・図作成に労をとってくださった株式会社ロッドの小林義明氏、浦川真理さん、竹村弘子さんのご尽力のおかげである。ここに感謝の意を込めて記載させていただきます。最終的に出版の企画、校正にご尽力いただいた日経BP社の真鍋政彦氏、渋谷和久氏にこの場を借りてお礼を申し上げたいと思います。

■ **執筆**

【総括】金治英貞 【1編】金治英貞* 【2編】杉山裕樹* 【3編】金治英貞* 【4編】杉山裕樹*、小坂 崇、篠原聖二

*執筆主査　　注）2編については下記検討会メンバーの事例報告をもとに執筆・編集

■ **設計不具合改善検討会のメンバーおよびオブザーバ**

【設計不具合改善検討会】

阪神高速道路株式会社および阪神高速道路管理技術センター：
　　　　　　　金治英貞（委員長）、田畑晶子、篠原聖二、石橋照久、青木圭、藤原勝也、黒須早智子、
　　　　　　　藤原健、大嶋昇、加藤祥久、新名勉、高田佳彦、松本茂、大石秀雄、丹波寛夫

福岡北九州高速道路公社：片山英資、藤木修、二村大輔

名古屋高速道路公社：浅野哲男、鈴木信勝

広島高速道路公社：新枝秀樹、上田恒三、白松保幸

【設計不具合改善検討会（Ⅱ期）】

阪神高速道路株式会社：金治英貞（委員長）、中島隆、茂呂拓実、田畑晶子、加藤祥久、小坂崇、杉山裕樹、
　　　　　　　吉村敏志、篠田隆作
　　　　　　（編集協力）小林寛、後昌樹、馬越一也

【設計不具合改善検討会（Ⅲ期）】

阪神高速道路株式会社：小林寛（委員長）、茂呂拓実、堀岡良則、杉山裕樹、中村良平、八ツ元仁、
　　　　　　　米谷作記子、鈴木英之、林訓裕

【設計不具合改善検討会（Ⅳ期）】

阪神高速道路株式会社：小林寛（委員長）、堀岡良則、谷口惺、中井勉、寺岡正人、鈴木英之、丹波寛夫、
　　　　　　　飛ヶ谷明人

【設計不具合改善検討会（Ⅴ期）】

阪神高速道路株式会社および阪神高速道路技術センター：
　　　　　　　高田佳彦（委員長）、小坂崇、篠原聖二、杉山裕樹、福島誉央、谷口祥基、
　　　　　　　尾幡佳徳、杉岡弘一、河野康史、森田卓夫、宮﨑一樹、曽我恭匡、藤原勝也、
　　　　　　　林訓裕、長澤光弥、中村雄基、茂呂拓実、赤松伸祐

名古屋高速道路公社：山下章

福岡北九州高速道路公社：二村大輔、神村豪

（以上、順不同）

200の道路構造物の実例に学ぶ
設計不具合の防ぎ方 増補改訂版

2012年12月3日　初版発行
2017年 3月6日　増補改訂版第1刷発行

編集	阪神高速道路株式会社・設計不具合改善検討会
発行人	安達 功
発行	日経BP社
発売	日経BPマーケティング
	〒108-8646 東京都港区白金1-17-3
アートディレクション	TSTJ inc.
制作	株式会社 ロッド
印刷・製本	図書印刷

©Nikkei Business Publications, Inc. 2017
ISBN:978-4-8222-3524-6

本書の無断複写・複製(コピー等)は著作権法上の例外を除き、禁じられています。購入者以外の第三者による電子データ化及び電子書籍化は、私的使用を含め一切認められておりません。